《数据中心基础设施施工及验收标准》

GB 50462—2024

实施指南

李　勃　周启彤　黄群骥　薛长立　王建民｜主编

中国计划出版社

·北　京·

图书在版编目（CIP）数据
《数据中心基础设施施工及验收标准》GB 50462—2024 实施指南 / 李勃等主编 . -- 北京 : 中国计划出版社 , 2025. 8. -- ISBN 978-7-5182-1891-2
Ⅰ. TP308-65
中国国家版本馆 CIP 数据核字第 2025TT9216 号

《数据中心基础设施施工及验收标准》GB 50462—2024实施指南
《SHUJU ZHONGXIN JICHU SHESHI SHIGONG JI YANSHOU BIAOZHUN》GB 50462—2024
SHISHI ZHINAN

责任编辑：张文征
封面设计：韩可斌
责任印制：李　晨

中国计划出版社出版发行
网址：www.jhpress.com
地址：北京市西城区木樨地北里甲 11 号国宏大厦 C 座 4 层
邮政编码：100038　电话：（010）63906433（发行部）
北京厚诚则铭印刷科技有限公司印刷

787mm × 1092mm　1/16　22.5 印张　424 千字
2025 年 8 月第 1 版　2025 年 8 月第 1 次印刷

定价：78.00 元

《〈数据中心基础设施施工及验收标准〉GB 50462—2024 实施指南》编委会

主　　编：李　勃　周启彤　黄群骥　薛长立　王建民

编写人员：李培仁　杨玉丽　鲁建伟　李晓娈　周英杰
　　　　　魏悟尘　朱　雷　范博文　王　琼　张冬雪

主编单位：中国电子质量管理协会
　　　　　中国计算机用户协会数据中心分会

前　言

数据中心基础设施是支撑算力高效运行、保障数据安全可靠的重要基础，涵盖配电、空调、给水排水、综合布线与网络、监控与安防、电磁屏蔽等多个子系统。随着数字经济的快速发展及“双碳”目标的深入推进，数据中心作为新型基础设施的核心组成部分，其绿色化、智能化、集约化水平已成为衡量行业高质量发展的重要标准。数据中心基础设施施工及验收的规范性和可靠性，直接关系其运行性能、能源效率及安全保障能力，是落实国家战略、推动产业升级的关键环节。

《数据中心基础设施施工及验收标准》GB 50462—2024 的颁布实施，是贯彻党中央、国务院关于《“十四五”节能减排综合工作方案》《“十四五”国家安全生产规划》等决策部署的重要举措，也是对《算力基础设施高质量发展行动计划》《新型数据中心发展三年行动计划》中“强化施工验收环节标准化管控”要求的具体响应。本标准在原规范基础上，充分吸纳新技术、新工艺，新增微模块、集装箱数据中心等前沿技术内容，优化了抗震措施、密封性测试、节能环保等关键要求，特别明确第 5.2.10 条与第 5.2.11 条为强制性条文，涉及蓄电池安全与防护的内容，必须严格遵循，进一步提升了标准的先进性、实用性和可操作性。

为帮助建设单位、设计院、施工单位及监理单位深入理解标准内涵，规范施工流程，解决验收环节量化模糊等问题，中国电子质量管理协会联合行业权威机构及专家编制了《〈数据中心基础设施施工及验收标准〉GB 50462—2024 实施指南》。本书以《数据中心基础设施施工及验收标准》GB 50462—2024 为核心，逐条解读条文要求，明确标准用词说明中“应”表示严格遵循、“宜”表示优先遵守、“可”表示允许选择性执行，需根据工程实际情况分层落实。并结合工程实践案例，系统阐述施工工艺、调试方法及验收要点。通过图文并茂的形式，重点解析各章节的技术细节，如微模块安装、抗震隔震措施、封闭冷热通道施工、静电防护测试等，旨在为从业人员提供清晰的技术指引和实操参考。

同时，在“双碳”战略与绿色数据中心建设的要求指导下，结合行业对储能技术及高效散热方案的需求，本书在编写过程中吸纳了广大单位的实践经验，聚焦技术发展前沿，新增了“锂电池施工注意事项”与“液冷系统安装”的专项说明。新增内容旨在规范新技术的落地实施，构建从施工到验收评估的完整闭环，为行业突破能效瓶颈、实现可持续发展提供系统性解决方案。

本书的编写得到了中国电子技术标准化研究院、昆仑数智科技有限责任公司、盛年科技有限公司、北京科计通电子工程有限公司等单位技术专家的鼎力支持。通过多次召开专题会议，反复研讨标准条文与工程实践的衔接，优化技术措施的表达，确保了本书内容的科学性和实用性。在此，谨向各参编单位及专家致以诚挚的感谢。

希望本书的出版能够为数据中心基础设施的规范化建设提供更加有力支撑，助力行业提升工程质量、降低能耗水平，推动数据中心向集约化、智能化、绿色化方向高质量发展。由于编写时间有限，书中难免存在不足之处，恳请广大读者批评指正。

本书编委会

2025 年 4 月

目　　录

第一篇　内容释义

第二篇 典型问题汇总

第三篇 案例

第一篇　内容释义

1 总　　则

1.0.1 为加强数据中心基础设施工程管理，规范施工及验收要求，保证工程质量，制定本标准。

【制定依据、目的】

数据中心基础设施的项目管理，要根据数据中心的特点及工艺的特殊性进行专项管理，需要更加专业的标准来指导数据中心工程的实施及验收。

本标准制定的目的是统一数据中心基础设施施工及验收要求，达到设计要求。

1.0.2 本标准适用于新建、改建和扩建的数据中心基础设施施工及验收。

【制定依据、目的】

本标准适用于各种类型的数据中心基础设施项目，对于新建、改建和扩建的项目均应符合本标准的相关规定。

1.0.3 数据中心基础设施施工及验收除应符合本标准外，尚应符合现行国家有关标准的规定。

【制定依据、目的】

本标准为数据中心基础设施的专项标准，不能全部包含像消防系统等其他常见专项工程内容，在施工过程中除了执行本标准外，还应符合国家现行的有关标准规范等的规定。

2 术　　语

2.0.1　数据中心

本标准专指为集中放置和充分利用电子信息系统设备并能保证正常运行环境的场所。可以是一幢建筑物或其中的一部分，包括主机房、辅助区、支持区和行政管理区等。

2.0.2　隐蔽工程

本标准专指地面下、吊顶上、活动地板下、墙内或装饰材料所遮挡的不可见工程。

2.0.3　电磁屏蔽室

本标准专指用于衰减来自外部或内部的电磁场能量的建筑空间体。

2.0.4　基础设施

本标准专指在数据中心为保证电子信息设备安全、可靠、连续正常运行提供基本支持的空调与新风、电力与照明、防雷保护、系统接地、消防与安全保障、信息网络与布线、系统监控、给排水等设施。

2.0.5　微模块

本标准专指通过封闭冷通道、热通道形式，采用独立空调设备，为集中放置电子信息设备提供运行环境的基础设施组合。

2.0.6　集装箱数据中心

本标准专指以集装箱为载体，为集中放置电子信息系统设备并能保证正常运行环境的预制化设备集合体。

2.0.7　地震动

本标准专指地震引起的地表及近地表介质的振动。

3 基本规定

3.1 施工要求

3.1.1 施工单位应按审查合格的设计文件施工，设计变更应有批准的设计变更文件。

【制定依据、目的】

依据《建设工程质量管理条例》第十一条、第二十八条规定，施工图设计文件必须经过审查批准才能使用，施工单位必须按照图纸文件和施工技术标准施工。设计变更是设计文件的一部分，是工程项目的技术文件，需要经过相应的技术确认，批准后才能实施。施工单位需按照设计文件施工，以实现数据中心的工艺功能，并达到数据中心环境要求。

本条规定的目的是明确数据中心基础设施施工依据，必须是经过审查确认，符合相关国家法律法规及行业规范的设计图纸，施工过程技术文件应齐全并确认。

3.1.2 施工现场不宜进行有水作业，无法避免时应做好防护，作业结束时应及时清理施工现场。

【制定依据、目的】

数据中心基础设施在建设过程中，涉及临时用电安全，除应符合现行国家标准《建设工程施工现场供用电安全规范》GB 50194 中相关规定外，为避免在建设过程中出现各类用电安全隐患，需要减少有水作业。此外，在涉及改建、扩建的项目中，存在周边正常使用的场所，为降低对现有建筑功能的影响，并满足成品保护要求，应当采取相应措施对现场进行保护。

数据中心有防静电要求，地面通常需要防尘处理，依据现行行业标准《防静电地坪涂料通用规范》SJ/T 11294 要求，防静电自流平地面基层的含水率应小于 4%。施工过程中进行有水作业时，不利于含水率达标，会造成地坪起泡、起皮、脱落等质量问题。

本条规定旨在针对数据中心基础设施的特殊性，对施工现场提出安全性技术要求，以达到控制施工质量，保障施工安全的目的。

【技术措施】

施工需要现场进行有水操作的，要设置专门作业区，在第二现场进行。对于现场无法避免的有水作业，需要做好防范措施。

3.1.3 对有空气尘埃粒子浓度要求的房间，在施工时应采取保证材料、设备及施工现场清洁的措施。

【制定依据、目的】

依据现行国家标准《数据中心设计规范》GB 50174 要求，数据中心主机房的空气含尘浓度，在静态或动态条件下测试，每立方米空气粒径大于或等于 0.5 μm 的悬浮粒子数应少于 17 600 000 粒，对应现行国家标准《洁净室及相关受控环境　第 1 部分：按粒子浓度划分空气洁净度等级》GB/T 25915.1 中 8 级洁净度标准。

工程施工是逐步推进的过程，越接近施工尾声，对后期洁净度影响越大。施工现场应实行封闭清洁管理，强化成品保护。进入房间的材料、设备应保持清洁，并在完成施工后进行清洁，达到洁净度要求。

本条规定旨在满足主机房对洁净度的要求，提出在施工过程中的必要管控措施，确保数据中心基础设施施工完成后符合设计标准。

3.1.4 对改建、扩建工程的施工，需改变原建筑结构及超过原设计荷载时，施工单位应对设计文件进行确认。

【制定依据、目的】

数据中心是建筑荷载较为集中的场所，随着技术的不断迭代更新，越来越多的密集机柜、机房出现，对荷载提出了新的要求。对于改建、扩建的工程项目，当现有荷载条件不能满足机柜及其附属设备的要求时，应由设计单位进行加固设计。

本条规定的目的是基于数据中心结构荷载特点，要求设计单位在改建、扩建工程中，对结构安全性进行充分考量。同时，严禁施工单位未经许可，擅自对涉及结构安全的部分进行改动。

3.1.5 室内堆放的施工材料、设备及物品应整齐有序。垛底与垛高之比为 1 : 2 的前提下，垛高不得超过 2m，堆垛不得倾斜、有晃动，并应进行标识和记录。

【制定依据、目的】

依据行业标准《建筑施工易发事故防治安全标准》JGJ/T 429—2018 第 4.1.1 条规定，施工现场物料堆放应整齐稳固，严禁超高。模板、钢管、木方、砌块等堆放高度不应大于 2m，钢筋堆放高度不应大于 1.2m，堆积物应采取固定措施。

物料堆放高度国家标准规定，物料堆放重物在下，轻物在上，易损物品要固定，易倒物品要挤压住；长物要放倒。立体堆放的材料和物品要限制堆放高度，垛底与垛高之比为 1∶2 的前提下，垛高不得超过 2m，堆垛不得倾斜、有晃动。钢材应靠通道侧放置整齐；滑动物件要有支架或稳固措施，圆筒产品或工件滚动面不得面向安全通道。各种量具不得放在车床活动面、导轨上。钢丝绳要上架，且有明显标识。物料摆放不得影响操作，经常活动地带应留有 0.6m 的空间。

本条规定旨在营造安全的施工环境，践行环保理念，促进材料节约与高效利用，确保现场材料、设备及物品堆放井然有序。

3.1.6 室内堆放的施工材料、设备及物品的重量不得超过堆放处楼板的荷载。

【制定依据、目的】

依据行业标准《建筑施工易发事故防治安全标准》JGJ/T 429—2018 第 4.1.2 条规定，在楼板、屋面等结构物上堆放建筑材料、模板、小型施工机具或其他物料时，应控制堆放数量、重量，严禁超过设计荷载，必要时进行加固。

为切实保障建筑结构安全与人身安全，有效防范安全事故，临时堆放的施工材料、设备等，其重量不得超过堆放处楼板的荷载。特别是在数据中心施工过程中，电池、配电柜等设备集中荷载较大，更需合理规划施工运输路线及设备堆放位置。

施工单位应提交相应的施工方案，由设计单位对荷载条件进行复核，超过设计承载能力应该出具加固方案。

3.1.7 隐蔽工程施工结束前应检查和清理施工余料和杂物，验收合格后方可进行封闭，并应有现场施工记录和相应影像资料。

【制定依据、目的】

依据现行国家标准《建筑工程施工质量验收统一标准》GB 50300 中相关规定，隐蔽工程验收前，施工单位应通知监理单位进行验收，形成验收文件，验收合格后方可继续施工。

按照《建设工程质量管理条例》第三十条规定，施工单位必须建立、健全施工质量的检验制度，严格工序管理，做好隐蔽工程的质量检查和记录。隐蔽工程在隐蔽前，施工单位应当通知建设单位和建设工程质量监督机构。

隐蔽工程是工程建设中的常见部分，这类工程在完工后便被其他部分覆盖，难以直接查看。若在隐蔽前未能做好质量把控，后期很难察觉由此产生的质量隐患，这不仅可能造成经济损失，还会带来重大安全风险。因此，隐蔽工程是工程施工过程中质量管控的重点对象，必须强化监管，确保工程质量。

3.1.8 在施工过程中或工程竣工验收前，应做好设备、材料及装置的保护。

【制定依据、目的】

在施工过程中，设备、材料及装置安装顺序有先有后，先安装完成的工程内容，在后续工段需要做好保护。尤其对于有特定功能的特殊材质，如防静电地面、金属面层的墙体及吊顶等，如保护不当，会破坏材料、设备、装置的性能及外观，产生瑕疵，导致不能正常验收交付。施工过程一直持续到竣工验收合格后正式交付，在此之前现场施工内容均是施工单位职责范围。因此，在施工及设备搬运过程中，要做好成品、半成品保护，避免返工及设备的返修、工期延误，影响施工质量，造成不必要的成本增加。

本条规定的目的是保障工程符合设计文件的功能及美观要求，应做好过程中的防护，使工程质量达到设计文件及相关的质量规范要求。

3.1.9 数据中心基础设施应采取抗震措施。设防烈度为 7 度（含 7 度）以上地区的 A 级数据中心机柜和维持数据中心正常运行的设备应采取隔震措施。

【制定依据、目的】

《建设工程抗震管理条例》第十六条规定，国家鼓励在除前款规定以外的建设工程中采用隔震减震等技术，提高抗震性能。

对于 A 级数据中心而言，建筑类别通常为重点设防类，根据现行国家标准《建筑工程抗震设防分类标准》GB 50223 的规定，重点设防类应按高于本地区抗震设防烈度一度的要求加强其抗震措施。本条以此为依据，结合数据中心机柜等核心设备的特点，将隔震措施的应用条件定为设防烈度 7 度及以上。

本条规定结合数据中心设备的特点，贯彻执行《建设工程抗震管理条例》以及“建筑业‘十四五’规划”中关于建设工程抗震、隔震技术的要求，提出数据中心设备的隔震措施要求，旨在保障数据中心在地震发生时及震后，能够维持基本功能，避免出现运行中断、设备损坏的情况，最大程度地降低地震灾害对生命和财产造成的损失。

【技术措施】

根据项目的场地条件、主体结构类型、设防烈度、设备所在楼层和使用要求合理选择抗震方案。当采用隔震方案时，需通过计算选取相应的隔震装置，根据机柜重量分布，在机柜底部设置隔震装置。

隔震原理：隔震装置在地震时产生运动，避开地震波的卓越频率，从而达到隔震效果。

耗能原理：装置借助特殊阻尼和位移的消能耗能结构，降低地震作用，达到以柔克刚的目的。

装置特点：可承受水平任意方向的地震作用，具备防偏心、防倾覆、自复原及免维护特点。

安装特性：结构轻便，以并联或串联的方式实现任意布排。

3.2 材料、设备要求

3.2.1 工程所用材料应符合下列规定：

1 应符合设计要求；

2 应有产品合格证；

3 应有进场检验记录。

【制定依据、目的】

《建设工程质量管理条例》第四章第二十九条规定：“施工单位必须按照工程设计要求、施工技术标准和合同约定，对建筑材料、建筑构配件、设备和商品混凝土进行检验，检验应当由书面记录和专人签字；未检验或者检验不合格的，不得使用。”第八章第六十四条：“违反本条例规定，施工单位在施工中偷工减料的，使用不合格的建筑材料、建筑构配件和设备的，或者有不按照工程设计图纸或者施工技术标准施工的其他行为的，责令改正，处工程合同价款百分之二以上百分之四以下的罚款；造成建设工程质量不符合规定的质量标准的，负责返工、修理，并赔偿因此造成的损失；情节严重的，责令停业整顿，降低资质等级或者吊销资质证书。”

国家标准《建筑工程施工质量验收统一标准》GB 50300—2013 中规定：“建筑

工程采用的主要材料、半成品、成品、建筑构配件、器具和设备应进行进场检验。”这是对建筑工程施工质量控制的基本要求之一。该标准还规定：“凡涉及安全、节能、环境保护和主要使用功能的重要材料、产品，应按各专业工程施工规范、验收规范和设计文件等规定进行复验，并应经监理工程师检查认可。”该条款强调保障工程质量的关键内容，体现了对涉及重要方面的材料和产品的严格质量把控要求。

本条规定旨在明确施工现场材料要求，确保满足数据中心基础设施施工工艺要求，达到设计技术要求。因此，材料进场应进行检验验收，并保留记录。

3.2.2 安装的设备应符合下列规定：

1 设备的名称、规格型号、数量和技术参数应符合设计要求；

2 设备应开箱检查外观，附件、备件及技术文件应齐全、无误，并应做记录。

【制定依据、目的】

国家标准《建筑工程施工质量验收统一标准》GB 50300—2013 中规定，建筑工程采用的主要材料、半成品、成品、建筑构配件、器具和设备应进行进场检验。凡涉及安全、节能、环境保护和主要使用功能的重要材料、产品，应按各专业工程施工规范、验收规范和设计文件的相关规定进行复验，并应经监理工程师检查认可。对于数据中心基础设施设计文件明确的技术要求，安装设备必须符合，且经过检验，并留有技术文件存档。

本条规定旨在确保工程设备参数、性能符合技术要求。数据中心设备、材料作为构建其基础设施的关键组成部分，对数据中心的温湿度、声光等环境参数有着重要影响。因此，必须对设备和材料的使用过程进行严格审查。

3.2.3 工程所用材料、设备的装运方式及储存环境应符合技术文件要求。

【制定依据、目的】

材料、设备的装运方式及存储环境要符合其技术文件的要求，对于大型设备，尤其是主机、精密空调设备，其运输、存储都有技术要求。例如，冷冻机设备的存放温度一般为 -10℃ ~ 35℃，在安装和运行阶段，不仅要维持设备周边环境温度的稳定，还要避免设备接触高温物体或火源。同时，应防止设备长期暴晒于阳光下，规避环境过度潮湿或干燥。为保障设备状态，还需采取通风、防晒、防火、防尘和防震等系列防护措施。

本条规定旨在明确数据中心基础设施中的设备、材料，从装运到储存，均需按其技术要求进行操作。避免因不当操作导致材料、设备性能受损或产生缺陷，致使其无法满足设计要求，进而影响设备的使用性能与使用寿命，造成不必要的经济损失。

3.3 施工验收

3.3.1 施工中各工序应进行随工检验和交接验收，并应做记录。

【制定依据、目的】

依据现行国家标准《建筑工程施工质量验收统一标准》GB 50300，各施工工序应按施工技术标准进行质量控制，每道施工工序完成后，经施工单位自检符合规定后，才能进行下道工序施工。各专业工种之间的相关工序应进行交接检验，并应记录。

本条规定旨在规范施工过程，保障施工质量，并为施工过程的监督、管理及责任追溯提供依据。翔实的施工记录不仅能反映工作进展、质量控制、安全状况和资源分配等重要信息，确保施工按计划推进，还能为评估和改进项目质量与成效提供支持。此外，这些记录还将在后续的维修、保养和验收环节发挥重要参考作用。

3.3.2 各专业施工验收应由施工单位、建设单位或监理单位共同进行，并应在验收记录上签字。

【制定依据、目的】

依据现行国家标准《建筑工程施工质量验收统一标准》GB 50300，分部工程应由总监理工程师组织施工单位项目负责人和项目技术负责人等相关人员进行验收。在施工过程中分部分项工程应依照相应法律法规和标准规范的要求开展验收工作，并完整、准确地做好记录。

本条规定旨在规范施工流程、确保工程质量、明确责任主体，对施工项目的质量进行评估和改进。

4 室内装饰装修

4.1 一般规定

4.1.1 数据中心室内装饰装修应包括吊顶、隔墙、地面、活动地板、内墙、顶棚、柱面、门窗等作业的施工及验收。

【制定依据、目的】

数据中心装修工程围护结构涵盖主要功能空间六面体的各个方面。在规划空间布局时，需综合考虑机柜布置、冷热通道分隔、精密空调类型及电磁屏蔽等要求。这些装饰装修部分形成了数据中心特定的建筑功能，打造出满足其运营需求的完整功能场所，有效保障了数据中心运行的安全性与可靠性。

本条规定旨在结合数据中心的特殊性，明确其室内装饰装修工程的涵盖范围，要求相关工程符合数据中心特点，并纳入数据中心施工与验收管理体系。

4.1.2 室内装饰装修施工宜按由上而下、由里到外的顺序进行。

【制定依据、目的】

数据中心建设涵盖众多专业和分部分项工程，项目规模各异。特别是涉及特殊工艺的部分，不同工艺的机电管线空间分布纵横交错，工序安排也有先后之分。因此要考虑施工的安全性，防范未完成工序的材料坠落。同时要合理规划施工顺序，避免因重复作业产生不必要的措施及费用。

本条规定旨在结合数据中心特殊材料特性，基于其施工工艺特点，规范施工顺序原则，保障材料性能及施工质量。在确保安全的前提下避免因施工顺序不当引发的质量问题、反复拆改、成品损坏。保障施工工期的同时，减少不必要的措施费。

4.1.3 室内环境污染控制及装饰装修材料选择应按现行国家标准《民用建筑工程室内环境污染控制标准》GB 50325 的有关规定执行。

【制定依据、目的】

室内环境污染控制是一项综合性工作，涉及诸多工程技术，本标准无法涵盖所有技术要求与质量验收规定。为切实控制室内环境污染，确保装饰装修材料满足现行国家标准，除应执行本标准的规定外，尚应符合现行国家标准《民用建筑工程室内环境污染控制标准》GB 50325 的有关规定。

4.1.4 室内装饰装修施工应满足气密性要求。

【制定依据、目的】

数据中心具有发热量大的特点，需要常年制冷用于消除发热设备产生的热量。随着技术的发展，数据中心封闭冷 / 热通道的方式越来越普及：设置封闭冷 / 热通道可使气流流向有序经过服务器，有效提高空调制冷效率。围护结构作为封闭冷 / 热通道物理结构的组成部分，其气密性对室内空调系统产生直接影响。确保围护结构的气密性，是做好数据中心节能管控的关键环节。

4.1.5 各工种的施工环境条件应符合施工材料的产品说明书的要求。

【制定依据、目的】

施工材料具有自身的特性，在施工过程中，不同的环境条件，对材料的存放与安装会产生负偏差。尤其特殊材料，在采购进场至交付使用期间，其存放、安装、调试均要按照相应的技术文件。

本条规定旨在确保特殊材料的性能得以充分发挥，确保材料在施工交付前的质量和使用功能，材料存储和使用应符合其特性，严格按照产品说明书要求执行。

4.2 吊　　顶

4.2.1 吊顶点固定件位置应按设计标高及安装位置确定。

【制定依据、目的】

国家标准《建筑装饰装修工程质量验收标准》GB 50210—2018 中规定：“安装龙骨前，应按设计要求对房间净高、洞口标高和吊顶内管道、设备及其支架的标高进行交接检验。”数据中心顶部空间设有消防管道、风管、强弱电线槽、智能母线等各专业设施，这些设施相互之间均有间距要求，为避免各专业设施相互干扰，应按设计标高及安装位置确定各吊顶点，避免前后工序干扰产生返工。

【技术措施】

支吊架可以采用镀锌 C 型钢组合式支吊架，合理安排空间。镀锌 C 型钢综合支吊架安装系统施工简单、省时省工，可实现标准化、工厂化、网格化，还可根据需要现场采取不同的组合方式。此系统免现场焊接、易施工，为综合管线的排布提供了有利的条件，能有效地缩短工期。

4.2.2 吊杆和龙骨的材质、规格型号、安装间隙与连接方式应符合设计要求。预埋吊杆或预设钢板，应在吊顶施工前完成。未做防锈处理的金属吊挂件应除锈，并应涂不少于两遍防锈漆。

【制定依据、目的】

国家标准《建筑装饰装修工程质量验收标准》GB 50210—2018 中规定："吊杆和龙骨的材质、规格、安装间距及连接方式应符合设计要求。金属吊杆和龙骨应经过表面防腐处理；木龙骨应进行防腐、防火处理。"数据中心对防火及抗震均有要求，吊杆和龙骨的材质、规格型号、安装间隙与连接方式应能满足材料的燃烧性能要求，系统构造应安全、可靠。预埋吊杆或预设钢板应与建筑施工设计同步进行，预埋吊点应由土建施工单位完成，避免后期施工对原有结构的破坏。对未做防锈处理的金属吊挂件进行必要的除锈、防腐处理，应涂不少于两遍防锈漆，以保证吊点及吊杆的强度。

【技术措施】

吊顶工程施工依据吊顶设计施工图的要求，结合现场实际情况确定吊杆吊点、龙骨位置、间距及安装顺序，并绘制面板排板图、各连接处施工构造详图和龙骨体系图。所有材料进场时对品种、规格、外观和尺寸进行验收。

材料包装应完好，应有产品合格证书、说明书及相关性能的检测报告。所用的材料在运输、搬运、存放、安装时采取防止挤压冲击、受潮、变形及损坏板材的表面和边角的措施。需要复试的材料，进行见证取样复试，合格后方能使用。

吊顶内的预埋件、自攻螺丝、钢筋、型钢吊杆及钢结构转换层应进行防腐处理且应涂不少于两遍防锈漆或采用镀锌材料。

4.2.3 吊顶内空间表面的防尘涂覆应符合设计要求，不得起皮或龟裂。

【制定依据、目的】

国家标准《数据中心设计规范》GB 50174—2017 中规定："主机房内墙壁和顶棚的装修应满足使用功能要求，表面应平整、光滑、不起尘、避免眩光，并应减少凹凸面。"数据中心机房吊顶内的空间一般作为空调系统回风的静压箱，因此，吊顶内空间表面的防尘涂覆，可以确保吊顶内空间的清洁，防止积尘和产尘，保证空调房间内的空气尘埃粒子浓度，使循环风清洁，延长专用空调设备的使用寿命。

【技术措施】

吊顶内空间表面可采用素水泥浆一道甩毛（内掺建筑胶），水泥石灰膏砂浆打底，底基采用防裂腻子粉分遍找平，面层采用耐水腻子刮平，再采用无机涂料防尘处理两遍且表面应不起皮或龟裂，以达到表面防尘要求。

4.2.4　吊顶板上铺设的防火、保温、吸音材料应符合设计要求，包封应严密，板块间应无明显缝隙，固定应牢固。

【制定依据、目的】

国家标准《建筑装饰装修工程质量验收标准》GB 50210—2018 中规定："吊顶内填充吸声材料的品种和铺设厚度应符合设计要求，并应有防散落措施。"数据中心机房吊顶内的防火、保温、吸音材料，大多是岩棉或玻璃纤维等，其材质松散、易脱落。所以，对其包封要严密，板块之间应无缝隙，避免散落的颗粒既对人员造成伤害，也会影响房间的空气尘埃粒子浓度。

【技术措施】

吊顶内的防火、保温、吸音材料可以采用在其表面添加一层铝箔的类型且相互间应固定牢靠，使其既可以发挥各自的功能，又可以达到燃烧性能要求且不易松散脱落。

4.2.5　龙骨与吊顶板的安装施工应符合现行国家标准《建筑装饰装修工程质量验收标准》GB 50210 的有关规定，并应符合产品说明书的要求。

【制定依据、目的】

为满足和完善龙骨与吊顶板的施工及验收标准，除应执行本标准的规定外，尚应符合现行国家标准《建筑装饰装修工程质量验收标准》GB 50210 的有关规定。

【技术措施】

吊顶内的龙骨和吊顶板应按照现行国家标准《建筑装饰装修工程质量验收标

准》GB 50210“吊顶工程”的规定严格执行安装工程。

4.2.6 吊顶板应表面平整、边缘整齐、颜色一致，图案或布置应符合设计要求，不得有变色、翘曲、缺损、裂缝、腐蚀等缺陷。

【制定依据、目的】

国家标准《建筑装饰装修工程质量验收标准》GB 50210—2018 中规定：“面层材料表面应洁净、色泽一致，不得有翘曲、裂缝及缺损。压条应平直、宽窄一致。”吊顶板不仅起到美化空间的作用，还具有隔音、隔热和隐藏管线等多种功能。因此，吊顶板面层材料的质量直接影响到整个吊顶的美观性和实用性。

为保证数据中心的整体效果，吊顶板面层材料的表面应当保持洁净无瑕，色泽均匀一致。数据中心的吊顶需要支撑可能安装的各种设备和系统，如灯具、传感器、摄像头等，所以吊顶板面层材料不应出现翘曲、缺损、裂缝、腐蚀等现象。因为翘曲不仅影响美观，还导致材料变形，进而影响吊顶的结构稳定性，同时也容易积累灰尘，不便于清洁维护；缺损或腐蚀则直接损害吊顶的完整性，影响其美观和功能性。数据中心的吊顶布置应与整体的空气流动策略相匹配，使冷热空气相互隔离，有利于降低数据中心的能源消耗。

【技术措施】

在选材、运输、储存和安装等各个环节严格把控质量：选择高质量的材料，避免因材质问题导致的后期问题；在运输和储存过程中要小心谨慎，防止因操作不当造成的损坏；在安装过程中，要严格按照设计图纸和施工规范进行，确保每一步都准确无误。

4.2.7 吊顶与墙面、柱面、窗帘盒的交接应符合设计要求，并应紧密、美观。

【制定依据、目的】

本条规定依据国家标准《建筑装饰装修工程质量验收标准》GB 50210—2018“吊顶工程”一章中的相关规定。吊顶与墙面、柱面、窗帘盒的交接处处理得当，不仅能够紧密拼接，确保整体的完整性和安全性，还能够提升美观度，营造出和谐统一的空间感受。紧密的交接还能够有效防止灰尘和异物的积累，便于清洁和维护，保证数据中心的洁净度。金属的吊顶和墙面材料通过紧密交接的方式形成一个连续的导电路径，可以确保任何可能产生的静电都能够迅速分散，避免静电积累，达到数据中心的防静电要求。

【技术措施】

在安装吊顶前，需对墙面、柱面、窗帘盒进行精确的测量和标记，确保吊顶板材精确安装至预定位置。在安装过程中，使用专业的固定装置和密封材料来填补和封闭任何可能出现的细小缝隙，以防止灰尘积聚。当吊顶与异形柱面交接时，需要考虑到柱子的结构和形状，定制专用吊顶模块来适应柱子的形状，确保两者无缝过渡衔接。

4.2.8 吸顶安装的各种设备吊顶板面应紧密搭接。

【制定依据、目的】

国家标准《建筑装饰装修工程质量验收标准》GB 50210—2018 中规定："面板上的灯具、烟感器、喷淋头、风口箅子和检修口等设备设施的位置应合理、美观，与面板的交接应吻合、严密。"紧密搭接的吊顶板面可以确保整体的美观性。如果板面之间存在缝隙，还会让灰尘和污垢积累在缝隙中，难以清洁，从而影响室内环境的洁净度。紧密搭接也有助于提高吊顶的结构稳定性。当板面之间的连接牢固时，整个吊顶系统会更加稳定，能够更好地承受设备的载荷和运行中产生的振动，减少安全隐患。

【技术措施】

对吊顶板面材质和结构进行仔细地检查，确保吊顶的结构稳固，能够承受设备的载荷，并且表面平整，没有凹凸不平或裂缝。选择适合吊顶材质的固定方式，比如使用膨胀螺栓、专用夹具或者黏合剂等，增加设备与吊顶之间的接触面积，提高稳定性。

还应考虑到设备在使用过程中可能会产生的振动和噪声，在设备与吊顶之间增加适当的隔声材料或减震垫，完成安装后进行全面的检查，确保所有连接点都牢固无误，设备运行平稳，没有异常声响。

4.2.9 安装吊顶板前应完成吊顶上隐蔽工程的施工及验收。

【制定依据、目的】

国家标准《建筑装饰装修工程质量验收标准》GB 50210—2018 中规定："安装面板前应完成吊顶内管道和设备的调试及验收。"吊顶内的所有施工皆为隐蔽工程，为确保吊顶板安装后的安全性和功能性，应在安装吊顶板前完成并进行交接验收，避免将来因为隐蔽工程的问题而需要重新拆卸吊顶进行维修，这样不仅会造成资源的浪费，增加不必要的维护成本，还会造成顶板材料的损害，对吊顶整体的平整度产生不良影响。

【技术措施】

在开始安装吊顶板之前，必须确保所有位于吊顶内部的隐蔽工程已经彻底完成，并且通过了相应的质量验收程序。这些隐蔽工程包括但不限于电气布线、通风系统的安装、消防设施的布置，以及其他需要预埋在吊顶内的工程。

4.2.10 对于不安装吊顶的楼板应按设计进行防尘涂覆和保温处理。

【制定依据、目的】

国家标准《数据中心设计规范》GB 50174—2017 中规定："主机房的空气含尘浓度，在静态或动态条件下测试，每立方米空气中粒径大于或等于 0.5μm 的悬浮粒子数应少于 17 600 000 粒。" 该规范还规定："数据中心围护结构的材料选型应满足保温、隔热、防火、防潮、少产尘等要求。外墙、屋面热桥部位的内表面温度不应低于室内空气露点温度。"

楼板如果不进行保温处理，会因为热传导作用导致室内冷量的流失，特别是在夏季，这种热量的损失会使得室内温度难以保持，从而增加空调系统的能源消耗。通过在楼板表面施加保温材料，可以有效降低热量的流失，提高建筑物的整体保温性能，从而达到节能减排的效果。

【技术措施】

不安装吊顶的楼板原始顶面清理后做无机涂料防尘处理两遍，楼板敷贴铝箔保温棉，再贴板下安装瓦楞板。

4.3 隔 墙

4.3.1 数据中心安装的隔墙应包括金属饰面板隔墙、轻钢龙骨隔墙和玻璃隔墙等非承重轻质隔墙及实体隔墙。

【制定依据、目的】

根据防火分区需要和房间功能的不同来划分工作区域。数据中心内常采用金属板材隔墙、轻钢龙骨隔墙和玻璃隔墙等非承重轻质隔墙进行分隔。同时为防火、防爆、防噪声，需要新建砌砖墙体。

本条主要是基于数据中心的安全、防火和环保等方面要求。对于不同类型的数据中心，其隔墙的要求也不同，因此需要有统一的标准来进行规范。

数据中心作为高价值、高敏感性场所，其安全性和可靠性至关重要。隔墙作为数据中心内部空间分隔的重要手段，对于防火、隔声、保温等方面都有一定的影响。因此，规定数据中心隔墙的类型和要求，有助于提高数据中心的安全性和可靠性，保障数据资产的安全。

【技术措施】

选用合适的隔墙材料、优化结构设计、考虑节能环保、强化防火措施及保障隔声效果等。

4.3.2 隔墙施工前应按设计要求划线定位。

【制定依据、目的】

隔墙施工前按设计要求划线定位是对设计图纸复核的一个过程。在数据中心施工过程中，隔墙作为建筑物内部的空间分隔设施，其位置和尺寸对于数据中心的功能和结构安全具有重要影响。因此，为确保隔墙的施工质量和安全性，需要按照设计要求进行划线定位。

本条规定的目的是为确保隔墙的施工能够准确、规范地进行，避免出现位置偏差、尺寸不符等问题。通过按照设计要求进行划线定位，可以有效地控制隔墙的位置和尺寸，保证其符合设计要求，从而确保数据中心的安全、功能和美观等方面的要求。

【技术措施】

在隔墙施工前，应进行测量放线，确定隔墙的位置和尺寸。可以采用全站仪、激光测距仪等测量设备，对隔墙的位置进行精确测量，确保其符合设计要求。

4.3.3 隔墙主要材料质量应符合下列规定：

1 各类饰面板表面应平整、边缘整齐，不应有污垢、缺角、翘曲、起皮、裂纹、开胶、划痕、变色和明显色差等缺陷；

2 玻璃表面应光滑、无明显缺陷，边缘应平直、无缺角和裂纹。

【制定依据、目的】

本条对隔墙主要材料质量提出了具体要求：

（1）第1款目的是确保各类饰面板的表面平整度、边缘整齐度和外观质量符合要求，以提高隔墙的整体性能和观感。

（2）第 2 款旨在确保玻璃隔墙主要材料质量符合要求，玻璃表面光滑、无明显缺陷，边缘平直、无缺角和裂纹，以提高隔墙的整体美观度、使用效果和安全性，确保达到设计的预期效果。

国家标准《建筑装饰装修工程质量验收标准》GB 50210—2018“饰面板工程”一章中对各种饰面板有具体的相关规定，“玻璃隔墙工程”一节中对玻璃表面要求也做出了具体规定。

本条规定的目的是为确保隔墙的施工质量和使用安全，以及数据中心对防静电和洁净度的要求。隔墙作为数据中心内部的空间分隔设施，其材料的质量直接影响到隔墙的性能和安全性。如果材料质量不符合要求，可能会导致隔墙出现开裂、变形等问题，影响数据中心的安全和使用寿命。

【技术措施】

通过以下技术措施，可以有效保证隔墙主要材料的质量符合规定要求，提高隔墙的施工质量和安全性：

（1）材料选择：在选择隔墙材料时，应优先选择符合相关标准和规范要求、质量可靠的材料。对于饰面板和玻璃等材料，应选择表面平整、边缘整齐、无缺陷的产品。

（2）外观检查：在材料进场前，应对其外观质量进行严格检查。检查内容包括饰面板的平整度、边缘整齐度、污垢、缺角、翘曲、起皮、裂纹、开胶、划痕、变色和明显色差等缺陷；玻璃的表面光滑度、缺陷、边缘平直度和缺角、裂纹等情况。对于不符合要求的材料，应及时进行更换或处理。

（3）清洁处理：对于饰面板等材料，应进行清洁处理，去除表面的污垢和杂质，保证其表面质量和美观度。

（4）保护措施：在施工过程中，应对材料采取必要的保护措施，防止材料受到损坏或污染。

4.3.4 轻钢龙骨隔墙安装应符合下列规定：

1 隔墙的沿地、沿顶及沿墙龙骨位置应准确，安装应牢固。

2 竖龙骨及横向贯通龙骨的安装应符合设计及产品说明书的要求。

3 有耐火极限要求的隔墙安装应符合下列规定：

1）竖龙骨的长度应小于隔墙的高度 30mm，上下应形成 15mm 的膨胀缝；

2）隔墙板应与竖龙骨平行铺设；

3）隔墙两面墙板接缝不得在同一根龙骨上，安装双层墙板时，面层与基层的接缝不得在同一根龙骨上；

4）隔墙内填充的材料品种与规格型号应符合设计要求，并应充满、密实、均匀。

【制定依据、目的】

本条对轻钢龙骨架的隔墙安装提出了具体要求：

（1）隔墙沿地、沿顶及沿墙龙骨的位置准确牢固和竖向龙骨的垂直固定是保证隔墙平整和垂直度的关键，也是保障施工质量、工程安全的关键。

（2）第2款是根据国内多年施工经验，为防止发生火灾后的火势蔓延而提出的具体要求；同时，条文中“隔墙两面墙板接缝不得在同一根龙骨上，安装双层墙板时，面层与基层的接缝不得在同一根龙骨上”的要求是为了增加结构的稳定性，减少墙板振动，提高防火性能。

（3）第3款是为确保隔墙的整体性能和使用效果，包括结构稳定性、隔声效果、防火性能、保温隔热性能和美观性等方面，保证隔墙的施工质量和使用安全。

【技术措施】

通过以下技术措施，可以有效地保证隔墙主要材料的质量符合规定要求，提高隔墙的施工质量和安全性：

（1）定位与测量：在安装隔墙的沿地、沿顶及沿墙龙骨之前，应先进行定位测量，确保龙骨位置的准确性。可以使用全站仪、激光测距仪等测量设备进行精确测量，并依据设计图纸进行定位。

（2）固定与调整：在安装龙骨时，应确保其牢固稳定。可以采用预埋件、膨胀螺栓等固定方式对龙骨进行固定。同时，在安装过程中应随时进行检测和调整，确保龙骨的位置和垂直度符合要求。

（3）竖龙骨与贯通龙骨安装：根据设计及产品说明书的要求正确安装竖龙骨和横向贯通龙骨。在安装过程中应注意保持龙骨的平整和垂直，避免扭曲或倾斜。

（4）填充材料：隔墙内填充的材料应符合设计要求，在填充过程中应确保填充材料的密实度，避免出现空鼓或间隙。

（5）质量检测：在安装完成后，应对轻钢龙骨隔墙进行质量检测。检查隔墙的垂直度、平整度、接缝等是否符合要求。同时，可以进行隔声测试、防火测试等必要的测试，以确保隔墙的性能符合设计要求。

4.3.5 装饰面板隔墙安装应符合下列规定：

1 胶黏剂应根据装饰面板性能或产品说明书要求确定；

2 胶黏剂应满涂、均匀；

3 饰面板粘接应牢固，对缝图案应符合设计规定。

【制定依据、目的】

本条依据现行国家标准《建筑内部装修防火施工及验收规范》GB 50354 的规定，提出防火要求。

（1）合理选择胶黏剂，确保装饰面板与基层粘结牢固，避免因胶黏剂不匹配导致的脱落或松动。

（2）胶黏剂应满涂、均匀，确保装饰面板与基层之间充分接触，扩大粘结面积，提高粘结力，防止因涂刷不均匀导致的局部粘接不牢固。避免面板在使用中出现位移、脱落，降低安全风险。

（3）安装装饰面板隔墙时，确保饰面板粘接牢固，对缝图案符合设计要求，提升隔墙的安装质量、美观性和功能性，达成设计预期效果。

同时，依据国家标准《建筑内部装修防火施工及验收规范》GB 50354—2005 规定："建筑隔墙或隔板、楼板的孔洞需要封堵时，应采用防火堵料严密封堵。采用防火堵料封堵孔洞、缝隙及管道井和电缆竖井时，应根据孔洞、缝隙及管道井和电缆竖井所在位置的墙板或楼板的耐火极限要求选用防火堵料。"

【技术措施】

为确保装饰面板隔墙的安装质量，可以采取以下技术措施：

（1）胶黏剂选择：根据装饰面板性能，参照产品说明书要求，挑选适配的胶黏剂。需要考虑胶黏剂的粘接强度、耐久性、适用基材等因素，以确保粘接效果可靠。

（2）胶黏剂涂刷：在涂刷胶黏剂时，应确保胶黏剂满涂、均匀。可以借助滚筒、刷子等合适的涂刷工具对基材进行均匀涂刷。同时，应注意控制涂刷量，避免过多或过少。

（3）装饰面板粘接：在粘接装饰面板时，应确保装饰面板与基材的粘接牢固。可以采用适当的压力或固定方式使装饰面板与基材紧密结合。同时，应注意控制粘接温度和压力，避免过热或过压导致装饰面板变形或损坏。

4.3.6 金属饰面板隔墙安装应符合下列规定：

1 金属饰面板表面应无压痕、划痕、污染、变色、锈迹，界面端头应无变形；

2 竣工验收前不宜揭掉保护膜；

3 隔墙不到顶时，上端龙骨应按设计要求与顶棚或梁、柱固定；

4 板面应平直，接缝宽度应均匀、一致。

【制定依据、目的】

本条对金属饰面板隔墙的安装提出了具体的施工要求：

（1）第 1 款主要是为保证金属饰面板隔墙的安装质量和装饰效果的符合性。金属饰面板的表面质量直接影响其美观度和耐久性。

（2）为保护金属饰面板的表面质量，不宜在竣工验收前揭掉保护膜。

（3）上端龙骨与顶棚或梁、柱的固定方式和固定点的位置也需要按照设计要求进行，以确保隔墙的稳定性和安全性。

（4）板面平直可以确保金属饰面板隔墙安装的准确性，避免因弯曲或不平整导致的安装问题。接缝宽度一致、均匀可以使隔墙外观更加整洁、美观，提升室内空间的品质。

通过明确规定金属饰面板的表面质量要求、保护措施、龙骨与顶棚或梁、柱的固定方式等，可以有效地控制金属饰面板隔墙的安装质量，避免出现施工不规范或质量问题。

【技术措施】

为确保金属饰面板隔墙的安装质量和装饰效果符合要求，可以采取以下技术措施：

（1）表面质量检查：在安装前，对金属饰面板的表面质量进行检查，确保无压痕、划痕、污染、变色、锈迹等缺陷。对于存在缺陷的金属饰面板，应及时进行处理或更换。

（2）保护膜处理：在施工过程中，避免随意揭掉金属饰面板的保护膜，以免造成表面损伤或污染。在需要剥离保护膜的区域，应使用专业的剥离工具或刀片，轻轻剥离保护膜，避免对金属饰面板表面造成划痕或损伤。

（3）龙骨固定方式：按照设计要求，确保上端龙骨与顶棚或梁、柱的固定方式正确。采用适当的固定件和连接方式，如膨胀螺栓、焊接等，确保龙骨与顶棚或梁、柱的连接牢固可靠。同时，应控制固定点的位置和间距，以满足设计要求和规范标准。

（4）板面平直度和接缝宽度：在安装过程中，使用水平尺或直尺等工具，确保金属饰面板的板面平直。同时，控制接缝宽度的一致性和均匀性，使整体外观效果美观。对于不满足要求的板面或接缝，应及时进行调整或更换。

（5）安装顺序和固定方式：遵循先上后下、先里后外的原则，合理安排金属饰面板隔墙的安装顺序。对于不到顶的隔墙，优先安装上端龙骨和金属饰面板，确保与顶棚或梁、柱固定牢固后再进行下端安装。同时，根据实际情况选择合适的固定方式，如自攻螺丝固定、焊接等，确保金属饰面板与龙骨的连接牢固可靠。

（6）质量检测与验收：在安装完成后，进行质量检测与验收。检查金属饰面板的表面质量、保护膜处理情况、龙骨固定方式、板面平直度和接缝宽度等是否符合要求。采用适当的检测工具和方法，如观察检查、拉拔试验等，确保安装质量和装饰效果的符合性。

4.3.7 玻璃隔墙的安装应符合下列规定：

1 玻璃支撑材料品种、规格型号、材质应符合设计要求；

2 支撑材料表面应光滑、无污垢和划痕；

3 隔墙不到顶时，上端龙骨应按设计要求与顶棚或梁、柱固定；

4 安装玻璃的槽口应清洁，下槽口应衬垫软性材料；

5 玻璃之间或玻璃与扣条之间嵌缝灌注的密封胶应饱满、均匀、美观；

6 填塞的弹性密封胶条应牢固、严密，不得起鼓和缺漏；

7 竣工验收前在玻璃上应粘贴明显标志。

【制定依据、目的】

本条对玻璃隔墙的安装提出了具体的施工要求：

（1）玻璃支撑材料品种、规格型号、材质必须符合设计要求，以确保玻璃隔墙有足够的支撑力，防止因支撑不力导致玻璃破裂或倒塌。

（2）第 2 款主要是出于对玻璃隔墙美观性和功能性的考虑，其目的是确保支撑材料表面的光滑度、清洁度和完整性符合要求，以实现玻璃隔墙的最佳性能和安全性。

（3）确保玻璃隔墙的上端与顶棚或梁、柱进行正确的固定，防止因自重或其他外力作用导致的倾斜或坠落，以实现结构的稳定性和安全性。

（4）清洁的槽口可以确保玻璃的顺利安装，避免因杂物导致的安装困难或损坏。下槽口衬垫软性材料可以防止玻璃直接与槽口硬性接触，减少安装过程中或使用中对玻璃的损坏，提高安全性。

（5）密封胶的饱满度、均匀性和美观性直接影响到玻璃隔墙的整体质量和观感。密封胶的饱满度可以确保玻璃隔墙的密封性能，防止空气和水分渗透，提高隔墙的保温和隔声效果。均匀的密封胶外观可以提升玻璃隔墙的整体视觉效果，使其更加美观。

（6）牢固、严密的弹性密封胶能够有效地阻止空气和水分渗透，提高玻璃隔墙的气密性和防水性能。

（7）施工经验证明，清洁剔透的玻璃隔墙未加明显标志，极易发生碰破玻璃伤人事故。

【技术措施】

为确保玻璃隔墙的正确、安全和可靠安装，可以采取以下技术措施。

（1）玻璃支撑材料的选择与准备：

1）根据设计要求选择合适的玻璃支撑材料，如铝合金、钢材等，并确保其规格型号、材质符合设计要求。

2）在安装前对支撑材料进行质量检查，确保其表面无缺陷，如划痕、锈蚀等。

（2）支撑材料表面处理：

1）支撑材料表面进行预处理，如打磨、清洁等，确保其表面光滑、无污垢。

2）根据需要，涂抹适量的防锈、防腐涂料，增强其耐久性。

（3）与顶棚或梁、柱的固定：

1）根据设计要求，确定隔墙的上端与顶棚或梁、柱的固定方式。

2）使用适当的固定连接件或结构胶进行固定，确保其牢固可靠。

（4）清洁安装槽口：

1）在安装玻璃之前，使用专用的清洁剂对槽口进行彻底清洁。

2）确保槽口内部无灰尘、污垢等杂质，以保证玻璃安装的平整度和密封性。

（5）嵌缝密封胶的灌注：

1）选择与玻璃材质相容的密封胶，并确保其质量合格。

2）灌注密封胶时，应均匀、连续地填充缝隙，避免出现气泡或空隙。

3）待密封胶完全固化后，再进行后续操作，以增强其粘结力和耐久性。

（6）填塞弹性密封胶条：

1）根据需要，选择合适规格和材质的弹性密封胶条。

2）填塞胶条时，应确保其紧密贴合、无起鼓或缺漏现象。

3）使用专用的填塞工具或手法，确保胶条填塞均匀、牢固。

（7）竣工验收前的保护措施：

1）在玻璃上粘贴明显的标志，如警告标签、保护膜等，以防止意外碰撞或刮伤。

2）对已完成的玻璃隔墙进行全面检查，确保其安装质量符合设计要求和相关标准。

3）如发现问题，及时进行修复或调整，确保隔墙的安全性和功能性。

4.3.8 防火玻璃隔墙安装应符合下列规定：

1 防火玻璃及骨架材料应符合设计要求；

2 安装除应符合本标准第 4.3.7 条的相关规定外，尚应符合产品说明书的要求。

【制定依据、目的】

本条对防火玻璃隔墙的安装提出了具体的施工要求：

（1）确保防火玻璃隔墙的防火性能符合规范要求，防止火灾发生时火势的蔓延。防火玻璃的骨架材料要保证足够的刚度，这是确保防火玻璃能够正常、安全使用的重要前提。如果骨架材料刚度不足，防火玻璃可能会因为受力不均而发生变形，甚至破碎，这不仅会影响防火玻璃的正常使用，还可能对人员和财产安全构成威胁。

（2）安装符合本标准第 4.3.7 条的相关规定可以确保防火玻璃隔墙的基本安装质量，而产品说明书的要求则提供了更加具体和针对性的指导，有助于实现更好的安装效果。

【技术措施】

为确保防火玻璃隔墙的正确、安全和可靠安装，可以采取以下技术措施：

（1）根据设计要求选择合适的防火玻璃，确保其满足耐火时限、耐火温度等性能指标。

（2）对采购的防火玻璃进行质量检验，确保其外观无缺陷、尺寸符合要求，并具备相应的产品合格证书。

（3）其他技术措施可参见本标准第 4.3.7 条的相关技术措施。

4.3.9 隔墙与其他墙体、柱体的连接缝隙应填充阻燃密封材料。

【制定依据、目的】

本条规定的目的是满足数据中心的空气尘埃粒子浓度和防火的需要。

基于对数据中心特殊环境要求的考虑，数据中心通常具有严格的空气尘埃粒子浓度要求。依据国家标准《数据中心设计规范》GB 50174—2017 规定："主机房的空气粒子浓度，在静态或动态条件下测试，每立方米空气中粒径大于或等于 0.5μm 的悬浮粒子数应少于 17 600 000 粒。"因此，隔墙与其他墙体、柱体的连接缝隙应采取特殊的密封措施来满足这些要求。

阻燃密封材料可以填充缝隙，减少因温度变化或振动导致的结构变形，提高隔墙的结构稳定性，确保数据中心的正常运行。

【技术措施】

可以采取以下关于隔墙与其他墙体、柱体连接缝隙填充阻燃密封材料的技术措施：

（1）选择合适的阻燃密封材料：根据设计要求和相关标准，选择具备阻燃性能的密封材料。这些材料应具有优异的耐火性能、化学稳定性，以及良好的粘结力和耐久性。

（2）缝隙清理与准备：在填充密封材料之前，确保隔墙与其他墙体、柱体之间的连接缝隙清洁无异物。使用适当的清洁剂或溶剂清除缝隙内的灰尘、油渍等杂质，并确保缝隙干燥。

（3）缝隙填补与压实：将选定的阻燃密封材料填充到隔墙与其他墙体、柱体的连接缝隙中。采用适当的工具或手法，确保密封材料均匀、密实地填充到缝隙中，并排除掉多余的密封材料。在填充过程中，应保持一定的压力，以使密封材料充分填满缝隙并紧密贴合。

（4）表面处理与修饰：完成缝隙填补后，对填充区域进行表面处理和修饰，确保密封材料的边缘平滑过渡，不出现明显的凸起或凹陷。对于多余的密封材料，使用适当的工具或砂纸进行打磨或修整，以获得平滑整洁的外观。

（5）质量检查与验收：在完成填充和修饰后，进行质量检查以确保隔墙与其他墙体、柱体的连接缝隙填充密实、平整，满足设计要求和相关标准。如果发现存在缝隙或气泡等问题，应及时进行调整和修复。

4.3.10 实体隔墙的砌砖体应符合现行国家标准《砌体结构工程施工质量验收规范》GB 50203 的有关规定，抹灰及饰面应符合现行国家标准《建筑装饰装修工程质量验收标准》GB 50210 的有关规定。

【制定依据、目的】

实体隔墙的施工及验收涉及较多的工程技术，本标准不可能包括全部的技术要求及质量验收规定。为满足和完善工程的施工及验收标准，除应执行本标准的规定外，尚应符合现行国家标准《砌体结构工程施工质量验收规范》GB 50203、《建筑装饰装修工程质量验收标准》GB 50210 的有关规定。

【技术措施】

可以采取以下关于实体隔墙的砌砖体和抹灰及饰面应符合相关国家标准的施工技术措施。

（1）实体隔墙的砌砖体施工：

1）材料选择与检验：选择符合要求的砖材，对其外观、尺寸和质量进行检验，确保符合现行国家标准《砌体结构工程施工质量验收规范》GB 50203 的规定。

2）施工准备：清理基层，确保砌筑表面干净、无杂物。根据设计要求和规范，绘制砌筑排列图，并进行技术交底。

3）砌筑工艺：采用合适的砌筑砂浆，按照排列图进行砌筑。确保砖缝饱满、平整，灰缝均匀、顺直。同时，控制好砌筑的垂直度和水平度。

4）质量检查：在砌筑过程中，进行质量抽查和验收，确保砌砖体的尺寸、位置和垂直度等符合规范要求。

（2）抹灰及饰面施工：

1）基层处理：对抹灰基层进行处理，清除表面的污垢、油渍等杂质，修补不平整处，确保基层平整、干净。

2）抹灰施工：根据设计要求的抹灰厚度和材料，采用合适的抹灰工艺进行施工。确保抹灰层平整、光滑，无空鼓、裂缝等现象。

3）饰面施工：根据设计要求的饰面材料和工艺，进行饰面层的施工。确保饰面层与抹灰层粘结牢固，颜色均匀、无明显色差。

4）质量检查：对抹灰及饰面施工进行质量检查，确保表面平整、光滑、无缺陷。同时，对饰面层的耐久性、抗污染性能等进行测试和评估。

同时，加强质量检查和验收工作，及时发现和解决施工中的问题，确保隔墙的施工质量符合规范要求外，还要符合本标准第 3.1.2 条的规定。

4.3.11 隔墙工程的隔声性能应符合现行国家标准《民用建筑隔声设计规范》GB 50118 的有关规定。

【制定依据、目的】

为满足和完善隔墙工程的施工及验收标准，除应执行本标准的规定外，尚应符合现行国家标准《民用建筑隔声设计规范》GB 50118 的有关规定。

【技术措施】

通过以下技术措施的实施，可以确保隔墙工程的隔声性能符合相关国家标准的要求，提高数据中心的隔音效果，为运维人员提供一个安静的工作环境。

（1）施工准备：

1）了解和熟悉现行国家标准《民用建筑隔声设计规范》GB 50118 的相关要求和标准，确保隔墙工程的隔声性能符合规范要求。

2）在施工前，对施工队伍进行技术交底，明确隔声性能的重要性及施工中的注意事项。

（2）材料选择与检验：

1）选择具有良好隔声性能的材料，如隔声砖、隔声毡、隔声泡沫等。确保材料的质量和性能符合相关标准。

2）对所选材料进行进场检验，确保其性能指标符合设计要求，并具有相关的质量证明文件。

（3）施工工艺：

1）合理安排施工顺序，先进行隔声结构的施工，再进行其他装修作业，以避免后续施工对已完成的隔声结构造成破坏。

2）在施工过程中，注意对隔声材料的保护，避免刮擦、损坏等现象。同时，确保隔声结构安装牢固、平整，无缝隙。

3）对于需要拼接的隔声材料，确保拼接处紧密、平整，并进行密封处理，以提高隔声性能。

4）在隔声结构与相邻结构之间，采取有效的减震、降噪措施，如设置减震带、消声器等，以减少振动和噪声的传递。

（4）质量检查与验收：

1）在施工过程中，进行定期的质量检查，确保隔声结构的施工质量和隔声性能符合要求。

2）在工程验收阶段，进行隔声性能的专项检测，确保隔墙工程的隔声性能符合现行国家标准《民用建筑隔声设计规范》GB 50118 的有关规定。

3）对于不符合要求的隔声结构，进行整改和修复，直至满足规范要求。

4.4 地 面

4.4.1 数据中心的地面施工应包括下列内容：

1 原建筑地面处理；

2 不安装活动地板房间的饰面砖、石材、地毯等地面面层材料的铺设；

3 涂覆防尘、防潮涂料；

4 防静电地面施工。

【制定依据、目的】

本条对数据中心地面施工提出了具体要求：

（1）为保证平整度，后一道工序的施工需要对原建筑地面进行找平处理。

（2）根据防火分区和房间功能的不同，数据中心地面施工常采用饰面砖、石材、地毯等地面面层材料。

（3）数据中心作为高价值、高敏感性场所，其安全性和可靠性至关重要，基于数据中心环境安全、防潮、防尘和环保等方面的要求，地面需要涂覆防尘、防潮涂料。

（4）静电能够导致过电压使设备受损或损坏；静电会对数据存储器件产生电磁干扰，从而导致数据丢失或损坏；静电还会对数据中心基础设施造成影响。因此，要对数据中心的地面进行防静电处理。

【技术措施】

选用合适的地面材料、优化工艺，考虑节能环保、强化防火措施，保障防尘、防潮、防静电等功能。这些措施可以提高数据中心的性能和可靠性，为数据资产提供更加安全、可靠的保护。

4.4.2 地面施工宜在隐蔽工程、吊顶工程、墙面与柱面的抹灰工程完成后进行。

【制定依据、目的】

在数据中心施工过程中，施工的先后顺序对于数据中心的功能、结构安全及施工洁净度等具有重要影响。因此，为确保地面施工的质量和安全性，需要按照设计要求进行工序的合理排序。

本条规定的目的是确保地面施工能够准确、规范地进行，避免出现后置工序对地面破坏、污染等问题。按照设计要求进行合理的工序安排，可以有效地控制地面施工的质量和规范性，保证其符合设计要求，从而确保数据中心的功能和美观等方面的要求，使地面更加平整、坚固，避免出现地面开裂、下沉等问题。

【技术措施】

按照施工顺序和施工方法，遵循施工规范和设计要求，确保施工质量和使用效果。数据中心的室内装修顺序一般是：墙面→顶面→地面，先里后外，先上后下。地面上放线起隔墙，隔墙施工完成后，完成墙内线管的敷设，墙面面层施工前完成墙体隐蔽验收。然后搭设脚手架或利用升降车进行顶面的施工，顶面隐蔽验收后进行吊顶封闭，撤出升降车、脚手架等登高作业的器具后，再进行地面的施工。避免吊顶施工对地面的破坏，墙面腻子打磨粉尘对地面施工的污染。

4.4.3　地面施工按设计要求铺设的防潮层、防水层或保温层，应做到均匀、平整、牢固、无缝隙。

【制定依据、目的】

数据中心作为现代信息社会的基石，承载着储存、处理和传输大量数据的重要任务，其安全性和可靠性至关重要。地面施工作为数据中心内部装修的重要分部工程，对于防水、防潮、恒温恒湿环境等方面都有重要影响。因此，规定数据中心地面施工涉及防潮层、防水层或保温层时，应做到均匀、平整、无缝隙，保证数据中心环境的恒温恒湿、不漏水、防结露。

【技术措施】

铺设防潮层、防水层或保温层应严格遵守相应的技术规范和操作要求，确保施工质量和安全。同时，也应定期进行维护和保养，以确保其使用寿命和性能。

防潮层要防止湿气和小分子的水蒸气侵入；防水层要防止流动的水进入或渗出；保温层既要保持室内温度恒定，又能防止下一层楼顶产生结露。

4.4.4 饰面砖、石材、地毯等面层材料的铺设应符合现行国家标准《建筑装饰装修工程质量验收标准》GB 50210 的有关规定。

【制定依据、目的】

地面的面层材料种类繁多，从而导致施工技术各不相同，本标准不可能包括全部的技术要求及质量验收规定。为满足和完善工程的施工及验收标准，除应执行本标准的规定外，尚应符合现行国家标准《建筑装饰装修工程质量验收标准》GB 50210 的有关规定。

【技术措施】

施工时可考虑如下因素：

（1）材料选择：选择质量优良、性能稳定的面层材料，符合国家相关标准；根据设计要求和施工环境，选择合适的面层材料规格和颜色。

（2）施工准备：从技术准备、材料准备、施工环境等方面进行把控。

（3）铺设方法：饰面砖铺设注意基础处理、砂浆搅拌、砖块铺设、勾缝处理等；石材铺设注意基层处理、石材切割、石材铺设、勾缝处理等；地毯铺设注意基础处理、地毯铺设、接缝处理等。

（4）验收标准：材料质量符合国家标准和设计要求；铺设表面平整、无空鼓、无裂缝；勾缝处理美观、均匀；施工过程符合施工方案和技术交底要求。

（5）注意事项：施工过程中，应注意安全，避免发生意外，应确保材料不受污染，如有污染，应及时处理；施工完成后，应做好成品保护，避免损坏。

4.4.5 水泥地面上涂覆防尘涂料应符合现行国家标准《建筑装饰装修工程质量验收标准》GB 50210 的有关规定。

【制定依据、目的】

为满足和完善水泥地面的施工及验收标准，除应执行本标准的规定外，尚应符合现行国家标准《建筑装饰装修工程质量验收标准》GB 50210 的有关规定。

【技术措施】

施工时可考虑如下因素：

（1）清洁：打磨、吸尘，确保无尘、无油脂。

（2）打底：涂刷渗透底漆，增强附着力。

（3）涂覆：喷涂防尘涂料，厚度均匀，不露底。

（4）固化：常温下干燥，确保完全固化。

（5）养护：施工后48h内避免重压或走动。

（6）检查：施工后检查表面，确保无缺陷。

4.4.6 自流平地面施工应符合现行国家标准《环氧树脂自流平地面工程技术规范》GB/T 50589的有关规定。

【制定依据、目的】

为满足和完善自流平地面的施工及验收标准，除应执行本标准的规定外，尚应符合现行国家标准《环氧树脂自流平地面工程技术规范》GB/T 50589的有关规定。

【技术措施】

为保证数据中心自流平地面的施工符合现行国家标准，可以采取以下技术措施：

（1）基层处理：确保基层干燥、平整、无油污。

（2）施工环境：控制温度在10℃～25℃，相对湿度（*RH*）低于80%。

（3）材料搅拌：按说明书比例搅拌自流平材料，确保无结块。

（4）倒入施工：用专用泵车倒入材料，保持施工厚度均匀。

（5）刮平处理：用专用工具刮平表面，确保无气泡、麻面。

（6）养护保护：施工后封闭现场，养护至少24h。

（7）质量检测：施工后检测地面平整度、强度等指标。

4.4.7 防静电地面施工应符合现行国家标准《防静电工程施工与质量验收规范》GB 50944的有关规定。

【制定依据、目的】

为满足和完善防静电地面的施工及验收标准，除应执行本标准的规定外，尚应符合现行国家标准《防静电工程施工与质量验收规范》GB 50944的有关规定。

【技术措施】

为保证数据中心防静电地面的施工符合现行国家标准，可以采取以下技术措施：

（1）地面预处理：确保基层平整、干燥、无油脂污渍。

（2）底涂施工：涂布防静电底漆，增强附着力。

（3）铺设铜箔：采用压实工具，确保铜箔与地面良好粘合接触。

（4）中涂施工：涂布防静电中涂，填充铜箔间隙。

（5）面涂施工：涂布防静电面涂，确保表面光滑。

（6）检测与维护：定期检测地面电阻，保持良好状态。

4.5 活动地板

4.5.1 活动地板的铺设应在其他室内装修施工及设备基座安装完成后进行。

【制定依据、目的】

室内活动地板下要铺设保温材料；安装配电管线、桥架、插座箱等；进行网络、安防及自控的布线；铺设接地金属带和静电泄漏地网；进行室内固定设备的基座和设备安装。在以上各类施工完成交接验收并清理地面后再安装活动地板，防止反复拆装地板影响活动地板整体的稳定和平整。

【技术措施】

工程施工前，施工单位应合理安排施工工序，避免出现地板下工程返工现象，进而造成活动地板的反复拆装，影响地板整体的稳定性及平整度。

4.5.2 建筑地面应干燥、坚硬、平整、不起尘。活动地板下空间的原建筑表面应进行清洁处理并做防尘涂覆，涂覆面不得起皮或龟裂。

【制定依据、目的】

活动地板面层的金属支架应支撑在水泥混凝土基层（或面层）上。新建工程地面多为混凝土楼板面，表面粗糙、不平整、易起灰；改造工程设备及设备支架拆除后，地面会有破损，防尘涂覆遭到破坏。楼板承重不满足规范要求时，加固后，也会造成楼板面不平整。

空调房间气流组织多为地板下送风、吊顶内回风的循环方式。为保证房间内的空气尘埃粒子浓度，延长专用空调设备的使用寿命，常采用原建筑地面涂覆的方法达到地板下的空间清洁、不起尘、不积尘的效果。

基于上述原因，无论是新建工程还是改建工程，活动地板铺设前均需根据现场实际情况对原建筑地面进行找平及防尘处理。

【技术措施】

活动地板铺设前，原建筑地面进行水泥混凝土基层（或面层）处理，保证地面坚硬及平整度，其含水率不大于 8%。基层杂物清除干净，表面的灰尘，用湿布抹干净，并通风保持干燥。地面基层处理干净后表面应刷 2 ~ 3 遍防尘漆处理，保证机房的洁净度。

4.5.3 活动地板铺设前，应按设计标高及位置准确放线。沿墙单块地板的最小宽度不宜小于整块地板边长的 1/4。

【制定依据、目的】

活动地板铺设前，按设计标高及位置准确放线，是确保活动地板铺设位置准确、符合设计要求的重要步骤。这有助于保证地板与周围环境的协调性，避免因为位置偏差而影响整体效果。沿墙单块地板的最小宽度不宜小于整块地板边长的 1/4，这一规定主要是为保证地板的稳定性。过小的宽度可能导致地板在受到压力时容易变形或翘起，影响使用效果。同时，足够的宽度也有助于提高地板的承重能力，确保安全性；按照规定的尺寸和位置铺设地板，有助于保持地板的整体美观性。

【技术措施】

活动地板铺设前，根据设计标高及位置准确放线。在基层上弹出支架柱定位方格网十字线，测量底座水平标高，并在墙四周弹好支架柱顶托板面的水平线。活动地板的铺设、安装及外观应符合现行国家标准《建筑地面工程施工质量验收规范》GB 50209 的有关规定。

4.5.4 活动地板铺设时应随时调整水平，遇到障碍物或不规则墙面、柱面时应按实际尺寸切割，相应位置应增加支撑部件。

【制定依据、目的】

考虑到机房活动地板铺设完成后的稳定性，同时兼顾活动地板的整体牢固和美观性，做出本条规定。

【技术措施】

当房间净尺寸与设计的活动地板模数不符合时，弹线时应根据实际，准确量出不足部分的尺寸，由供货厂家制作镶补活动地板、横梁及配置支架柱。活动地板的铺设、安装及外观应符合现行国家标准《建筑地面工程施工质量验收规范》GB 50209 的有关规定。

4.5.5 铺设风口地板和开口地板时，现场切割地板的切割面应光滑、无毛刺，并应进行防火、防尘处理。

【制定依据、目的】

切割之后，切割面裸露，在强大的风压下会产生少量的粉尘，所以需要打封边或者刷胶进行封闭处理，以达到不产生粉尘的效果。地板切割之后产生的毛刺在后续检修的情况下，容易划伤工人手，所以切割之后需要打磨处理。

【技术措施】

活动地板切割之后，打磨毛刺，达到光滑圆润的效果。切割面需要封边或者刷胶处理，封闭裸露在外的水泥 / 硫酸钙切割面，防止产生粉尘。

4.5.6 在原建筑地面铺设保温材料的品种、规格型号应符合设计要求，铺设应严密、平整，粘接牢固。

【制定依据、目的】

现行国家标准《数据中心设计规范》GB 50174 中规定数据中心的建筑气候分区和围护结构热工设计应符合现行国家标准《公共建筑节能设计标准》GB 50189 的有关规定。因此，在原建筑地面铺设保温材料的品种、规格型号应符合设计规范要求。

机房的冬季保温、夏季隔热及防凝露等技术问题是机房设计的重要考虑因素，尤其地板下送风空调机房，保温层既能保持机房的温度恒定，又不至于使下一层楼顶结冷凝水。因此，保温材料铺设应严密、平整、粘接牢固，防止因风力过大，导致保温材料被吹起、吹坏，从而使地板的灰尘被风吹进机器内。

【技术措施】

在地板下的墙面、柱面、地面防尘处理后铺贴保温材料，从而保证机房洁净。保温材料的燃烧性能等级应符合现行国家标准《建筑内部装修设计防火规范》GB 50222 的有关规定。

4.5.7 在搬运、储藏、安装活动地板过程中，应做好装饰面和边角的保护，并应保持装饰面的清洁。

【制定依据、目的】

经验证明，由于疏忽了对活动地板装饰面在搬运、堆放及安装完成后的保护，往往会造成板面的污染、划伤、破边、掉角等损伤，从而影响了交接验收。因此本条强调应有保护措施。

【技术措施】

活动地板在运输、装卸或搬运过程中，应轻拿轻放，以防损坏抗静电贴面。施工时活动地板贴面除污，应用软布蘸汽油、肥皂水或去污粉擦拭，再用洁净毛巾擦干净。

4.5.8 在活动地板上安装设备时，应对地板装饰面进行防护。

【制定依据、目的】

经验证明，由于疏忽了对活动地板安装后的防护工作，往往会造成板面的污染、划伤、破边、掉角等损伤，从而影响了交接验收。因此本条强调应有保护措施。

【技术措施】

在活动地板上作业或行走，禁止穿带金属钉的鞋子，不得使用尖锐工具或硬物敲击、刻画地面。安装设备及连接电缆、管线时，应在活动地板面层上铺设五夹板以保护面层不受污损。活动地板上放置重物时，不得在地板上拖拽物品。

4.5.9 活动地板的安装应牢固可靠，结构完整，地板高度大于600mm时宜增加辅助支撑部件。

【制定依据、目的】

机房内活动地板架空高度超过600mm时，其稳定性和结构完整性会明显降低。由于机房后期运维过程中设备维修及更换频率较为频繁，且设备多为大型、重型设备，运输过程中，若地板架设过高，长期使用后易产生晃动，导致结构受损。因此，当活动地板安装高度大于600mm时，地板支腿间宜增设辅助支撑部件。

【技术措施】

地板支腿应采用专用胶与地面粘接牢固，并在横梁与支腿之间增设斜撑以提高地板的稳定性。靠墙体安装的活动地板，需在其与墙体之间加装木楔，防止活动地板晃动并提高稳定性。活动地板的铺设、安装及外观应符合现行国家标准《建筑地面工程施工质量验收规范》GB 50209的有关规定。

4.5.10 防静电活动地板安装后其防静电性能应符合设计要求。

【制定依据、目的】

地板封口做防静电处理，安装后的活动地板应保证其防静电性能不被破坏。活动地板在安装过程中应保证活动地板的完整性，板面应无划痕，四周导电胶条不被破坏，且在活动地板安装完成后应进行有效的接地处理，技术性能符合设计要求。

【技术措施】

防静电活动地板安装完成后，活动地板地面工程防静电性能检测应符合现行国家标准《防静电工程施工与质量验收规范》GB 50944 中的有关规定。接地系统检测应符合现行国家标准《防静电工程施工与质量验收规范》GB 50944 中的有关规定。

4.6 内墙、顶棚及柱面

4.6.1 内墙、顶棚及柱面的处理应包括表面涂覆、壁纸及织物粘贴、装饰板材安装、饰面砖或石材等材料的铺贴。

【制定依据、目的】

本条列出了目前较为通用的建筑物内墙、顶棚及柱面的装饰装修施工内容和材料，主要是为了提高建筑质量、满足使用功能，同时也是为了统一施工标准、保障使用安全和促进可持续发展。

【技术措施】

（1）表面涂覆：

1）涂料选择：选择环保、无毒、耐久的涂料，符合相关质量标准。

2）表面处理：确保墙面干燥、平整、无油污，必要时进行打磨、填补裂缝等预处理。

3）涂刷工艺：采用合适的涂刷工具，确保涂刷均匀、无漏涂、无流挂。

4）涂层保养：涂料干燥前避免触碰，干燥后定期检查维护。

（2）壁纸及织物粘贴：

1）材料选择：选择符合环保标准的壁纸或织物，具有良好的粘贴性和耐久性。

2）墙面准备：确保墙面干燥、平整、无油污，必要时进行打磨、填补裂缝等预处理。

3）粘贴工艺：使用专用壁纸胶或织物胶，按照说明书进行粘贴，确保无气泡、无褶皱。

4）边缘处理：用专用刀具修剪多余的壁纸或织物，确保边缘整齐。

（3）装饰板材安装：

1）板材选择：选择符合质量要求的装饰板材，如木质、塑料、金属等。

2）墙面准备：确保墙面干燥、平整，必要时进行找平处理。

3）固定方法：根据板材类型和墙面材料选择合适的固定方法，如螺丝固定、胶黏剂等。

4）缝隙处理：板材间缝隙应均匀，可用专用填缝剂进行填充。

（4）饰面砖或石材铺贴：

1）材料选择：选择符合质量要求的饰面砖或石材，具有良好的耐磨、防滑、易清洁等特性。

2）墙面准备：确保墙面干燥、平整，必要时进行找平、防水处理。

3）铺贴工艺：使用专用粘结剂，按照规定的铺贴方法和顺序进行，确保砖块或石材平整、无空鼓。

4）特殊部位处理：对于墙角、柱脚等特殊部位，应使用专用配件进行固定和收口。

以上技术措施旨在确保内墙、顶棚及柱面处理的施工质量，满足使用功能和美观要求。在实际施工过程中，应根据具体情况选择合适的处理方法和材料，并严格按照技术措施进行操作，以确保施工质量和安全。同时，施工过程中应注意环境保护和节能减排，促进可持续发展。

4.6.2 工程中的抹灰施工应符合现行国家标准《建筑装饰装修工程质量验收标准》GB 50210 的有关规定。

【制定依据、目的】

为满足和完善抹灰施工及验收标准，除应执行本标准的规定外，尚应符合现行国家标准《建筑装饰装修工程质量验收标准》GB 50210 的有关规定。

【技术措施】

抹灰施工在满足现行国家标准《建筑装饰装修工程质量验收标准》GB 50210 的相关规定之外，还可以通过以下一些技术措施。

（1）施工前准备：

1）材料准备：选择符合标准要求的抹灰材料，如水泥、砂、石膏等，并确保其质量合格、无过期。

2）工具准备：准备必要的抹灰工具，如灰斗、灰板、刮刀、抹子等，确保工具完好、干净。

3）基层处理：确保抹灰基层干燥、清洁、平整，无油污、浮灰等杂物。

（2）抹灰施工：

1）抹灰层厚度：根据设计要求和国家标准，控制抹灰层的厚度，避免过厚或过薄。

2）抹灰工艺：采用正确的抹灰工艺，如分层抹灰、压实抹灰等，确保抹灰层均匀、密实。

3）抹灰时间：根据材料性能和天气条件，选择合适的抹灰时间，避免在高温、低温或潮湿环境下进行抹灰施工。

（3）质量检查与验收：

1）外观检查：抹灰完成后，进行外观检查，确保抹灰表面平整、光滑、无裂缝、无空鼓。

2）尺寸检查：使用测量工具检查抹灰层的尺寸，如厚度、平整度等，确保其符合设计要求。

3）强度测试：根据需要进行强度测试，如抗压强度、抗折强度等，以确保抹灰层的强度符合要求。

（4）施工安全与环保：

1）施工安全：施工人员应穿戴好安全防护用品，如手套、口罩等，避免粉尘和有害物质对身体的伤害。

2）环保措施：选择环保型抹灰材料，减少施工过程中的噪声、粉尘和废弃物的产生，确保施工过程的环保性。

在施工过程中，应严格按照技术措施进行操作，确保施工质量和安全。通过实施这些技术措施，可以有效提高抹灰施工的质量水平，满足建筑装饰装修工程的需求。

4.6.3 表面涂覆、壁纸或织物粘贴、饰面砖或石材等材料的铺贴应在墙面隐蔽工程完成后、吊顶板安装及活动地板铺设之前进行。

【制定依据、目的】

在建筑内部装修过程中，墙面装饰通常是吊顶和地板安装之前的最后步骤之一。因此，表面涂覆、壁纸或织物粘贴、饰面砖或石材等材料的铺贴应在这些工作完成之后进行，以确保施工流程顺畅。

本条的制定依据是施工逻辑顺序和空间利用与保护原则，基于施工效率、质量保障和空间保护等方面的考虑，目的在于明确施工顺序、保证工程质量和提高施工效率，同时也是为保证表面涂覆、壁纸或织物粘贴、饰面砖或石材等材料铺贴美观。

【技术措施】

在整个施工过程中，需注意以下几点：

（1）确保施工环境清洁、干燥，避免灰尘和水分对施工质量的影响。

（2）严格按照施工流程和规范进行操作，确保每一步骤都符合要求。

（3）定期对施工质量和进度进行检查和评估，及时调整施工方案和措施。

4.6.4 表面涂覆、壁纸或织物粘贴、饰面砖或石材等材料的铺贴及施工质量应符合现行国家标准《建筑装饰装修工程质量验收标准》GB 50210 的有关规定。

【制定依据、目的】

内墙、顶棚及柱面的面层材料种类繁多，从而导致施工技术各不相同，本标准不可能包括全部的技术要求及质量验收规定。为满足和完善工程的施工及验收标准，除应执行本标准的规定外，尚应符合现行国家标准《建筑装饰装修工程质量验收标准》GB 50210 的有关规定。

【技术措施】

（1）施工准备阶段：

1）深入理解和熟悉现行国家标准《建筑装饰装修工程质量验收标准》GB 50210，确保所有施工人员都了解并遵循标准中的规定和要求。

2）对施工材料进行质量检查，确保所有材料都符合标准中的质量要求，如壁纸、织物、饰面砖、石材等都应具备相应的合格证明。

（2）施工过程中的质量控制：

1）对于表面涂覆，应确保涂层均匀、无气泡、无剥落，颜色一致，符合设计要求。同时，注意涂层的厚度和干燥时间，以满足标准的耐久性要求。

2）壁纸或织物的粘贴应平整、无气泡、无皱褶，边缘处理应整齐、美观。在粘贴过程中，应使用专业的粘贴剂和工具，确保粘贴牢固。

3）饰面砖或石材的铺贴应平整、无空鼓、无裂缝。在铺贴前，应对基层进行处理，确保基层平整、干燥、无油污。同时，应使用合适的粘结材料和填缝材料，确保铺贴质量和美观度。

（3）施工后的质量验收：

1）依据现行国家标准《建筑装饰装修工程质量验收标准》GB 50210 中的要求进行质量验收，对各项指标进行逐项检查，如平整度、色泽、粘贴牢固度等。

2）对于不合格的部分，应及时进行整改，确保所有施工质量都符合标准要求。

4.6.5 金属饰面板安装应牢固、平直、稳定，与墙面、柱面应保留 50mm 以上的间隙，并应符合本标准第 4.3.6 条的有关规定。

【制定依据、目的】

建筑物内墙面或柱面的平整度常有偏差，如果金属饰面板等成品板材紧贴墙面、柱面安装，无法保证板面的垂直度，也增加安装和调整的难度。与墙面和柱面保留 50mm 以上的距离是为保证金属饰面板有足够的安装空间。

【技术措施】

为保证金属饰面板安装符合相关标准，可以采取以下技术措施：

（1）固定点设置：根据设计要求，确定金属饰面板的固定点位置。固定点应均匀分布，确保面板受力均匀。

（2）安装骨架：按照放线位置，安装骨架并确保其平整度和垂直度。骨架与墙面、柱面应保持适当的距离，以满足 50mm 以上的间隙要求。

（3）安装金属饰面板：使用合适的固定件将金属饰面板固定在骨架上。固定件应牢固可靠，确保面板不晃动、不下坠；在安装过程中，不断使用水平尺和垂直尺检查面板的平整度和垂直度，确保安装质量。

（4）面板安装完成后，使用专用工具调整金属饰面板与墙面、柱面之间的间隙，确保间隙均匀且大于 50mm。

（5）在易于被污染或划碰的部位，应使用塑料薄膜或安全栏杆进行保护，防止施工过程中对面板造成损伤。

4.6.6 其他饰面板的安装应按本标准第 4.3.5 条执行，并应符合现行国家标准《建筑装饰装修工程质量验收标准》GB 50210 的有关规定。

【制定依据、目的】

内墙、顶棚及柱面的其他饰面板材料种类繁多，从而导致施工技术各不相同，本标准不可能包括全部的技术要求及质量验收规定。为满足和完善工程的施工及验收标准，除应执行本标准第 4.3.5 条的规定外，尚应符合现行国家标准《建筑装饰装修工程质量验收标准》GB 50210 的有关规定。

【技术措施】

为确保其他饰面板的安装质量和符合相关标准，应深入理解和遵循相关标准，做好施工前的准备工作，掌握安装过程的技术要点，注意间隙处理与保护，进行质量检查与验收，并严格遵守安全操作规程。

4.7 门窗及其他

4.7.1 门窗及其他施工应包括门窗、门窗套、窗帘盒、暖气罩、踢脚板等制作与安装。

【制定依据、目的】

国家标准《民用建筑通用规范》GB 55031—2022中规定：“门窗选用应根据建筑使用功能、节能要求、所在地区气候条件等因素综合确定，应满足抗风、水密、气密等性能要求，并应综合考虑安全、采光、节能、通风、防火、隔声等要求。”机房包括主机房和辅助功能区，辅助区域含办公区域和配电区域等。条文中窗帘盒和暖气罩均设置在办公区域等有窗户和有人办公的区域中。

本条规定的目的是为确保数据中心基础装饰施工的质量、安全性和效率，同时考虑到美观和实用性，以满足数据中心高标准的建设需求。

【技术措施】

（1）门窗制作与安装：

1）制作工艺：门窗的制作应严格按照相关标准和规范进行，包括材料的切割、焊接、抛光等工艺。制作过程中要保证门窗的尺寸准确、表面光滑，并进行质量检验。

2）安装前准备：在安装门窗之前，要仔细检查门窗的尺寸、型号和数量是否与设计要求一致，确保没有损坏或缺陷。同时，准备好所需的安装工具和材料。

3）安装方法：根据门窗的类型和结构，采用适当的安装方法，如膨胀螺栓固定、焊接固定等。安装过程中要保证门窗的水平、垂直和平整度，确保安装牢固。

4）密封处理：门窗安装完成后，要进行密封处理，确保门窗与墙体之间的缝隙严密，防止水、风、噪声等的渗透。

（2）门窗套制作与安装：

1）基层处理：门窗套基层应使用干燥木料，打木楔固定，离地一定距离，以防止水浸。

2）套材下料：根据设计要求，对门窗套基层细木工板进行下料，确保尺寸准确。

3）安装固定：将门窗套板固定在基层上，注意保持平整度和垂直度。

（3）窗帘盒制作与安装：

1）测量尺寸：首先需要准确测量窗户或墙面的尺寸，以确定窗帘盒的合适尺寸。

2）材料准备：根据测量结果，准备合适的木材或其他材料，切割成所需的长度和宽度。

3）组装固定：将切割好的材料组装成一个窗帘盒的框架，固定在窗户或墙面上。

4）安装窗帘轨：在窗帘盒内部安装窗帘轨，确保水平且牢固。

（4）暖气罩制作与安装：

1）确定位置：根据暖气片的位置和尺寸，确定暖气罩的安装位置和尺寸。

2）制作框架：使用木材或其他材料制作暖气罩的框架，确保其结构稳固。

3）安装固定：将暖气罩框架固定在墙面上，注意保持平整度和垂直度。

4）面板安装：在暖气罩框架上安装面板，确保表面光滑、平整。

（5）踢脚板制作与安装：

1）测量尺寸：根据房间尺寸和墙面情况，测量踢脚板的长度和宽度。

2）材料准备：选择合适的材料，如木材、PVC 等，根据测量结果切割成所需尺寸。

3）安装固定：使用钉子或黏合剂将踢脚板固定在墙面上，注意保持平整度和垂直度。

门窗及其他施工涉及多个方面和环节，需要采取一系列技术措施来确保施工质量和效果。在实际施工中，应根据具体情况和要求选择合适的施工方法和材料，并严格按照相关标准和规范进行操作。

4.7.2 安装门窗前应进行下列检查：

1 门窗的品种、规格型号、功能、尺寸、开启方向、平整度、外观质量应符合设计要求，附件应齐全；

2 门窗洞口位置、尺寸及安装面结构应符合设计要求。

【制定依据、目的】

本条对各类门窗安装前的通用技术要求做出明确规定，是确保各类门窗内在和外观质量、避免在储运及安装过程中造成损伤、达到施工安装质量标准的必要措施。这也是为确保数据中心的功能性与安全性：符合设计要求的门窗不仅具有美观性，还能保障数据中心的通风、采光等功能，同时提供必要的安全防护。

（1）通过安装前的全面检查，确保门窗的各项参数和附件符合要求，确保安装前的准备工作充分，为高质量的施工奠定基础，最终实现设计预期效果。

（2）重点核查门窗洞口位置、尺寸等技术参数，确保满足设计要求。

【技术措施】

为确保安装门窗前满足相关检查要求，可以采取以下技术措施：

（1）外观检查：门窗进场前，应对其质量进行严格检查，检查内容包括门窗的品种、规格型号、功能、尺寸、开启方向、平整度、外观质量等。

（2）与其他专业的配合：涉及门窗和土建结构等专业交叉的洞口位置尺寸需满足设计要求。

（3）窗的设置应符合：窗扇的开启形式应能保障使用安全，且应启闭方便，易于维修、清洗；开向公共走道的窗扇开启不应影响人员通行，其底面距走道地面的高度不应小于 2.0m；外开窗扇应采取防脱落措施；全玻璃的门和落地窗应选用安全玻璃，并应设防撞提示标识。

4.7.3　门窗的运输、存放应符合下列规定：

1　木门窗应采取防潮措施，不得碰伤、沾污和暴晒；

2　塑钢门窗安装、存放环境温度应低于 50℃；

3　塑钢门窗存放处应远离热源；

4　环境温度低于 0℃时，塑钢门窗安装前应在室温下放置 24h；

5　铝合金、塑钢、不锈钢门窗的保护贴膜在验收前不得损坏；

6　在运输、存放铝合金、塑钢、不锈钢门窗时应稳定立放，并应用软质材料相隔；

7　钢质防火门安装前不应拆除包装，并应存放在清洁、干燥的场所，不得磨损和锈蚀。

【制定依据、目的】

本条对门窗的运输、存放提出了具体要求：

（1）木门窗不耐潮湿环境，需要保证木门窗干燥，同时不能碰伤、沾污和暴晒，否则会影响木门窗的使用寿命。

（2）塑钢门窗对温度较为敏感，安装和存放时的环境温度应低于 50℃，防止塑钢门窗在高温下发生变形或性能变化。

（3）塑钢门窗存放处要远离热源，防止塑钢门窗变形。

（4）第 4 款是为保证所有塑钢门窗能够适应室内温度，同时避免塑钢门窗发生变形。

（5）铝合金、塑钢、不锈钢门窗的保护贴膜是为防止在运输和存放过程中被损坏。

（6）门窗应稳定立放，并使用软质材料相隔，防止门窗在运输过程中相互碰撞，导致表面损伤或变形。

（7）钢质防火门在安装前不应拆除包装，是为了防止在运输和存储过程中受到撞击、划伤或其他形式的损伤。将钢质防火门存放在干燥、清洁的场所，可以显著降低锈蚀和腐蚀的风险，从而确保防火门在安装和使用时具有最佳的性能。

【技术措施】

（1）木门窗的防潮处理：木门窗由于材质的原因，容易受潮、变形。因此，在运输和存放过程中，应采取防潮措施，如使用防潮包装材料、避免长时间暴露在潮湿环境中等。

（2）控制塑钢门窗的存放环境：塑钢门窗对温度较为敏感，安装和存放时的环境温度应低于 50℃，且存放处应远离热源。这是为防止塑钢门窗在高温下发生变形或性能变化。

（3）塑钢门窗的低温处理：当环境温度低于 0℃时，塑钢门窗在安装前应在室温下放置 24h，使其适应室内温度，避免因温差过大导致的变形或损坏。

（4）保护贴膜的使用：对于铝合金、塑钢、不锈钢门窗，其表面通常会有保护贴膜，以防止在运输和存放过程中被划伤或损坏。在验收前，这些保护贴膜不得被损坏，以确保门窗表面的完好。

（5）门窗的稳定立放与软质材料隔离：在运输和存放铝合金、塑钢、不锈钢门窗时，应稳定立放，并使用软质材料相隔。这可以防止门窗在运输过程中相互碰撞，导致表面损伤或变形。

（6）钢质防火门的包装与存放：钢质防火门在安装前不应拆除包装，以防止在存放过程中受到磨损和锈蚀。存放场所应保持清洁、干燥，以确保钢质防火门的质量和性能不受影响。

4.7.4 各类门的安装应符合下列规定：

1 安装位置应符合设计要求，并应平整、牢固；

2 开闭方向应符合设计要求；

3 推拉门与门框接缝应严密、推拉灵活；

4 平开门与门框接缝应严密、开闭自如；

5 自由门与门框的缝隙应一致。

【制定依据、目的】

本条对各类门的安装提出了具体安装要求：

（1）第 1 款安装门的位置符合设计要求，表面平整、牢固、无划痕，同时门不变形。

（2）第 2 款开闭方向满足从高压到低压部分的原则。

（3）第 3 款～第 5 款规定的目的是满足现行国家标准《数据中心设计规范》GB 50174 中室内正压和洁净度的要求。

【技术措施】

门窗与墙体应连接牢固，不同材料的门窗与墙体连接处应采取适宜的连接构造和密封措施。

门的设置应符合以下规定：门应开启方便、使用安全、坚固耐用；手动开启的大门扇应有制动装置，推拉门应采取防脱轨的措施；非透明双向弹簧门应在可视高度部位安装透明玻璃。

4.7.5 玻璃安装应按本标准第 4.3.7 条的有关规定执行。

【制定依据、目的】

玻璃安装涉及数据中心的安全，必须遵循相关的安全规范。本标准第 4.3.7 条对玻璃隔断的安装做出了具体规定。这不仅是为确保安装质量和安全性能，也是为保障人员安全、提升美观。

【技术措施】

玻璃安装按照本标准第 4.3.7 条的有关规定执行时，还应注重测量与设计、基准线与定位、选用合适的密封胶、掌握安装技术、玻璃清洁与保护、固定与检查，以及遵守安全规定等技术措施。这些措施能够确保玻璃安装的质量和安全性，提高整体装修品质。

4.7.6 门窗框与洞口的间隙应填充弹性材料，并用密封胶密封，密封处应严密、均匀、美观。

【制定依据、目的】

数据中心室内装修应选用气密性好的材料。门窗安装的行业标准通常要求门窗框与洞口之间的间隙需要进行适当的填充和密封，以确保其气密性、水密性和保温性能。弹性材料和密封胶是常用的建筑材料，具有良好的填充和密封性能，可以有效防止空气、水分和灰尘的渗透，提高门窗的密封性能。

通过规范门窗框与洞口间隙的处理方式，确保门窗的密封性、保温性和美观性，以满足数据中心高标准的需求，同时提高能源利用效率、降低维护成本并提升整体施工质量。

【技术措施】

（1）选择适当的弹性材料：门窗框与洞口间隙的填充材料应选用具有良好弹性和耐久性的材料，如闭孔泡沫、聚氨酯发泡剂等。这些材料能够适应门窗框与洞口之间的不规则间隙，并在受到压力时保持稳定的性能。

（2）间隙清理：在进行填充之前，需要清理门窗框与洞口之间的间隙，确保没有灰尘、杂物等杂质。这有助于保证填充材料的有效性和密封效果。

（3）填充间隙：使用合适的工具将弹性材料均匀地填充到门窗框与洞口之间的间隙中。填充过程中要注意填充的均匀性和密实性，确保间隙被充分填满。

（4）密封胶的应用：在填充弹性材料后，使用密封胶对间隙进行二次密封。密封胶应均匀涂抹在填充材料的表面，确保密封胶与门窗框和洞口之间的接触紧密、均匀，并且没有气泡或裂缝。

（5）密封效果检查：在密封胶干燥后，对密封处进行检查，确保密封效果严密、均匀、美观。如果发现任何密封不良或缺陷，应及时进行修复和补正。

（6）后期维护：对于长期使用的门窗，应定期检查密封处的状况，及时修复损坏或老化的密封材料，以确保门窗的密封性能持久有效。

4.7.7 门窗安装除应执行本标准外，尚应符合现行国家标准《建筑装饰装修工程质量验收标准》GB 50210 的有关规定。

【制定依据、目的】

门窗工程的施工及验收涉及较多工程技术，本标准不可能包括全部的技术要求及质量验收规定。为满足和完善工程的施工及验收标准，除应执行本标准的规定外，尚应符合现行国家标准《建筑装饰装修工程质量验收标准》GB 50210 的有关规定。

【技术措施】

在门窗安装过程中，除了执行特定标准外，还应符合现行国家标准《建筑装饰装修工程质量验收标准》GB 50210 的相关规定。可采取以下技术措施，以确保门窗安装质量达标，提高整体建筑的美观性和功能性：

（1）准确测量与定位：在安装前，应使用激光测距仪等精确工具对门窗尺寸和墙体开口进行准确测量，确保门窗的尺寸与墙体开口相匹配。同时，明确门窗的安装位置和开启方向，使其完美嵌入墙体。

（2）材料选择与检查：选用符合标准要求的门窗材料，如铝合金门窗，并检查其相关证书和报告，如铝型材、玻璃、密封材料、五金配件的产品合格证、质量保证书和进场验收记录等。

（3）准备安装工具：安装前，应准备好所需的安装工具，如螺丝刀、电钻、电锤等，并保持工具的清洁和锋利。

（4）固定门窗框架：在门窗框架上涂上密封胶后，将其放入墙体开口中，并使用螺丝进行固定。固定时要注意螺丝的位置和数量，确保框架固定牢固。

（5）安装门窗扇：确保门窗扇与框架的对接紧密，并注意其方向和开启方式是否符合设计要求。安装时，应使用铰链并确保其牢固可靠，使门窗扇开启灵活。

（6）密封与检查：安装完成后，应检查门窗的密封性能，确保无渗漏现象。同时，进行开合测试，确保门窗使用正常。

（7）遵循验收标准：按照现行国家标准《建筑装饰装修工程质量验收标准》GB 50210 的规定进行预验收、初验和复验等验收程序，确保门窗安装质量符合标准要求。

4.7.8 门窗套、窗帘盒、暖气罩、踢脚板等制作与安装应符合现行国家标准《建筑装饰装修工程质量验收标准》GB 50210 的有关规定。其装饰面应光洁、平整、色泽一致、线条顺直、接缝严密，不得有裂缝、翘曲和损坏。

【制定依据、目的】

门窗套、窗帘盒、暖气罩、踢脚板等的施工及验收涉及较多工程技术，本标准不可能包括全部的技术要求及质量验收规定。为满足和完善工程的施工及验收标准，除应执行本标准的规定外，尚应符合现行国家标准《建筑装饰装修工程质量验收标准》GB 50210 的有关规定。

【技术措施】

（1）制作阶段的技术措施：

1）材料选择与准备：

依据现行国家标准《建筑装饰装修工程质量验收标准》GB 50210，选择符合要求的材料，如木材、金属、塑料等，确保材料质量合格、环保。检查材料尺寸、厚度、色泽等，确保满足设计和规范要求。

2）制作工艺：

采用机械加工或手工制作，根据图纸要求精确加工尺寸，确保各部件配合紧密。在制作过程中注意保护材料表面，避免划伤或污染。

3）质量控制：

在制作过程中进行质量检查，确保每个部件的尺寸、形状、颜色等符合设计要求。对不合格品进行及时整改或更换。

（2）安装阶段的技术措施：

1）安装前准备：

检查门窗套、窗帘盒、暖气罩、踢脚板等部件是否完好无损，尺寸是否准确。清理安装部位，确保表面干净、平整，无油污、灰尘等。

2）安装工艺：

根据设计图纸和现场实际情况，确定安装位置和高度。使用专用工具和连接件进行安装，确保连接牢固、稳定。注意调整部件的水平和垂直度，确保线条顺直、美观。

3）质量控制：

在安装过程中进行质量检查，确保每个部件的安装位置、尺寸、稳定性等符合设计要求。对安装过程中出现的问题及时进行处理和整改。

（3）验收阶段的技术措施：

1）外观检查：

检查门窗套、窗帘盒、暖气罩、踢脚板等装饰面的光洁度、平整度、色泽一致性等，确保符合要求。

检查线条是否顺直，接缝是否严密，不得有裂缝、翘曲和损坏等现象。

2）功能检查：

检查门窗套、窗帘盒等的使用功能是否正常，如开关是否灵活、窗帘是否顺畅等。

检查暖气罩是否起到保护作用，踢脚板是否方便清洁等。

3）记录与报告：

对验收过程中发现的问题进行记录，并及时向相关部门报告。根据验收结果编制验收报告，对不合格项进行整改和复验。

4.8 施工验收

4.8.1 吊顶、隔墙、内墙和顶棚及柱面、门窗以及窗帘盒、暖气罩、踢脚板等施工的验收内容和方法，应符合现行国家标准《建筑装饰装修工程质量验收标准》GB 50210的有关规定。

【制定依据、目的】

吊顶、隔墙、内墙和顶棚及柱面、门窗，以及窗帘盒、暖气罩、踢脚板等施工的验收内容和方法涉及较多工程技术，本标准不可能包括全部的技术要求及质量验收规定。为满足和完善工程的施工及验收标准，除应执行本标准的规定外，尚应符合现行国家标准《建筑装饰装修工程质量验收标准》GB 50210的有关规定。

【技术措施】

吊顶：包括整体面层吊顶、板块面层吊顶和格栅吊顶等分项工程的质量验收。整体面层吊顶包括以轻钢龙骨、铝合金龙骨和木龙骨等为骨架，以石膏板、水泥纤维板和木板等为整体面层的吊顶；板块面层吊顶包括以轻钢龙骨、铝合金龙骨和木龙骨等为骨架，以石膏板、金属板、矿棉板、木板、塑料板、玻璃板和复合板等为板块面层的吊顶；格栅吊顶包括以轻钢龙骨、铝合金龙骨和木龙骨等为骨架，以金属、木材、塑料和复合材料等为格栅面层的吊顶。吊顶施工的验收内容和方法，应符合国家标准《建筑装饰装修工程质量验收标准》GB 50210—2018“吊顶工程”一章中的要求。

隔墙：数据中心安装的隔墙包括金属饰面板隔墙、轻钢龙骨隔墙和玻璃隔墙等非承重轻质隔墙及实体隔墙。隔墙的品种、规格、颜色和性能应符合设计要求。有隔声、隔热、阻燃和防潮等特殊要求的工程，板材应有相应性能等级的检验报告。

门窗：包括木门窗、金属门窗、塑料门窗和特种门安装，以及门窗玻璃安装等分项工程的质量验收。金属门窗包括钢门窗、铝合金门窗和涂色镀锌钢板门窗等；特种门包括自动门、全玻门和旋转门等；门窗玻璃包括平板、吸热、反射、中空、夹层、夹丝、磨砂、钢化、防火和压花玻璃等。门窗工程验收时的检查文件和记录、材料及其性能指标复验、隐蔽工程项目验收、检验批划分、检查数量等应符合国家标准《建筑装饰装修工程质量验收标准》GB 50210—2018“门窗工程”一章中的要求。同时需注意建筑外门窗安装必须牢固，在砌体上安装门窗严禁采用射钉固定，以确保安全。

窗帘盒：窗帘盒制作与安装所使用材料的材质、规格、性能、有害物质限量及木材的燃烧性能等级和含水率应符合设计要求及国家现行标准的有关规定。窗帘盒的造型、规格、尺寸、安装位置和固定方法应符合设计要求。窗帘盒和窗台板的安装应牢固。

踢脚板：踢脚板的交接处应吻合、严密、顺直，交接（留缝）方式应符合设计要求，施工的验收内容和方法应符合国家标准《建筑装饰装修工程质量验收标准》GB 50210—2018“裱糊与软包工程”一章中的要求。

4.8.2 地面施工的验收内容和方法，应符合现行国家标准《建筑地面工程施工质量验收规范》GB 50209 的有关规定。

【制定依据、目的】

地面施工的验收内容和方法涉及较多工程技术，本标准不可能包括全部的技术要求及质量验收规定。为满足和完善工程的施工及验收标准，除应执行本标准的规定外，尚应符合现行国家标准《建筑地面工程施工质量验收规范》GB 50209 的有关规定。

【技术措施】

数据中心的地面设计应满足使用功能要求，当铺设防静电活动地板时，活动地板的高度应根据电缆布线和空调送风要求确定，并应符合下列规定：

（1）活动地板下的空间只作为电缆布线使用时，地板高度不宜小于 250mm。活动地板下的地面和四壁装饰，可采用水泥砂浆抹灰。地面材料应平整、耐磨。

（2）活动地板下的空间既作为电缆布线，又作为空调静压箱时，地板高度不宜小于 500mm。活动地板下的地面和四壁装饰应采用不起尘、不易积灰、易于清洁的材料。楼板或地面应采取保温、防潮措施，一层地面垫层宜配筋，围护结构宜采取防结露措施。

4.8.3 自流平地面施工的验收内容和方法应符合现行国家标准《环氧树脂自流平地面工程技术规范》GB/T 50589 的有关规定。

【制定依据、目的】

自流平地面施工的验收内容和方法涉及较多工程技术，本标准不可能包括全部的技术要求及质量验收规定。为满足和完善工程的施工及验收标准，除应执行本标准的规定外，尚应符合现行国家标准《环氧树脂自流平地面工程技术规范》GB/T 50589 的有关规定。

【技术措施】

验收前需要将地面养护 24h，确保地面养护完好，没有裂缝或凹陷。同时需要将所有废弃物和杂物清理干净，确保地面干净无尘；验收前应检查地面表面，是否平整无沙粒、气泡、白化等现象；使用灯光确定地面色泽是否均匀，是否有色差、色斑等情况。硬度应符合设计要求和国家标准；环氧自流平地面的硬度应符合要求，硬度测试可以使用摩尔硬度仪进行，测试方法为用不同硬度的铅笔在地面上划痕，观察划痕深度；环氧自流平地面的厚度应符合设计要求和国家标准，可使用厚度计进行测量；环氧自流平地面的附着力应符合国家标准，测试方法为在地面上用手工刻画，然后贴上透明胶带，用力撕下，观察自流平地面是否有剥离、起泡等现象；环氧自流平地面防静电功能也需要进行测试，并应符合设计要求和国家标准；环氧自流平地面应符合国家相关标准的要求，并能够满足相应的设计要求，验收时需要对以上所有测试合格的环节进行全面验收，确定整体的质量水平。

正确的验收环氧自流平地面有助于确保工程质量、提高安全性和实用性，如有问题应及时与施工方沟通排解。

4.8.4　防静电活动地板的验收内容和方法应符合现行国家标准《防静电工程施工与质量验收规范》GB 50944 的有关规定。

【制定依据、目的】

防静电活动地板的验收内容和方法涉及较多工程技术，本标准不可能包括全部的技术要求及质量验收规定。为满足和完善工程的施工及验收标准，除应执行本标准的规定外，尚应符合现行国家标准《防静电工程施工与质量验收规范》GB 50944 的有关规定。

【技术措施】

活动地板地面工程防静电性能检测应按下列要求执行：

（1）防静电工程防静电性能应符合设计文件及规范要求。

（2）接地系统检验应符合以下规定：雨后和地面潮湿情况下，不得检验接地极接地电阻；防静电接地点处应有接地标志；独立防静电接地系统的接地电阻值无设计要求时应小于 10Ω。对于共用接地系统，应以各类接地的最小接地电阻值为检验验收标准。

活动地板类防静电地面机械物理性能及外观应符合现行国家标准《建筑地面工程施工质量验收规范》GB 50209 的有关规定。

4.8.5 室内装饰装修施工完成后应进行气密性检测。

【制定依据、目的】

建筑物的气密性往往被忽视，导致能源浪费和室内环境质量下降。空气泄漏会导致冷热空气的流失，使得建筑物需要更多的能源来维持舒适的室内温度。此外，空气泄漏还可能导致室内空气质量下降。因此，通过进行气密性检测，可以及时发现和解决这些问题。在室内装饰装修施工完成后，建筑物的气密性基本不会再发生变化，所以本条规定了室内装饰装修施工完成后应进行气密性检测。

【技术措施】

门窗是建筑物气密性泄漏的重要点，选用性能良好的门窗材料，比如带有隔热中空层的双层或多层玻璃窗，门框设置密封条，可有效提升气密性；使用高质量的密封材料，将其应用于门缝隙、墙体连接处等密封部位，阻断冷、热空气和湿气进出，提高整体气密性。隔断墙的沿地、沿顶及沿墙龙骨、隔墙与隔墙的缝隙采用可靠的密封胶进行密封。

4.8.6 施工交接验收应符合本标准第 3.3.2 条的有关规定。

【制定依据、目的】

为满足和完善工程的施工及验收标准，施工交接验收应符合本标准第 3.3.2 条的有关规定。

本条规定了各专业施工验收时，施工单位代表、监理单位代表或建设单位代表共同参加，并在验收记录上签字，保证竣工验收时交接资料的权威性。

【技术措施】

施工交接验收各方复检或抽检确认符合要求后，可办理正式验收交接手续，竣工验收各方要审查竣工验收报告，并在验收证书上签字，完成正式验收工作。

各专业施工验收应由施工单位、建设单位或监理单位共同进行，并应在验收记录上签字。

5 配电系统

5.1 一般规定

5.1.1 数据中心配电系统的施工及验收应包括电气装置、照明装置和配电线路的施工及验收。

【制定依据、目的】

数据中心配电系统电气装置包括：高压变配电系统、发电机系统、低压配电系统、不间断电源系统、机柜配电系统、机架配电系统等；照明装置主要为灯具；配电线路包括电缆、桥架、线槽、保护管、母线等。这些配电系统为数据中心提供稳定、可靠的电力供应，确保数据中心正常运行。电气装置、照明装置和配电线路的施工及验收按现行国家标准《建筑电气工程施工质量验收规范》GB 50303 和《数据中心设计规范》GB 50174 的有关规定执行。

5.1.2 数据中心配电系统的施工及验收除应执行本标准外，尚应符合现行国家标准《建筑电气工程施工质量验收规范》GB 50303 的有关规定。

【制定依据、目的】

数据中心配电系统的施工及验收除了本标准要求的数据中心特有技术要求外，还包括许多建筑电气工程共性的技术要求，本标准不可能包括全部的施工要求及质量验收规定。为满足和完善工程的验收标准，除应执行本标准的规定外，尚应符合现行国家标准《建筑电气工程施工质量验收规范》GB 50303 的有关规定。

现行国家标准《建筑电气工程施工质量验收规范》GB 50303 规范了建筑电气工程施工质量的各个方面，对设备材料进场、工序交接确认、分部工程验收进行了详细的规定，并对通用建筑电气工程中涉及的电气装置、配电柜、线槽、导管、电缆、照明、接地等施工质量验收检查数量、检查方法进行了明确的规定。

5.1.3 配电系统的电气设备和材料，应符合国家电气产品安全的规定及设计要求。电气设备材料应进行进场验收，并应有检验记录及结论。

【制定依据、目的】

配电系统的电气设备和材料是数据中心基础设施的重要组成部分，其质量和可靠性及规格型号等参数选择是否正确直接关系到数据中心配电系统运行的安全性和功能可靠性，因此国家陆续颁布了许多关于电气产品安全的标准和规定，这些标准和规定是电气施工的基础，应严格遵守。实行生产许可证或强制性认证（CCC 认证）的产品，应有许可证编号或 CCC 认证标志。对进场的电气设备材料应逐批检验，并记录检验结论。

5.2 电气装置

5.2.1 电气装置的安装应牢固可靠、标志明确、内外清洁。安装垂直度允许偏差宜为 ±1.5‰；同类电气设备的安装高度，在设计无规定时应一致。

【制定依据、目的】

电气装置的安装牢固可靠、标志明确、内外清洁是保障安全的重要前提，可以保证其正常运行，降低故障发生的概率。

电气装置安装垂直度允许偏差宜为 ±1.5‰，垂直度偏差的严格控制有助于确保电气装置的结构稳定性。

同类电气设备安装高度一致可以提升整体美观性，提高管理效率。

如果安装时出现较大的倾斜，可能会导致装置的某些部件承受不均匀的压力，长期运行时可能会造成结构变形或损坏。

此外，过大的垂直度偏差可能会增加电气故障的风险。

【技术措施】

为确保电气装置安装牢固可靠，应选用合适的吊装设备和工具，并严格遵循操作规程，保障安装的安全性、稳定性与可靠性。安装完成后须进行牢固稳定性检查，确认无松动或倾斜现象。所有电气装置应设置清晰的标识牌，标明关键设备参数。安装前后需保持电气装置及周边环境清洁，防止灰尘和杂质侵入设备内部。安装过程中应使用水平仪、垂直度检测仪等精密测量工具，将电气装置的垂直度控制在允许偏差范围内，如发现偏差超出允许范围，应立即进行调整和校正，直至满足设计要求。为使安装的电气设备美观且便于使用，同类电气装置安装高度应保持一致，如图 1-5-1 所示。

图 1-5-1　低压配电箱安装实例图

5.2.2　配电箱、柜落地安装时应设基座。安装前，应按接线图检查内部接线。基座与地面应安装牢固。配电箱、柜与基座也应安装牢固。

【制定依据、目的】

基座可分为活动基座和固定基座两种，如角钢和槽钢焊接而成的基座是活动基座，而混凝土浇筑的基座是固定基座。为落地安装的配电柜设置基座可以提高稳定性，防止水、泥等物质侵入，改善散热条件，便于操作和维护。在选择基座时，需依据设备规格和环境特点来确定。落地安装的配电柜选择活动基座还是固定基座应由现场条件和设计要求确定。

配电箱柜在运输或搬运过程中可能会导致柜内元器件松动。在安装前，按照接线图检查内部接线，可以确保所有线路连接都符合电气安全规范，避免短路等安全事故的发生。

基座与地面牢固安装是为防止位移，确保配电箱、柜的位置稳定，有助于减少运行时产生的振动，防止因振动引起的连接松动或设备损坏，延长设备的使用寿命，提高配电箱、柜的安全性。配电箱、柜与基座牢固安装是为防止配电箱柜被意外移动或碰撞，保护设备免受损害。牢固的安装便于工作人员安全、方便地对配电箱柜进行维护和检修。

【技术措施】

安装配电柜前，应了解设计图纸和相关技术要求，明确配电柜的安装位置。安装基座前，应对地面进行平整处理，确保基座安装后的水平性和稳定性。使用水平仪调整配电柜的水平位置，同时将基座与地面采用如焊接、膨胀螺栓固定等适当的固定方式进行连接，确保基座及配电柜的稳定性。

当配电柜选用活动基座时，基座应与保护导体可靠连接。保护导体可采用镀锌扁钢或截面积不小于 $4mm^2$ 的黄绿色绝缘铜芯软导线。当配电柜周围设有单独的保护导体时，配电柜活动基座可与保护导体连接；当配电柜周围未设单独的保护导体时，可将配电柜活动基座与柜内保护接地导体（PE）可靠连接。配电柜活动基座采用槽钢与镀锌扁钢或槽钢与接地螺栓采用焊接时，焊接处应涂刷防锈漆。配电柜安装示意图如图 1-5-2 所示。

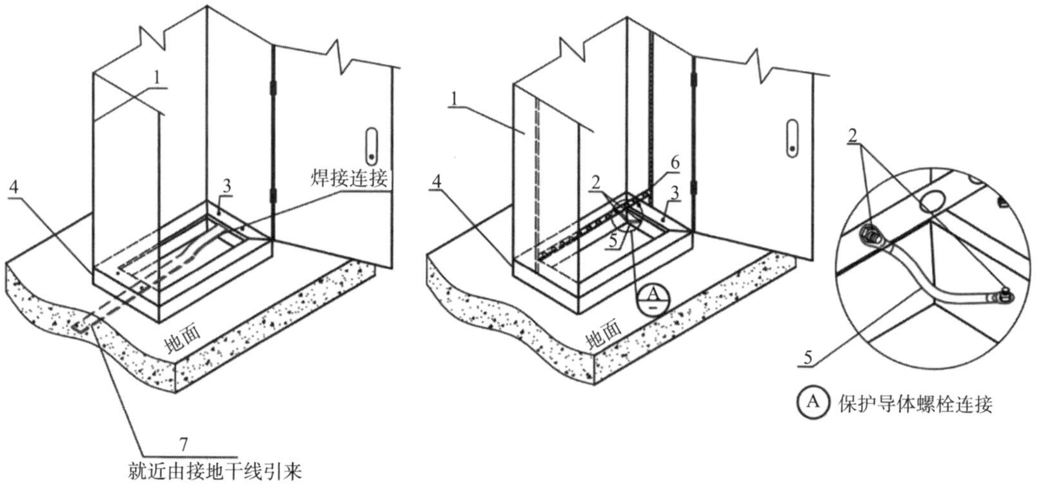

1—配电柜；2—镀锌螺栓；3—镀锌螺栓；4—基础槽钢；5—保护接地导体；6—PE 端子排；7—保护导体。

图 1-5-2　配电柜落地安装示意图

以选择 10 号槽钢作为支撑结构为例，按照 M12 地脚螺栓尺寸和工程要求的位置在地基上钻孔，地脚螺栓穿过槽钢预留孔，并使用螺母将其固定在地面上，槽钢与地面之间紧密贴合，没有缝隙。检查槽钢、地脚螺栓与地面的固定情况，确保其牢固可靠，没有松动或晃动，将低压配电柜与槽钢使用螺栓进行紧固连接。低压配电柜底座安装示意图如图 1-5-3、图 1-5-4 所示。

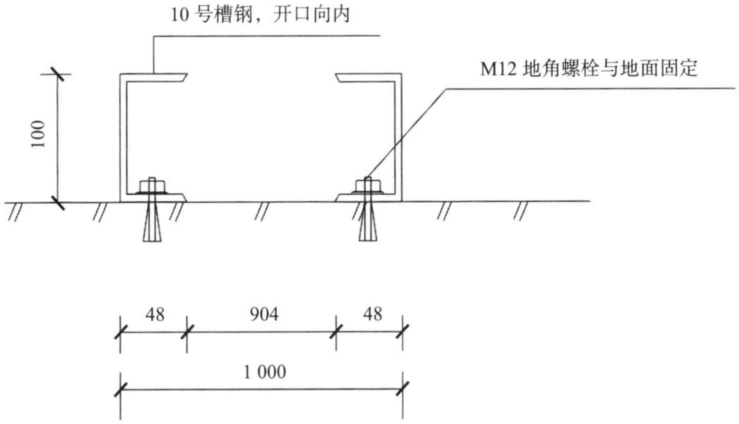

图 1-5-3 低压配电柜底座安装示意图

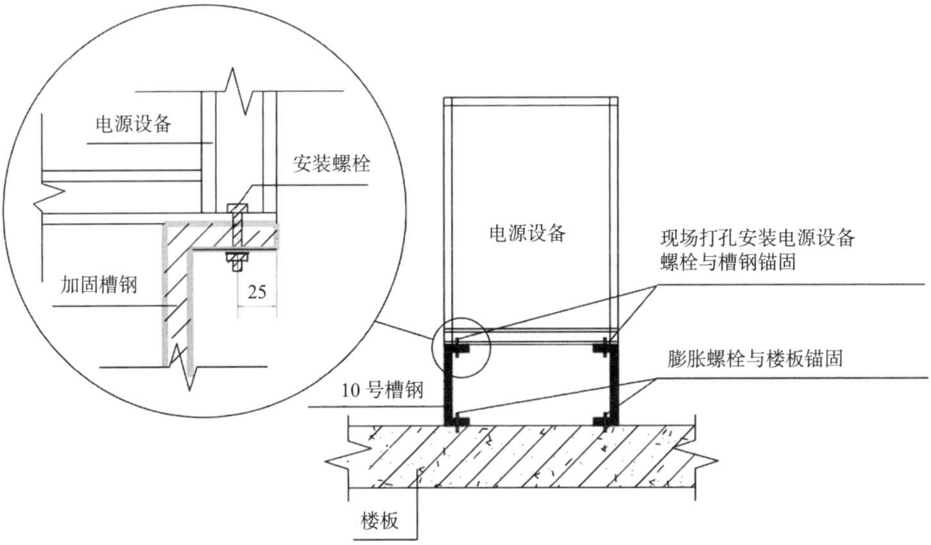

图 1-5-4 低压配电柜底座安装示意图

配电柜安装前应按照电气原理图检查内部接线的正确性，使用万用表等测试工具对接线进行测试，检查电阻、电压等参数是否正常，检查是否有短路和内部接线松动的情况，确保线路的正确性和可靠性。

5.2.3 表面安装的电气设备及装置应符合下列规定：

1 明装的接线盒和分线盒应整齐，并保持在同一水平线上，与工作面安装应牢固。安装结束后，盒内应无残留物。盖板应整齐、严密。

2 暗装的接线盒和分线盒应安装牢固，盖板应紧贴安装工作面。安装结束后，盒内应无残留物。

【制定依据、目的】

本条对明装和暗装的接线盒或分线盒的安装质量提出了要求：

（1）明装的接线盒和分线盒应与工作面安装牢固，盖板的整齐和严密可以避免由于安装问题导致的电线暴露。明装的接线盒和分线盒高度一致可使观感舒适。

（2）暗装的接线盒和分线盒应与饰面平齐，盒内干净整洁，无锈蚀，绝缘导线不得裸露在装饰层内；面板应紧贴饰面、四周无缝隙、安装牢固，表面光滑、无碎裂、划伤，装饰帽（板）齐全。

明装或暗装接线盒和分线盒内的残留物包括安装时留下的金属碎片、线缆断头、使用过的胶带、塑料包裹物，以及墙体残渣等。残留物可能导致短路、线路接触不良、绝缘性能下降、通风口堵塞影响散热等问题，严重时还会有漏电风险。应确保盒内无残留物。

【技术措施】

为确保表面安装的电气设备及装置的质量符合规定，应采取以下措施：

（1）明装的接线盒或分线盒应使用适当的支架或吊架将接线盒固定在墙面或顶板上，使用螺丝、膨胀螺栓等固定件进行固定，确保接线盒牢固可靠。盒内导线连接好后，将接线盒的盖子盖好。

（2）暗装的接线盒或分线盒在安装前首先确定开关安装位置，预留安装孔洞。安装前需要清理孔洞内的杂物和灰尘，确保孔洞内干净、整洁。安装暗装接线盒应与混凝土或砌体墙面紧密贴合，在安装过程中，使用水泥砂浆或石膏填实，埋深大于 20mm 时应用套管接出，小于 20mm 时应采用水泥砂浆修边，如图 1-5-5 所示。在整个安装过程中，使用锁母将线管锁紧，确保线管牢固地连接到接线盒上，防止松动或脱落。接线盒的线孔光滑无毛刺，防止穿线时损伤线缆，进入盒体的导管应加装护口或专用接头。

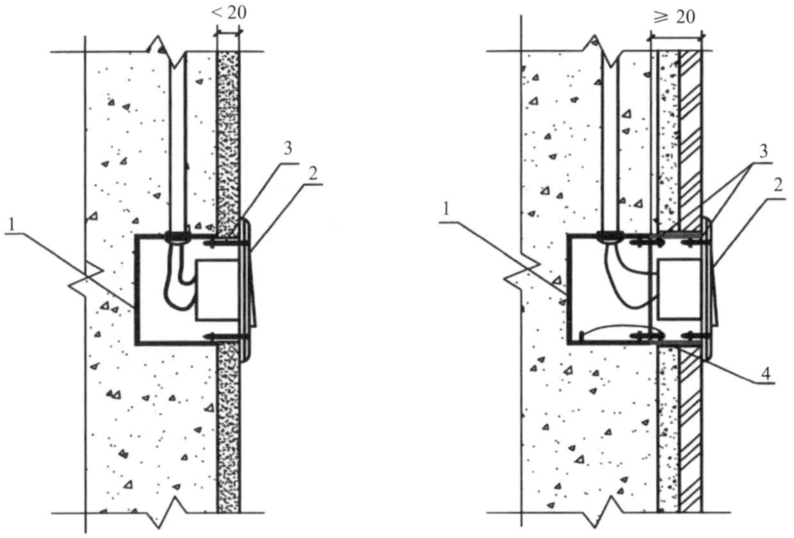

（a）接线盒离完成面小于 20mm　　（b）接线盒离完成面大于等于 20mm

1—开关盒；2—开关面板；3—镀锌螺栓；4—套接盒。

图 1-5-5　接线盒暗装示意图

5.2.4 开关、插座应按设计位置安装，接线应正确、牢固。不间断电源插座应与其他电源插座有明显的形状或颜色区别。

【制定依据、目的】

开关、插座的安装应遵循设计图纸中的安装位置。单相两孔、单相三孔、三相四孔及三相五孔的插座中的相线、中性导体（N）及保护接地导体（PE）、开关的接线方式，可以参照现行国家标准《建筑电气工程施工质量验收规范》GB 50303。

为避免用户将不适合的设备接入不间断电源插座，不间断电源插座与其他电源插座应在形状和颜色上作出明显区分。此举不仅便于用户识别和管理，也能满足特定功能需求。

【技术措施】

插座接线应符合下列规定：

（1）对于单相两孔插座，面对插座的右孔或上孔应与相线连接，左孔或下孔应与中性导体（N）连接；对于单相三孔插座，面对插座的右孔应与相线连接，左孔应与中性导体（N）连接，如图 1-5-6 所示。

（2）单相三孔、三相四孔及三相五孔插座的保护接地导体（PE）应接在上孔，插座的保护接地导体端子不得与中性导体端子连接。同一场所的三相插座，其接线的相序应一致，如图 1-5-6 所示。

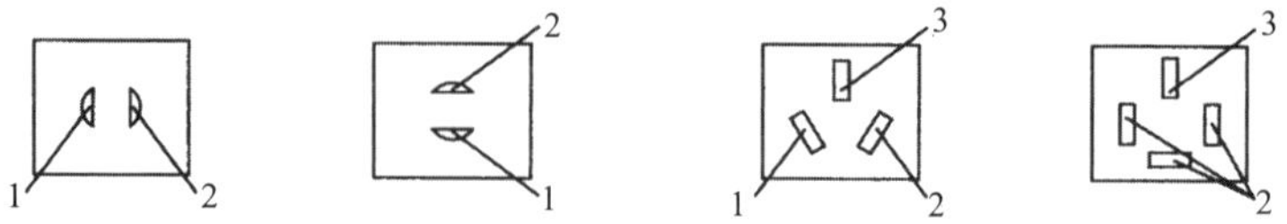

1—零线；2—相线；3—PE 线。

图 1-5-6　插座不同安装方向的接线

（3）保护接地导体（PE）在插座之间不得串联连接，如图 1-5-7 所示。墙面插座的铜芯导线间的连接可采用导线连接器，也可采用缠绕搪锡连接，如图 1-5-7 所示。当导线采用缠绕搪锡时，连接头缠绕搪锡后应用塑料绝缘带包扎，包扎后的绝缘强度不低于导线绝缘强度。穿线导管和接线盒应与接地系统做可靠连接。

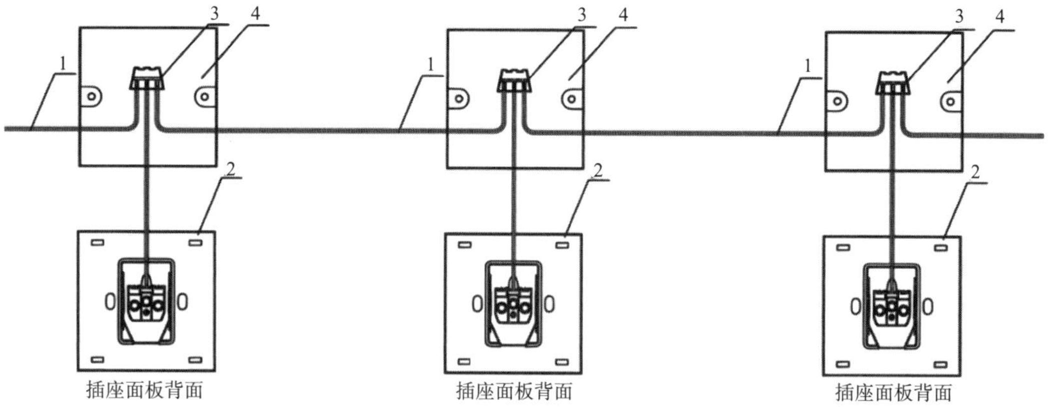

（a）导线采用导线连接器的接法

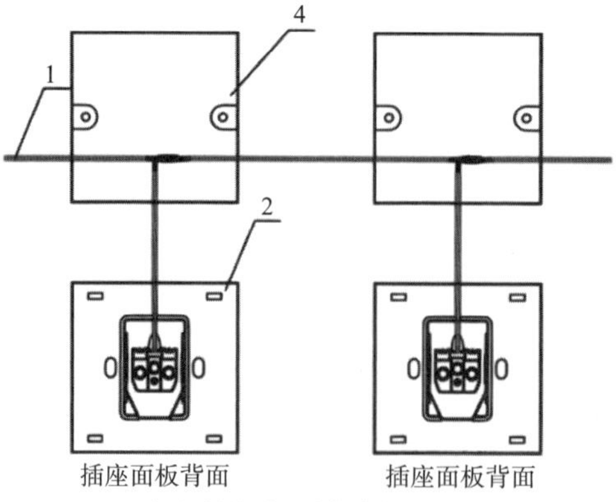

（b）导线采用缠绕搪锡的接法

1—导线；2—插座面板；3—导线连接器；4—接线盒。

图 1-5-7　插座接线示意图

（4）相线与中性导体（N）不应利用插座本体的接线端子转接供电。要求施工人员不应通过插座本体的接线端子并接线路，以防止插座使用过程中由于插头的频繁操作造成接线端子松动而引发安全事故。

国家标准《建筑电气工程施工质量验收规范》GB 50303—2015 对照明开关安装进行了规定："同一建（构）筑物的开关宜采用同一系列的产品，单控开关的通断位置应一致，且应操作灵活、接触可靠；相线应经开关控制"。

不间断电源插座上面应有"UPS"或"不间断电源"标识，使用醒目的颜色，如红色或黄色，与其他类型的插座进行区分，也可放置一个电池符号与其他插座符号进行区分。

5.2.5 当采用工业连接器作为电源接口时，应将各个连接器固定安装。

【制定依据、目的】

工业连接器作为电源接口时，具有强度高、耐冲击、抗腐蚀等，不怕跌落或踩踏的特点，插拔省力，可随时插拔，很容易接通或断开电源，在数据中心列头柜供电方式和末端母线供配电方式中有较多应用。如果不固定安装可能会在外力作用下发生移位或脱落，导致连接不稳定，影响设备的运行。安装工业连接器时应确保其紧固、防松动，以保证配电回路能够稳定、安全地运行。

【技术措施】

工业连接器的连接形式主要包括以下几种：

（1）螺纹连接方式：是一些具有较大尺寸的接触件和在强烈振动环境中工作的电连接器经常采用的一种连接形式。这种连接形式在完成连接后可装上防止松动的保险丝。该连接形式使用可靠，但装卸速度慢。

（2）卡口连接方式：是一种可靠迅速的连接和分离形式。大多数卡扣连接形式的电连接器都具有正确的连接和锁定的直观显示，可以从电连接器连接螺母侧面的小孔中进行观察。

（3）插拔连接方式：是一种多用途的连接形式。电连接器的插头与插座在连接和分离时其移动方向通常是往复直线运动，不须扭转和旋转，只需要很小的工作空间即可完成连接。常见的插拔连接有滚珠或销钉两种结构。该连接形式因为没有机械上省力的机构，一旦误插，机械阻力明显增大，能及时被发现。

数据中心通常需要高可靠的电源传输，因此需要选择机械强度和稳定性良好的工业连接器。根据工业连接器的规格和类型，不同额定电流插头的结构尺寸不同，应选用合适的连接器。同时，不同的额定电压、频率和极数，其接地极的针点数也不同，这样就能防止不同规格连接器的误插。工业连接器在分接单元上使用公母头对接，避免施加过大的力量扭转，以免损坏连接器。以专用母线末端分接箱工业连接器为例，如图 1-5-8、图 1-5-9 所示。

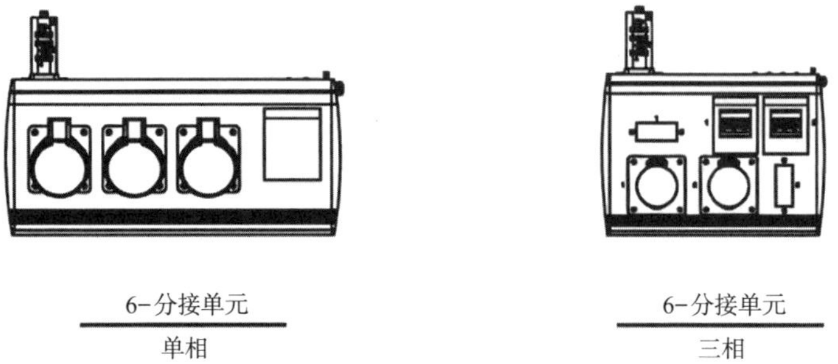

图 1-5-8　末端母线插接箱示意图

图 1-5-9　末端母线插接箱工业连接器示意图

5.2.6　隐蔽空间内安装电气装置时应留有维修通道和空间。

【制定依据、目的】

隐蔽空间内电气装置在长时间使用过程中可能会出现故障，需要定期进行检修或维修，因此需预留出足够人员维修的通道，便于安装和维护人员对设备进行定期维护、清洁、调整和更换部件等作业。预留的维修通道和空间不仅便于日常维护，也方便未来对电气系统进行升级和改造。

【技术措施】

为使隐蔽空间内安装电气装置留有维修通道和空间，可以采取以下措施：

（1）预留维修通道和空间时，其入口应采用易于拆卸进入的结构，使得在需要时可以迅速打开维修通道和空间，方便设备维护人员的进出。

（2）检查口和通道的尺寸应符合维修人员进出的需要，以便于进行日常维护、故障排查和紧急修理。

（3）选用尺寸适中、易于维修的电气装置，并且要确保其安装位置便于人员接近和操作。

（4）在隐蔽空间维修通道或空间周围设置明确的标识和指示，引导维修人员快速找到所需的设备或部件。

（5）在安装过程中，避免在维修通道上设置或存放阻挡物。

5.2.7 特种电源配电装置应有有效的、便于观察的标志，并应注明频率、电压等相关参数。当电子信息设备采用直流电源供电时，配电装置也应具备有效的、便于观察的标志。

【制定依据、目的】

特种电源配电装置包括交流频率不是50Hz、交流频率是50Hz但额定电压超过1 000V、直流额定电压超过1 500V、脉冲电源，以及其他特殊规格且需要安装在机房内的配电装置和设备。

这些装置和设备无法与机房内通常的低压装置和设备互换使用，误用有可能损坏设备，甚至发生严重事故，所以这些电源装置和设备应有明显标志，并注明频率、电压等相关电气参数，以避免误用。

在数据中心内使用直流电源的电子信息设备，电源电压有240V、336V、380V等几种规格型号，需要严格区分。配电装置上具备有效的、便于观察的标志，用户可以清楚地了解设备的用途和功能，有助于运维人员更好地掌握设备状况，实现设备的有效管理；有助于用户和运维人员了解设备的型号、规格、参数等信息，方便设备的维护保养和维修，防止误操作或误触电等安全事故的发生。

【技术措施】

配电装置的所有标志应设置在显眼、易于观察的位置，标志应清晰、持久。例如：可以使用反光或荧光材料，以确保在低光或夜间条件下也能看清。标志应明确配电装置的基本信息，包括频率、电压、上下级路由等相关参数。对于特种电源和电子信息设备采用的直流电源，其配电装置应根据具体功能和应用领域，增加相关的参数和特殊标记。当设备参数变更时，应及时更新相关标记。

5.2.8 不间断电源及其附属设备安装前应按照提供的技术资料，检查电压、电流及输入输出特性等参数，并应在符合设计要求后进行安装。安装及接线应正确、牢固。

【制定依据、目的】

不间断电源及其附属设备包括：整流装置、逆变装置、静态开关和蓄电池组等功能单元。数据中心不间断电源主要包括 UPS、HVDC 等系统，为数据中心服务器、网络、通信等设备提供 380V/220V 交流、-48V 直流、240V 直流、336V 直流等不同制式的不间断电源，确保计算、存储、网络设备的可靠运行。电源电压应参考现行国家标准《通信电源设备安装工程设计规范》GB 51194 和《通信高压直流电源系统工程验收标准》GB 51378 的有关规定。

不间断电源的负荷性质不同决定了产品供电质量和其他技术指标的不同。现行国家标准《建筑电气工程施工质量验收规范》GB 50303 规定 UPS 柜在进场验收时，应有出厂试验报告，应核对产品型号、产品技术是否参数满足设计要求。不间断电源及其附属设备安装及接线应正确、牢固，以确保其能够稳定、安全地运行。

【技术措施】

不间断电源在安装前应对设备外观进行检查，查看是否有损坏、变形、开裂、水浸的情况，检查随机携带的资料是否完整、设备参数是否符合设计要求。

不间断电源在进场前应检查电压、电流及输入输出特性等参数，具体为：

（1）输入电压检查：确保不间断电源输入电压范围符合规定要求，防止因电压过高或过低对设备造成损害。

（2）输出电压检查：在正常工作负载下，检查输出电压的稳定性，确保输出电压在规定的范围内波动。

（3）输出频率检查：对于需要稳定频率的设备，检查 UPS 的输出频率是否满足要求。

（4）输入输出电流检查：检查输入输出电流是否在额定范围内，以确保 UPS 不会因过流而损坏。

因为不间断电源设备出厂检测一般都使用电阻性负载作为试验对象，所以在有条件且现场负载主要是电感性或电容性的场合宜在安装前进行整个不间断电源设备的检测。对运输过程有可能损坏或影响不间断电源设备的场合，也宜进行这种检测。

不间断电源接线应按照设计要求和设备的使用说明书进行操作。同时要确保连接线的牢固性，确保没有松动的线缆和插头，避免因连接不良造成的设备故障或安全隐患。对于接线部分，一定要使用符合规格的电线和连接器，并确保其具有良好的绝缘和机械性能。在连接电源之前，应确保断开了电源，以避免触电风险。此外，要遵循电路的走向和安全规定，避免出现短路、过载等危险情况。

在不间断电源工作过程中，内部电子元件的功率损耗，会产生热量。这些热量不能有效地散发会导致不间断电源内部温度升高，影响设备性能，造成故障。为确保不间断电源的稳定性和延长其使用寿命，可以选择合适的散热设备，如根据不间断电源的功率和散热需求选择合适的散热风扇；设计合理的散热通道，确保热空气能够顺畅排出，冷空气能够及时补充；对不间断电源设备间维持适宜的环境温度，实时监测不间断电源内部工作温度；定期清洁或更换不间断电源的风扇和空气过滤器，以保持最佳的散热效率等措施。这些措施有助于提高不间断电源在使用过程中的安全性。

5.2.9 蓄电池组的安装应符合设计及产品技术文件要求。蓄电池组重量超过楼板荷载时，在安装前应按设计对楼板采取加固措施。储能设备的安装应采取抗震减振措施。

【制定依据、目的】

蓄电池组应严格按照设计及产品技术的要求安装，确保蓄电池组的安全运行。

数据中心的蓄电池组的抗震设施应符合设计规定，并应牢固可靠，蓄电池室的建筑工程及其辅助设施的设计应考虑蓄电池组的重量对其楼板的影响，可以参照国家标准《电气装置安装工程蓄电池施工及验收规范》GB 50172—2012 中蓄电池室的建筑工程及其辅助设施的规定。国家标准《数据中心设计规范》GB 50174—2017 对各级数据中心的技术要求做出规定：“建筑与结构按抗震设防分类，电池室活荷载标准值（kN/m^2）：蓄电池组 4 层摆放时，不应小于 $16kN/m^2$。”

储能设备安装时采取抗震减振措施，目的在于确保设备的安全稳定运行，减少因振动造成的损坏，从而延长设备的使用寿命，同时保障人员和环境的安全，降低维护和修理的成本。

【技术措施】

在选购和安装蓄电池组时，应该考虑其防震性能，并配备合适的容器和电池架，采取防震措施，按照规定安装电缆，可以使用螺栓和螺母等连接件进行固定，确保电缆不易受到震动的影响。

蓄电池室设计时应注意楼板荷载需满足蓄电池的重量要求及土建荷载条件，见表 1–5–1 和表 1–5–2。

表 1–5–1　蓄电池支架安装时的参考重量及面积

蓄电池系统	蓄电池容量（A·h）	参考重量（kg）	单层支架占地面积（m²）	双层支架占地面积（m²）
48V 系统	500	1 000	1.2	0.6
	1 000	2 000	1.6	0.8
	1 500	3 000	2.2	1.1
	2 000	4 000	2.8	1.4
	2 500	5 000	3.2	1.6
	3 000	6 000	3.8	1.9
110V 系统	500	2 500	3.0	1.5
	1 000	5 000	4.0	2.0
	1 500	7 500	5.5	2.8
	2 000	10 000	7.0	3.5
	2 500	12 500	8.0	4.0
	3 000	15 000	10.0	5.0
220V 系统	500	5 000	6.0	3.0
	1 000	10 000	8.0	4.0
	1 500	15 000	11.0	5.5
	2 000	20 000	14.0	7.0
	2 500	25 000	16.0	8.0
	3 000	30 000	20.0	10.0

表 1–5–2　数据中心蓄电池室活荷载标准值

蓄电池室排列方式	活荷载标准值
蓄电池组双列 4 层摆放	$16kN/m^2$
蓄电池组双列 3 层摆放	$15kN/m^2$
蓄电池组双列 2 层摆放	$14kN/m^2$
蓄电池组双列 1 层摆放	$13kN/m^2$

数据中心的储能设备安装需要考虑多种因素，其中抗震减振是确保设备安全稳定运行的重要措施。以下为一些抗震减振的技术措施：

（1）隔振基础：设计隔振基础，使储能设备与地面隔离，减少振动传递。隔振基础可以采用隔振装置，根据设备的重量和振动特性选择合适的隔振方案。

（2）使用隔振装置：在储能设备与基座之间安装隔振装置，可以有效吸收和隔离振动，减少设备因地面震动或设备自身运行产生的振动对周围环境的影响。

（3）加固结构：对储能设备的支架和固定结构进行加固，确保其在地震或其他振动情况下的稳定性。

（4）动态平衡：对储能设备的旋转部件进行动态平衡测试，确保其平衡性，减少因不平衡引起的振动。

（5）监测和维护：安装振动监测设备，定期检查储能设备的振动情况，及时进行维护和调整，确保减振措施的有效性。

【锂电池施工注意事项】

目前数据中心储能方式主流仍然是电化学储能。锂电池储能技术因其储能密度高，循环次数高等优势正在得到数据中心的广泛使用。为确保锂电池设备的施工安全，数据中心在锂电池储能设备安装施工时应注意如下事项：

（1）施工环境：

1）确保施工场地具有良好通风条件，避免在封闭空间内作业。

2）锂电池的施工环境应保持在 0℃ ~ 40℃，相对湿度（*RH*）不高于 85%。

3）施工场所应预留电池维护空间。

4）远离易燃品。

（2）电池检查：

1）安装电池前应对电池进行外观检查，锂电池应无外观损伤、鼓包、漏液。

2）测量单体电压是否均衡。

（3）固定电池组：

1）使用专用支架或机柜固定锂电池，确保稳固、防震。

2）多组电池并联时，保持间距≥ 5cm 以利散热。

（4）电气连接：

1）极性标识：严格区分正负极，避免反接。

2）接线顺序：先连接电池组内部串联 / 并联线，连接电池组输出端至系统主回路，参考电流需求确保电缆截面积足够。

（5）接地与绝缘：

1）电池组外壳须可靠接地，接地电阻≤ 4Ω。

2）检查所有接线端子绝缘性，避免裸露金属接触。

（6）调试与测试：

1）应进行空载测试，测量输出电压是否稳定，各单体电压、温度正常。

2）应进行负载测试，逐步增加负载至额定功率，观察电池放电是否平稳。监测电池表面温度正常。

3）应进行保护功能验证，模拟过压、欠压、短路等故障，确认 BMS（电池管理系统）保护动作正常。

（7）安全注意事项：

1）施工过程应防止金属工具同时接触正负极，接线前应断开所有电源：

2）不可拆卸电池外壳或修改 BMS 电路，避免电池组过充或过放。

3）施工现场应配备灭火器，推荐水基型灭火器。

4）如发现电池异常发热、冒烟，立即切断电源并隔离。

5.2.10 含有腐蚀性物质的铅酸类蓄电池，安装时必须采取佩戴防护装具以及安装排气装置等防护措施。

【制定依据、目的】

铅酸蓄电池是采用稀硫酸做电解液、二氧化铅和绒状铅分别作为电池正极和负极的一种酸性蓄电池。硫酸是一种强腐蚀性液体，在安装时要格外小心，应佩戴防护装具（如绝缘手套），以避免在腐蚀性液体泄漏时对安装人员造成伤害，或对设备、装置造成损坏。

铅酸电池会有少量氢气溢出，对数据中心构成安全隐患，因此应对蓄电池室等存在污染源的房间采取安装排气装置等措施，防止排放的气体对人员的伤害。

【技术措施】

蓄电池都是荷电出厂的，因此安装的时候要注意防止电池短路：连接的时候要戴绝缘手套，使用绝缘工具；当使用扳手时，除扳头外其余金属部分要包上绝缘带，杜绝扳手与蓄电池的正、负极同时相碰，形成正、负极短路故障。为减少接触电阻和防止腐蚀，接头连接部分应涂电力复合脂。

为防止蓄电池内部产生的气体在压力过高时排出而引起蓄电池爆炸，铅酸蓄电池顶部应安装排气栓等排气装置，可以将充电时电池内产生的气体排出电池，避免电池产生危险。

为防止铅酸电池排放气体在室内积累，需要在电池室安装排气装置，将产生的气体及时排出室外，现行国家标准《通用用电设备配电设计规范》GB 50055 中要求，蓄电池充电间应通风良好；当自然通风不能满足要求时，应采用机械通风，每小时通风换气次数不应少于 8 次。考虑到蓄电池充电至后期时将产生较多的易燃易爆气体，其中包括氢气，排气装置必须能够有效地排出在充电过程中产生的氢气和氧气，以防止气体积聚到可能引发爆炸的水平。

可以在电池室安装氢气浓度监测传感器，如图 1-5-10 所示。与排气装置进行联动控制，当检测到室内氢气浓度异常时，排气装置自动运行。也可以对电池室不设置回风口，直接排放。

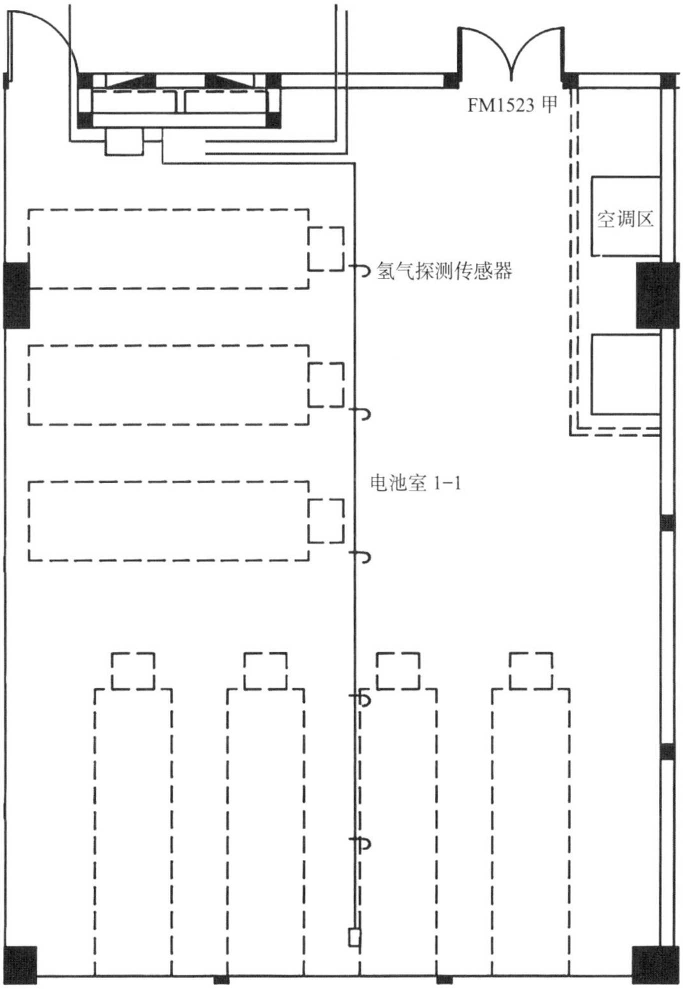

图 1-5-10　蓄电池室氢气探测器平面示意图

在数据中心蓄电池室中安装防爆灯具是一项重要的安全措施，国家标准《建筑电气与智能化通用规范》GB 55024—2022 规定专用蓄电池室应采用防爆型灯具，室内不得装设普通型开关和电源插座。主要为防止蓄电池充放电过程中产生的氢气，积聚到一定程度时，遇到电火花可能引发爆炸的风险。防爆型灯具能够有效防止因电气设备操作产生的电火花，从而降低爆炸的风险。

选用符合国家标准和行业规范的防爆灯具，应按设计要求布置，以确保在发生安全事故时灯具能够有效提供照明而不会引发危险。安装的防爆灯具应定期进行检查和维护确保其功能正常，避免因灯具故障引发安全事故。

5.2.11 电池汇流排及端子裸露部位必须采取加装绝缘护板的防护措施。

【制定依据、目的】

蓄电池的汇流排会有大电流流过，裸露有可能造成短路或触电，所以必须加以防护，电缆接线端子处应有绝缘防护罩。为防止短路对电池和电路造成的损坏，防止人体不小心触及带电部分，故要求接线端子处应有绝缘护板，汇流排及端子裸露部位加装绝缘护板。

【技术措施】

根据电池汇流排的具体形状和尺寸设计护板形状和尺寸，选择合适的绝缘材料制作护板。在选择绝缘材料时，应考虑其耐热性能，避免在电池充电或放电过程中因温度过高而导致绝缘性能下降。

安装护板时使用适当的固定方式，如螺丝、卡扣或黏合剂，将绝缘护板牢固地安装在电池汇流排和端子上。在安装绝缘护板时，应确保电池端子与外部连接件之间的接触不受影响，避免因绝缘护板安装不当而导致接触不良。

定期对电池汇流排及端子进行检查和维护。如果发现绝缘护板有损坏或老化现象，应及时进行更换或修复。对所有电池汇流排及端子进行详细检查，防止短路发生。

5.2.12 柴油、燃气发电机组的基座应牢靠固定。安装柴油、燃气发电机时，应采取减振、降噪和排烟措施。柴油、燃气发电机应进行连续负荷试运行，当多台发电机组并机时，应检测并机功能。

【制定依据、目的】

柴油、燃气发电机组是重要的备用电源，机组安装前基础应验收合格。如果机组基座固定不牢靠，可能会因为重心不稳造成设备的移位或倾斜，带来严重的安全隐患。在运行过程中机组会产生振动，振动会导致噪声增加，甚至可能对周围的设备和人员造成损害。降噪措施有助于减少噪声对设备的影响，避免因长时间高噪声环境导致的设备零部件磨损或故障。柴油和燃气发电机组在运行时会产生大量的废气，为满足环保部门的要求，排烟管道应引至屋顶室外高空处排放，或经过消烟除尘处理后再行排放，以免污染环境。因此，安装柴油和燃气发电机组采取减振、降噪和排烟措施目的是确保发电机稳定运行的安全使用，减少对环境的污染。柴油、燃气发电机组应在规定时间内，连续无故障负荷试运行合格。

通过检测柴油、燃气发电机组的并机功能，可以确保多台机组在面对各种负载情况下，能够进行高效的功率分配和互补，从而保障电力供应的稳定性。当某台机组出现故障时，其他机组可以迅速补充，确保供电不中断。为确保多台发电机组并机的正常运行，需要对每台柴油发电机组的电压、电流、频率、相位等参数进行检测，以确保它们满足并机条件。如果参数不匹配，将会导致并机失败，甚至可能对发电机组造成损坏。因此，检测并机功能是确保并机系统正常运行的重要环节。国家标准《建筑电气工程施工质量验收规范》GB 50303—2015 中规定当柴油发电机并列运行时，应保证其电压、频率和相位一致。

【技术措施】

柴油、燃气发电机组基础的重量至少为机组重量的 2 倍，最高 5 倍 ~ 10 倍，以承载动载荷，并且基础与机房不得有刚性连接。基座应高出地面至少 150mm，沿机组底座每边至少扩展 150mm。确保基座与地面稳固连接，提高其承载能力和稳定性，如图 1-5-11 所示。

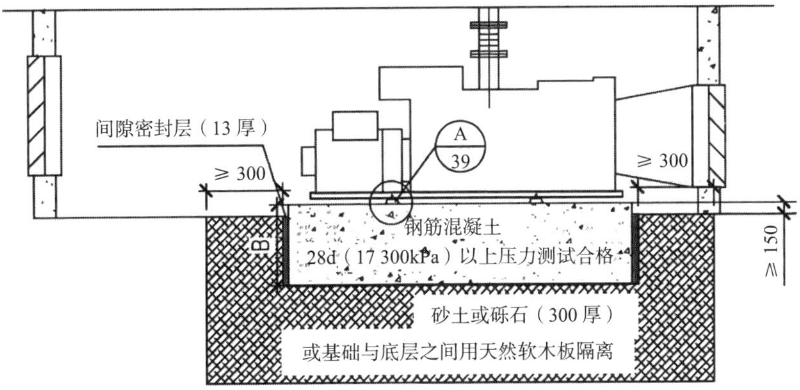

图 1-5-11　室内柴油发电机组隔离减振基础剖面图（mm）

柴油发电机组的振动随着工况的变化是不可避免的，因此机组基础应采取减振措施，所有部件与发电机组的物理连接必须采用柔性连接，以吸收振动位移，避免造成损伤。发电机组发动机、交流发电机和其他固定设备通常都安装在一个底座上。底座为刚性一体化结构，可提供一定程度的隔离减振。必须使用减振器将发电机组与机组的安装结构隔离，不得将未采取隔振措施的机组直接固定于地面或基础上。对于使用外置弹簧减振器的机组，减振器与基础固定，如图 1–5–12、图 1–5–13。对于配置内置一体式减振器的发动机组，地脚螺栓与基础直接固定。机房的管道应采用减振支架。

图 1–5–12　柴油发电机底座弹簧减震器

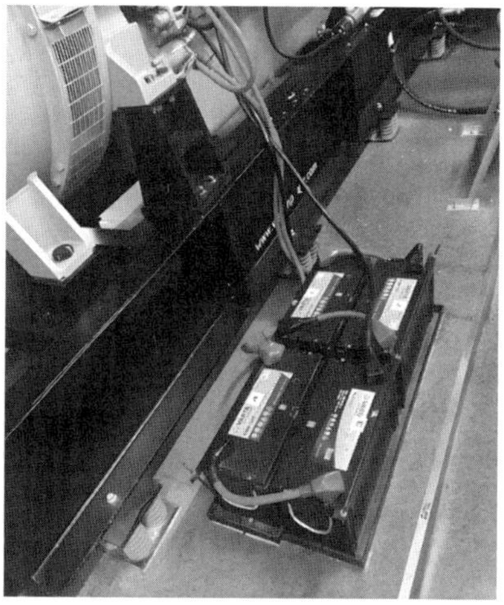

图 1–5–13　柴油发电机底座弹簧减震器

相对于传统的柴油发电机房占地空间大，建筑规划难度高的缺点，室外集装箱式的模块化柴油发电机具有高集成、占地小、灵活配置的优点，适合长期放置在户外使用。模块化柴油发电机箱体内柴油发电机组本体可选用多层复合材料制作的隔离减振垫，同时在模块化柴油发电机箱外部安装高效钢制弹簧减振器，且与外部基础以锚固螺栓固定，满足模块化柴油发电机的整体避振性能。高效钢制弹簧减振器的数量及规格，可根据减振器的额定承载重量与模块化柴发箱体的总重量，选择相应规格的减振器及数量，不需要额外再考虑箱体的动载荷。

发电机组机房的噪声控制应符合现行国家标准《声环境质量标准》GB 3096 的规定。采用隔离减振基础可减少振动噪声对建筑物的影响。机房内墙面和顶棚应采取吸声构造措施，机房门采用隔声门。在发电机组的进风管道、排风管道和排烟管道中安装消声器，降低排风和通风噪声。一般机组原配的排烟消声器的消音量不足以达到环境噪声要求时，应加装二次排烟消声器。

柴油、燃气发电机排烟道应升至屋顶上方，避免烟气对建筑的影响。宜将烟气处理后再排放，可安装高效的烟气处理装置，减少烟气中的污染物含量。每台柴油发电机的排烟管应单独引出室外，宜架空敷设，也可敷设在地沟、井道中，采用架空敷设时，室内部分应敷设隔热保护层，且距地面 2m 以下部分隔热层厚度不应小于 60mm，当排烟管架空敷设在燃油管下方或沿地沟敷设需穿越燃油管时，还应考虑安全措施。排烟管弯头不宜过多，并能自由位移，排烟管与柴油机排烟口连接处，应装设弹性波纹管，排烟管较长时，需增加波纹管等柔性连接，以吸收直管热膨胀，通常每 10m 增加一个柔性连接。排烟管过墙处应加保护套，伸出屋面或侧墙的烟管出口端，应加装防雨帽。排烟管应能防火，为防止凝结水回流，伸出室外部分宜设 0.3% ~ 0.5% 的坡度，坡向室外并在管道最低点装排污阀。

柴油、燃气发电机在投入使用前应进行连续负荷试运行，以确保其性能稳定、安全可靠。在试运行前，应对发电机组进行全面的检查，包括机械部件、电气系统、控制系统等，确保所有部件完好无损。试运行过程中，首先进行空载运行，检查发电机组的启动、运行和停机过程是否正常。从低负荷开始逐步增加到额定负荷，观察发电机组的运行状态和性能参数。在额定负荷下连续运行一段时间，通常为数小时至数天，以模拟实际运行条件。在整个试运行过程中，持续监测发电机组的温度、压力、振动、噪声等性能参数。详细记录试运行过程中的所有数据，并进行分析，以评估发电机组的性能和稳定性。

在进行柴油、燃气发电机组并机操作之前，需要启动检测柴油发电机的并机功能，以确保各机组之间的相位、频率和电压等参数一致。在进行多台柴油、燃气发电机组并机操作时，需要进行负荷分配，以确保各机组分担的负荷量均衡。可以采用逻辑控制模块或可编程控制器等设备，实现机组的自动控制和安全保护。

5.2.13　电气装置与各系统的联锁应符合设计要求，联锁动作应正确。

【制定依据、目的】

电气装置与各系统的联锁动作正确，能够保障系统安全，提高系统的可靠性，联锁动作的正确可以减少对人工操作的依赖，降低因操作失误导致的风险。电气装置的动作方向、手动或自动时应与各系统的工艺装置要求一致，在联动试运行时，需仔细检查，避免引发安全事故。

【技术措施】

电气装置与各系统的联锁，应符合设计要求。对于联锁点多的系统，可先分项、分段进行试验，再进行整体检查试验。系统试验中应与相关的专业配合，共同确认运行程序和联锁保护条件及功能的正确性，并对试验过程中相关设备和装置的运行状态和安全防护采取必要措施。

在故障状态下，电气装置应采取安全措施以防止事故发生，包括断电、报警、保护跳闸等措施，以防止事故扩大；同时，系统应根据异常情况调整参数或进行其他必要的处置。

5.2.14 电气装置之间应连接正确，在检查接线连接正确无误后应进行通电试验。

【制定依据、目的】

电气装置之间连接正确是电气系统安全、可靠运行的基础，正确的连接还有助于降低维护成本、延长设备寿命。电气装置施工结束后需要做通电试验，通电试验可以验证电气装置是否正常工作。通过观察设备在通电后的运行情况，可以判断电气装置连接和接线是否正确及设备功能是否正常，以检验施工和设计的预期功能一致性，符合要求才能认为合格。

【技术措施】

电气装置在通电试验前，应检查电气设备和接线是否符合图纸要求，线端是否标有编号，接线是否整齐；确保所安装的电气设备接触良好；检查电气装置之间机械联锁的可靠性，动作是否灵活；检查电气设备的接地装置是否牢固，有无明显标志，接地电阻值是否符合标准要求；电气设备及绝缘电阻应测试合格。电气装置的通电试验需要根据设备和情况的不同，遵循各自的安全规范和操作规程。

5.3 配电线路

5.3.1 线缆端头与配电箱、柜应连接牢固、可靠，接触面搭接长度不应小于搭接面的宽度。

【制定依据、目的】

现行国家标准《建筑电气工程施工质量验收规范》GB 50303 中强调电缆端子

与设备或器具连接要求和母排与设备或器具的连接要求相同，电缆的各类搭接连接的钻孔直径和搭接长度应符合规范相关规定，线缆端头与配电箱、柜连接需牢固、可靠。

【技术措施】

线缆与配电箱、柜的连接处容易脱落，为保证连接的牢固、可靠，需拧紧连接处的螺母，当一个连接处需要多个螺栓连接时，每个螺栓的拧紧力矩值应一致；另外，保证接触面搭接长度不小于搭接面的宽度，以保证搭接点的强度。

5.3.2 电缆敷设应符合下列规定：

1 应在绝缘测试合格后敷设。

2 应排列整齐、捆扎牢固、标识清晰，不得有扭绞、压扁和保护层断裂等现象。

3 端接处电缆长度应留有余量。

4 在转弯处，敷设电缆的最小允许弯曲半径应符合表 5.3.2 的规定。

表 5.3.2 电缆最小允许弯曲半径

序号	电缆种类	最小允许弯曲半径
1	无铅包钢铠护套的橡皮绝缘电力电缆	$10D$
2	有钢铠护套的橡皮绝缘电力电缆	$20D$
3	聚氯乙烯绝缘电力电缆	$10D$
4	交联聚氯乙烯绝缘电力电缆	$15D$
5	多芯控制电缆	$20D$

注：D 为电缆外径。

【制定依据、目的】

本条对电缆敷设提出具体要求：

（1）国家标准《建筑电气工程施工质量验收规范》GB 50303—2015 中对电缆的绝缘提出了要求："电力电缆通电前应按现行国家标准《电气装置安装工程电气设备交接试验标准》GB 50150 的规定进行耐压试验，并应合格"。经过绝缘测试合格后才可敷设达到最终通电要求，目的是为保证电缆的可靠性。

（2）第 2 款目的是保证电缆排列整齐，捆扎牢固、标识清晰，不得有扭绞、压扁和保护层断裂的现象出现，以提高电缆的整体性能和观感。

（3）电缆在端接处留有一定余量，使电缆适应热胀冷缩的环境。

（4）现行国家标准《民用建筑电气设计标准》GB 51348 对电缆的转弯半径做出了相关要求，目的是避免弯曲半径过小带来的应力对电缆的损坏。

【技术措施】

（1）电缆的绝缘性能涉及电缆运行的安全性。为保障电缆的安全，在电缆施工前应对电缆进行绝缘测试，在绝缘测试通过后方可进行敷设。

（2）电缆的敷设需注意对电缆的保护。电缆的敷设应排列整齐、捆扎牢固，转弯半径应严格按电缆性能要求进行控制，避免出现折弯、扭绞、压扁和保护层断裂的情况，影响电缆的绝缘性能。

（3）电缆敷设过程中同时应对首端和末端做好标识，避免出现错接、漏接的情况。

5.3.3 电缆接入配电箱、柜时，应符合下列规定：

1 应捆扎固定；

2 接入配电箱、柜电缆的弯曲半径应大于电缆最小允许弯曲半径；

3 电缆最小允许弯曲半径应符合本标准表 5.3.2 的要求。

【制定依据、目的】

本条对电缆接入配电箱、柜时提出具体要求：

（1）基于美观的目的对电缆进行捆扎固定。

（2）对接入配电箱、柜电缆的弯曲半径提出限定要求的目的就是避免配电箱、柜内部设备、装置和电缆本身受到额外应力，影响安装工程质量，有时甚至会损坏设备、器件和电缆。所以在配电箱、柜与电缆进行压接时，应对配电箱、柜安装位置、电缆进入位置进行调整，尽量减少压接所带来的应力。无法消除的应采取措施。

（3）现行国家标准《民用建筑电气设计标准》GB 51348 对电缆的转弯半径做出了相关要求，目的在于选择合适的电缆来满足使用要求。

【技术措施】

线缆与配电箱、柜的连接处容易脱落，一方面需要保证连接处搭接点的强度，另一方面需减小电缆对搭接处的作用力。主要有以下几个措施：

（1）电缆捆扎牢固，避免电缆将受到的外力传导至搭接点。

（2）严格控制电缆弯曲半径，电缆的弯曲半径应大于电缆最小允许弯曲半径，避免搭接点受到较大的电缆应力。

5.3.4 矿物质电缆敷设应满足表 5.3.4 规定的最小允许弯曲半径的要求。当在下列场合敷设时，应将电缆敷设成 S 形或 Ω 形弯，其弯曲半径不应小于电缆外径的 6 倍：

1 在温度变化大的场合；

2 有振动源的场合；

3 建筑物的沉降缝或伸缩缝之间。

表 5.3.4 矿物质电缆最小允许弯曲半径

电缆外径 D（mm）	最小允许弯曲半径
$D<7$	$2D$
$7 \leqslant D<12$	$3D$
$12 \leqslant D<15$	$4D$
$D \geqslant 15$	$6D$

【制定依据、目的】

本条旨在对不同场合下矿物质电缆敷设满足的最小允许弯曲半径提出具体要求。

当穿越建筑物变形缝、温度变化较大场所或有振动源的设备布线时，电缆采取补偿措施。同时由于环境条件使电缆振动或伸缩时，为避免电缆承受因其带来的外力而造成的物理损伤，可将电缆敷设成 S 形或 Ω 形弯。

【技术措施】

矿物质绝缘电缆硬度较高，在穿越建筑物变形缝、温度变化较大场所或有振动源的设备布线时，电缆容易变形或受到不可逆的损伤，因此需在对应的位置采用适当的补偿措施。常见的补偿措施就是将电缆敷设成 S 形或 Ω 形弯，用电缆的弯曲部分消纳电缆所受到的应力，从而保护电缆。

5.3.5 单芯矿物质电缆敷设时，每路电缆之间宜留有不小于电缆外径 2 倍的间隙。在电缆锯断后应立即对其端部进行临时性封堵。

【制定依据、目的】

大截面矿物绝缘电缆多为单芯电缆，在敷设时应有科学的排布方式以减少因涡流造成的能量损失。单芯电缆的敷设应按图 1-5-14 所列的电缆相序排列方法进行，且每个回路电缆间距不应小于电缆外径的 2 倍。

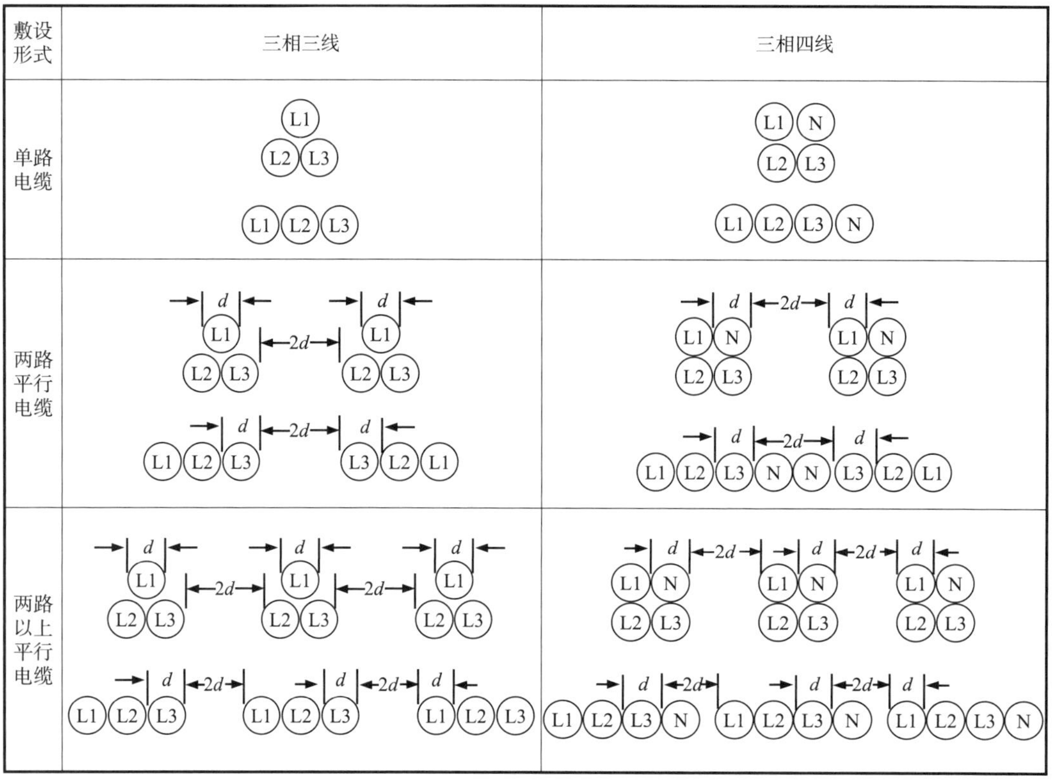

图 1-5-14　单芯电缆敷设相序排列方式

【技术措施】

单芯电缆运行时会存在涡流，所以在敷设时应进行科学的排布，这样才能减少因涡流造成的能量损失。每个回路之间保持一定的距离可以减少不同回路之间涡流的互相影响。

矿物电缆的绝缘填充材料为氧化镁，氧化镁具有极易吸潮的特性，电缆切断后绝缘填充材料容易受潮导致绝缘性能下降，所以在电缆锯断后要及时封堵。

5.3.6　隔墙内穿线管与墙面板应有间隙，间隙不宜小于 10mm。安装在隔墙上的设备或装置应整齐固定在附加龙骨上，墙板不得受力。

【制定依据、目的】

为不使隔墙面和安装在隔墙上的设备、设施受力损害，要求在墙体结构上设置专用的框架，用以安装设备、设施。为电缆散热、确保运行安全，规定了动力电缆穿管要与隔墙板留有 10mm 间隙，目的在于避免隔墙振动。

5.3.7 电缆应按设计要求编号，颜色应符合下列规定：

1 保护线（PE 线）应为黄绿相间色；

2 中性线（N 线）应为淡蓝色；

3 L1 相线应用黄色，L2 相线应用绿色，L3 相线应用红色；

4 直流布线电缆正极、负极应有明显区分。

【制定依据、目的】

本条对电缆的编号和颜色提出具体要求：

国家标准《1kV 及以下配线工程施工与验收规范》GB 50575—2010 中要求，同一建筑物、构筑物的各类电线绝缘层颜色选择应一致，并应符合下列规定：

（1）保护地线（PE 线）应为绿、黄相间色。

（2）中性线（N 线）应为淡蓝色。

（3）相线应符合下列规定：

1）L1 应为黄色；

2）L2 应为绿色；

3）L3 应为红色。

电线外护层采用不同颜色区分是为了便于识别其功能或相位，既有利于施工又方便后期维护。其中 PE 线采用国际统一标准颜色，而其他电线颜色尚未完全统一。在同一建筑物内，确保不同功能的电线绝缘层颜色既易于区分又保持统一，是提升施工质量和服务水平的体现。

【技术措施】

为便于施工同时又方便后期维护，对不同电缆颜色进行规范，严格按照保护线（PE 线）应用黄绿相间色、中性线（N 线）应用淡蓝色、L1 相线应用黄色、L2 相线应用绿色、L3 相线应用红色进行区分。

5.3.8 电缆桥架、线槽和保护管的敷设应符合设计要求和现行国家标准《建筑电气工程施工质量验收规范》GB 50303 的有关规定。在活动地板下敷设时，电缆桥架或线槽底部不宜紧贴地面。

【制定依据、目的】

关于电缆桥架、线槽和保护管的敷设本标准不可能包括全部的技术要求及质量验收规定。为满足和完善工程的验收标准，除应执行本标准的规定和设计要求外，尚应符合现行国家标准《建筑电气工程施工质量验收规范》GB 50303 的有关规定。

活动地板下电缆桥架或线槽底部不宜紧贴地面，主要是为避免地板下方地面积水影响电缆的正常运行；活动地板下电缆桥架或线槽底部与地面间距按现行国家标准《建筑电气工程施工质量验收规范》GB 50303 中相关要求实施，具体如表 1-5-3 所示。

表 1-5-3　最下层电缆支架距沟底、地面的最小净距（mm）

<table>
<tr><th colspan="2">电缆敷设场所及其特征</th><th>垂直净距</th></tr>
<tr><td colspan="2">电缆沟</td><td>50</td></tr>
<tr><td colspan="2">隧道</td><td>100</td></tr>
<tr><td rowspan="2">电缆夹层</td><td>非通道处</td><td>200</td></tr>
<tr><td>至少在一侧不小于 800mm 宽通道处</td><td>1 400</td></tr>
<tr><td colspan="2">公共廊道中电缆支架无围栏防护</td><td>1 500</td></tr>
<tr><td colspan="2">室内机房或活动区间</td><td>2 000</td></tr>
<tr><td rowspan="2">室外</td><td>无车辆通过</td><td>2 500</td></tr>
<tr><td>有车辆通过</td><td>4 500</td></tr>
<tr><td colspan="2">屋面</td><td>200</td></tr>
</table>

【技术措施】

（1）槽盒本体之间的连接应牢固可靠，与保护导体的连接应符合下列规定：梯架金属梯架、托盘、托盘和槽盒全长不大于 30m 时，不应少于 2 处与保护导体可靠连接；全长大于 30m 时，每隔 20m ~ 30m 应增加一个连接点。起始端和终点端均应可靠接地。非镀锌梯架、托盘和槽盒本体之间连接板的两端应跨接保护联结导体，保护联结导体的截面积应符合设计要求。镀锌梯架、托盘和槽盒本体之间不跨接保护联结导体时，连接板每端不应少于 2 个有防松螺帽或防松垫圈的连接固定螺栓。

（2）镀锌钢导管、可弯曲金属导管和金属柔性导管不得熔焊连接；当非镀锌钢导管采用螺纹连接时，连接处的两端应熔焊焊接保护联结导体；镀锌钢导管、可弯曲金属导管和金属柔性导管连接处的两端宜采用专用接地卡固定保护联结导体；机械连接的金属导管，管与管、管与盒（箱）体的连接配件应选用配套部件，其连接应符合产品技术文件要求，当连接处的接触电阻值符合现行国家标准《电缆管理用导管系统 第1部分：通用要求》GB/T 20041.1的相关要求时，连接处可不设置保护联结导体，但导管不应作为保护导体的接续导体；金属导管与金属梯架、托盘连接时，镀锌材质的连接端宜用专用接地卡固定保护联结导体，非镀锌材质的连接处应熔焊焊接保护联结导体；以专用接地卡固定的保护联结导体应为铜芯软导线，截面积不应小于 $4mm^2$；以熔焊焊接的保护联结导体宜为圆钢，直径不应小于6mm，其搭接长度应为圆钢直径的6倍。

（3）当塑料导管在砌体上剔槽埋设时，应采用强度等级不小于M10的水泥砂浆抹面保护，保护层厚度不应小于15mm。

5.3.9 馈电母线的敷设应符合现行国家标准《建筑电气工程施工质量验收规范》GB 50303有关规定和设计要求，插接箱宜错位安装，并应保证安装后的空间便于运行维护。

【制定依据、目的】

馈电母线的敷设涉及较多的工程技术要求，除应执行本标准的规定和设计要求外，尚应符合现行国家标准《建筑电气工程施工质量验收规范》GB 50303的规定，还需从未来运行维护周期考虑，安装时预留好操作维护空间，减少插接箱并列安装带来的维修与扩容时的操作不便和对其他设备的影响。

现行国家标准《数据中心设计规范》GB 50174中要求电子信息设备的配电宜采用配电列头柜或专用配电母线，与传统数据中心末端采用列头柜方式进行配电相比，数据中心末端专用馈电母线具有预制化、模块化安装、灵活扩容、节省空间、带电热拔插等优点，满足数据中心生命周期内高可靠性、灵活配置、易于维护、快速部署、提升机柜空间等众多需求，逐渐被众多数据中心行业客户所使用。

【技术措施】

数据中心末端专用馈电母线敷设方式分为机柜上方吊装、机柜支架安装、地板下安装等方式。机柜上方吊装方式吊杆位置应避开母线槽连接处；机柜支架安装时在机柜横梁或承重位置打孔；地板下安装时充分考虑安装和运维人员的操作，并且尽量避免对地板下气流组织的影响。插接箱错位安装在两条不同的两路馈电母线上，保证配电的安全可靠性。

5.4 照明装置

5.4.1 吸顶灯具底座应紧贴吊顶或顶板，安装应牢固。

【制定依据、目的】

国家标准《建筑电气与智能化通用规范》GB 55024—2022 中规定，灯具的固定应牢固可靠。国家标准《建筑电气工程施工质量验收规范》GB 50303—2015 中规定，吸顶或墙面上安装的灯具，其固定用的螺栓或螺钉不应少于 2 个，灯具应紧贴饰面，对吸顶灯的安装要求进行了细化。

以上都是为保证安装的灯具牢固可靠而做的规定。灯具安装最重要的就是牢固，吸顶灯作为灯具的一种，其底座较平，安装时其底座应紧贴吊顶或顶板，不能晃动，以免发生由于安装不可靠或意外因素发生灯具坠落现象而造成人身意外伤亡事故。

【技术措施】

（1）在砖石结构中安装吸顶灯时，应采用预埋螺栓或用膨胀螺栓、尼龙塞或塑料塞固定，不可使用木楔。并且上述固定件的承载能力应与吸顶灯的重量相匹配。以确保吸顶灯固定牢固、可靠，并可延长其使用寿命。

（2）当采用膨胀螺栓固定时，应按产品的技术要求选择螺栓规格，其钻孔直径和埋设深度要与螺栓规格相符。

（3）固定灯座螺栓的数量不应少于灯具底座上的固定孔数，且螺栓直径应与孔径相配；底座上无固定安装孔的灯具（安装时自行打孔），每个灯具用于固定的螺栓或螺钉不应少于 2 个，且灯具的重心要与螺栓或螺钉的重心相吻合。

具体安装可以参考《民用建筑电气设计与施工照明控制与灯具安装》08D800-4 中“吸顶灯安装图”，如图 1-5-15 所示。

5.4.2 嵌入式灯具安装时，灯具应固定在吊顶板预留孔、洞内专设的框架上。灯具宜单独吊装，灯具边框外缘应紧贴吊顶板。

【制定依据、目的】

嵌入式灯具用吊杆单独吊装，是为了避免吊顶龙骨因承受灯具载荷而导致吊顶

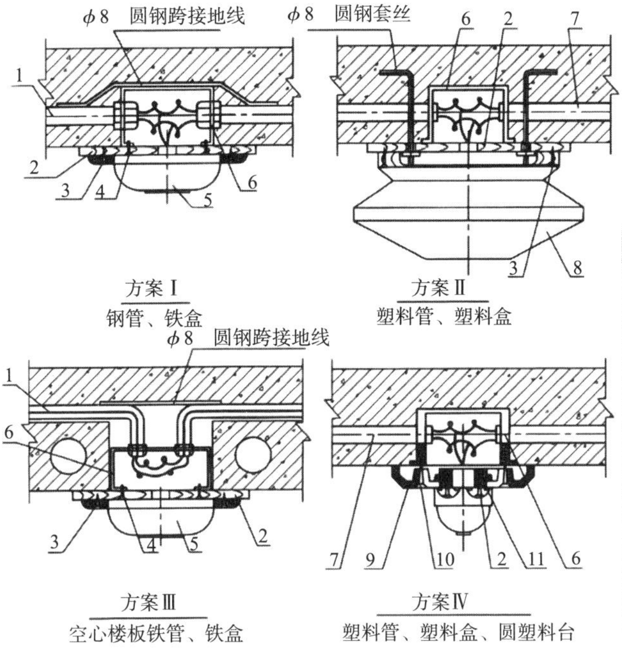

注：本图为暗配线吸顶灯的安装图，楼板可以是现场预制槽形板或空心楼板，施工时应根据工程设计情况采用合适的安装方式，并配合土建埋设预埋件。

编号	名称	型号及规格	单位	数量				备注
				Ⅰ	Ⅱ	Ⅲ	Ⅳ	
1	钢管	由工程设计确定	根	2	—	2	—	—
2	圆木台	—	个	1	1	1	—	—
3	木螺钉	—	个	4	4	4	2	—
4	螺钉	—	个	2	—	2	—	—
5	胶木灯头吊盒	—	个	1	—	1	—	—
6	接线盒	由工程设计确定	个	1	1	1	1	—
7	电线管	由工程设计确定	根	—	2	—	2	—
8	灯具	由工程设计确定	个	—	1	—	—	—
9	圆塑料台外台	—	个	—	—	—	1	—
10	木螺钉	—	个	—	—	—	2	—
11	圆塑料台内台	—	个	—	—	—	1	—

图 1–5–15 顶灯安装图

（资料来源:《民用建筑电气设计与施工照明控制与灯具安装》08D800–4）

变形。

【技术措施】

嵌入筒灯通常安装在吊顶的罩面板上，开孔应选用曲线锯挖孔，确保灯具与吊顶面板保持一致。其他小型灯具可安装在龙骨上，而大型嵌入式灯具则应采用混凝土板预埋支承铁架、铁件相连接的方式进行安装。

顶棚开孔灯具装置前应了解灯具样本，明确安装方式及连接构造，以便确认埋件方位和开口方位巨细。先以罩面板按嵌入式灯具开口巨细围组成孔洞边框，此边框即为灯具提供连接点，大型吸顶灯可在龙骨上需要补强部位增加附加龙骨，做成圆形开口或方形开口。

灯具质量大于 3kg 时，应采用预埋吊钩或从屋顶用膨胀螺栓直接固定支吊架安装，不得用吊平顶吊龙骨支架安装灯具。从灯头箱盒引出的导线应用软管保护至灯位，防止导线裸露在平顶内。

具体安装可参考《民用建筑电气设计与施工照明控制与灯具安装》08D800–4 中“大型嵌入式荧光灯安装图”和“荧光灯嵌入吊顶内吊挂式安装图”，如图 1–5–16 和图 1–5–17 所示。

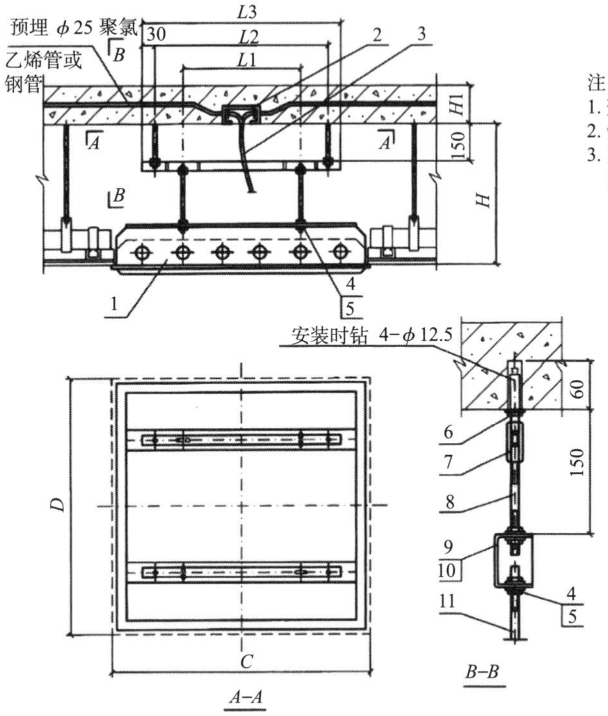

注：
1. 荧光灯嵌入在吊顶内，用吊杆分两段吊挂；
2. 钢管和接线盒预埋在混凝土中；
3. 图上尺寸 H、H_1、L_1、L_2、L_3、C、D 等数值由工程设计定。

编号	名 称	信号及规格	单位	数量	备 注
1	荧光灯具	由工程设计确定	套	1	—
2	接线盒	由工程设计确定	个	1	—
3	可挠金属保护管	内径 ϕ25	根	1	—
4	螺母	M8	个	24	—
5	垫圈	8	个	24	—
6	钢膨胀螺栓	M8×100	套	4	—
7	连接螺母	M8	个	4	—
8	吊杆 I	ϕ8×100	个	4	—
9	横梁	C 50×30×3 $L=L2+60$	个	2	—
10	肋板	$\delta=3$	个	8	—
11	吊杆 II	ϕ8	个	2	—

图 1-5-16 大型嵌入式荧光灯安装图

（资料来源：《民用建筑电气设计与施工照明控制与灯具安装》08D800-4）

5.4.3 灯具安装位置应符合设计要求，成排安装时应整齐、美观。

【制定依据、目的】

在符合设计要求的前提下，保证灯具安装的美观性。

【技术措施】

灯具安装先放线定位，确保单套灯具安装位置正确及成排灯具在同一直线上，中心偏差不应大于 5mm，整齐美观。吸顶或吸壁安装的灯具应紧贴楼板或吊顶或墙壁，其灯具应横平竖直，不歪斜。

5.4.4 专用灯具的安装应按现行国家标准《建筑电气工程施工质量验收规范》GB 50303 的有关规定执行。

【制定依据、目的】

专用灯具包括火灾或其他紧急状况发生时的消防应急灯具和市电供电中断或建筑物内突发停电时的应急灯具。当发生上述应急情况时，为使建筑物的某些关键位

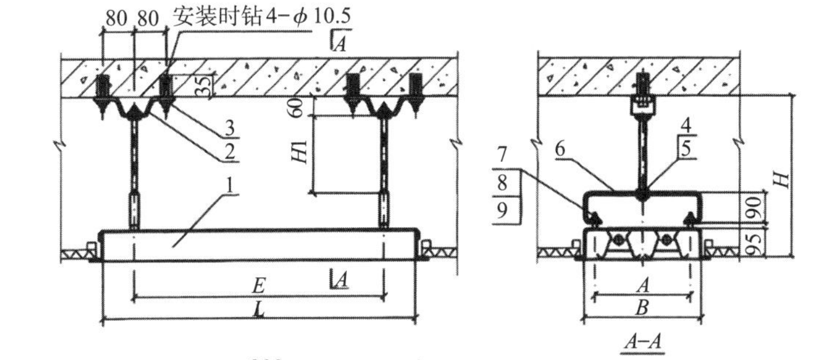

注：
1. 图上吊顶高度 H 和吊挂长度 H_1 由选用者根据工程设计定。
2. 灯具详细尺寸参数 L、E、A、B 应具体参照产品样本。

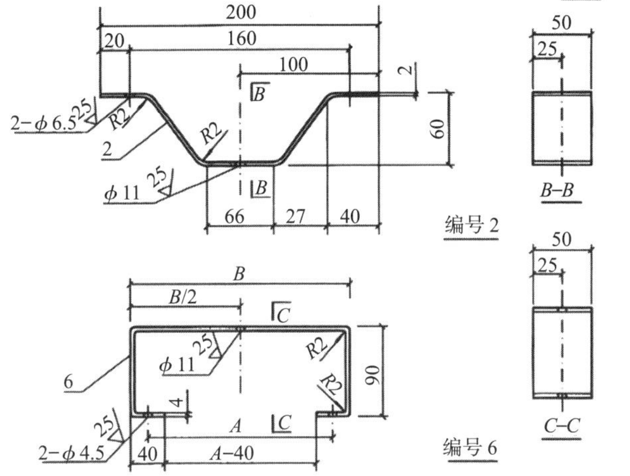

编号	名 称	型号及规格	单位	数量	备 注
1	灯具	由工程设计确定	套	1	—
2	固定盘	280×50，δ=2	个	2	—
3	膨胀螺栓	M6×65	套	4	—
4	螺柱	M10×（H_1+30）−Q	个	2	—
5	螺母	M10	个	8	—
6	联接梁	由工程设计确定 δ=4	个	2	—
7	螺栓	M4×25	个	4	—
8	螺母	M4	个	8	—
9	垫圈	4	个	4	—

图 1-5-17　荧光灯嵌入吊顶内吊挂式安装图

（资料来源：《民用建筑电气设计与施工照明控制与灯具安装》08D800-4）

置的照明器具仍能持续工作，并有效指示人群安全撤离，所以作出规定。

专用灯具的安装除按照产品技术要求执行外，尚应符合现行国家标准《建筑电气工程施工质量验收规范》GB 50303 的规定。

【技术措施】

（1）消防应急照明回路的设置除应符合设计要求外，尚应符合防火分区设置的要求，穿越不同防火分区时应采取防火隔堵措施。

（2）国家标准《消防应急照明和疏散指示系统技术标准》GB 51309—2018 中规定："除住宅建筑外，不同的防火分区、隧道区间、地铁站台和站厅不能共用同一配电回路"，故此处穿越不同防火分区的消防应急照明回路仅存在住宅建筑中。

（3）对于应急灯具、运行中温度大于 60℃的灯具，当靠近可燃物时，应采取隔热、散热等防火措施。

（4）消防应急电源（EPS）供电的应急灯具安装完毕后，应检验 EPS 供电运行的最少持续供电时间，并应符合设计要求。

（5）标志灯应设在醒目位置，应保证人员在疏散路径的任何位置、在人员密集场所的任何位置都能看到标志灯。

（6）安全出口指示标志灯设置应符合设计要求。

（7）国家标准《消防应急照明和疏散指示系统技术标准》GB 51309—2018 对出口标志灯的设置做出规定：

1）应设置在敞开楼梯间、封闭楼梯间、防烟楼梯间、防烟楼梯间前室入口的上方；

2）地下或半地下建筑（室）与地上建筑共用楼梯间时，应设置在地下或半地下楼梯通向地面层疏散门的上方；

3）应设置在室外疏散楼梯出口的上方；

4）应设置在直通室外疏散门的上方；

5）在首层采用扩大的封闭楼梯间或防烟楼梯间时，应设置在通向楼梯间疏散门的上方；

6）应设置在直通上人屋面、平台、天桥、连廊出口的上方；

7）地下或半地下建筑（室）采用直通室外的竖向梯疏散时，应设置在竖向梯开口的上方；

8）需要借用相邻防火分区疏散的防火分区中，应设置在通向被借用防火分区甲级防火门的上方；

9）应设置在步行街两侧商铺通向步行街疏散门的上方；

10）设置在避难层、避难间、避难走道防烟前室、避难走道入口的上方；

11）应设置在观众厅、展览厅、多功能厅和建筑面积大于 400m^2 的营业厅、餐厅、演播厅等人员密集场所疏散门的上方。

（8）疏散指示标志灯安装高度及设置部位应符合设计要求。

（9）疏散指示标志灯的设置不应影响正常通行，且不应在其周围设置容易混同疏散标志灯的其他标志牌等。

（10）疏散指示标志灯工作应正常，并应符合设计要求。

（11）消防应急照明线路在非燃烧体内穿钢导管暗敷时，暗敷钢导管保护层厚度不应小于 30mm。

5.5 施工验收

5.5.1 检查及测试应包括下列规定：

1 检查项目应包括下列内容：

1）电气装置、配件及其附属技术文件齐全；

2）电气装置的型号规格、安装方式符合设计要求；

3）线缆的规格型号、敷设方式、相序、导通性、标志、保护符合设计要求；

4）隐蔽工程验收记录；

5）照明装置的规格型号、安装方式、外观质量及开关动作的准确性与灵活性符合设计要求；

6）不同种类和特性的电源设备、供配电电缆有明显区别的标志、标识。

2 测试项目应包括下列内容：

1）电气装置与其他系统的联锁动作的正确性、响应时间及顺序；

2）电线、电缆及电气装置的相序的正确性；

3）发电机组的启动时间，输出电压、电流及频率；

4）不间断电源的输出电压、电流、波形参数及切换时间。

3 电线、电缆及电气装置的电气绝缘测试应符合表 5.5.1 的要求。

表 5.5.1 电线、电缆及电气装置的最小绝缘电阻值

序号	项目名称	最小绝缘电阻值（MΩ）
1	开关、插座	5
2	灯具	2
3	电线电缆	1
4	电源箱、柜二次回路	1

【制定依据、目的】

（1）第 1 款对配电系统施工验收的检查项目提出了具体要求：

1）第 1 项目的是保证变配电系统设备、配件、技术文件完整性；

2）第 2 项、第 3 项、第 5 项目的是进行设计符合性确认，以免出现与设计不一致带来的故障和风险隐患；

3）第 4 项目的是对隐蔽工程的施工质量进行确认；

4）第 6 项目的是避免由于标志、标识缺乏明显区别导致误用电源设备带来设备损坏的风险。

（2）第 2 款对配电系统施工验收的检测项目提出了具体要求：

1）第 1 项为保证电气装置与其他系统联锁动作的可靠、有效、时效进行测试；

2）第 2 项规定的目的是避免由于相序不正确导致的电气设备损坏、电力系统故障、影响设备寿命等问题；

3）第 3 项测试目的是为保证市电电源出现故障时，发电机组可以正常投入工作，保障供电的连续性。

4）第 4 项测试目的是为保证市电出现故障或发生异常等电网故障时，不间断电源能持续提供电能，保障供电的连续性。

（3）对不同类别的电气装置进行电气绝缘测试的最小绝缘电阻值提出了具体要求。

【技术措施】

（1）为确保配电系统施工验收检查项目实施，可采取以下技术措施：

1）应对电气装置及配件进行外观检查，铭牌、涂层应完整，装置、配件及附件齐全、完好、无缺损，实行生产许可证或强制性认证（CCC 认证）的装置应有许可证编号或 CCC 认证标志，质量合格证明文件、性能检测报告以及安装、使用、维修和试验要求等技术文件、现场抽样检测报告等技术文件应齐全。

2）核对现场电气装置的规格型号、安装方式、标志、保护措施、动作准确性是否与设计要求一致；

3）由于隐蔽工程在隐蔽后难以检验，因此隐蔽工程在隐蔽前应由施工单位通知监理单位进行验收，并形成验收文件，验收合格后才能继续施工，施工验收时应对隐蔽工程验收记录进行核验；

4）不同种类和特性的电源设备、电缆上应有明显区别的标志，可从颜色、标志样式等方面进行显著的区分，并标识电压等级等电气参数，供配电电缆标志设置间隔应保证清晰、易于识别，起止端应设置标志，转弯处宜设置标志。

（2）为确保配电系统施工验收检测项目实施，可采取以下技术措施：

1）根据设计文件要求的逻辑、关系、顺序，对电气装置与其他系统的联锁动作进行测试，联锁动作的正确性、响应时间及顺序应满足设计要求；

2）可采用相序测试仪、万用表等仪器对电线、电缆及电气装置的相序进行测量，确认相序与标志是否一致，相序一致才能保证用电设备的性能和安全；

3）采用多功能电表、电能质量分析仪等设备对发电机组输出电压、电流及频率进行测试，并测试发电机组的启动时间，确认参数是否符合设计要求；

4）采用电能质量分析仪等设备对不间断电源的输出电压、电流、波形及切换时间进行测试，确认参数是否符合设计要求。

（3）在进行电线、电缆及电气装置的电气绝缘测试中，测量用的兆欧表电压等级应符合现行国家标准《电气装置安装工程电气设备交接试验标准》GB 50150 的要求，详见表 1–5–4。

表 1–5–4　兆欧表电压等级及最小量程

序号	负载电压范围（V）	兆欧表电压等级（V）	兆欧表最小量程（MΩ）
1	100 以下	250	50
2	100 ~ 500	500	100
3	500 ~ 3 000	1 000	2 000
4	3 000 ~ 10 000	2 500	10 000

测试绝缘电阻注意事项如下：

1）测试前应拆除被试设备电源及一切外连线，并将被试物短接后接地放电 1min，电容量较大的应至少放电 2min，以免触电；

2）校验绝缘电阻测试仪指针在短路时是否指零，在开路时是否指无穷大；

3）用干燥清洁的柔软布擦去被试物的表面污垢，必要时可先用汽油洗净套管的表面积垢，以消除表面的影响；

4）接好线，如用手摇式绝缘电阻测试仪时，应用恒定转速 120r/min 转动摇柄，绝缘电阻测试仪指针逐渐上升，待 1min 后读取其他绝缘电阻值；

5）测试完毕或重复进行测试时，必须将被试物短接后对地充分放电，除可保证安全外，还可提高测试的准确性；

6）一般应在干燥、晴天、环境温度不低于 5℃时进行测试。

5.5.2 在本标准第 5.5.1 条的规定检验及测试合格后，应按本标准附录 A 填写，并应在交接验收时提交。

【制定依据、目的】

本标准附录 A 需填报的内容如表 1-5-5 所示，包含通用的设备规格型号、电气绝缘符合性检查；电气装置完整性、安装符合性、联锁动作正确性检查；电缆敷设及相序正确性检查；照明装置外观及安装符合性检查；柴油发电机、不间断电源输出电力参数及启动或切换时间符合性检查等，根据检查情况填报各项验收结论，用于交接验收时的结果确认。

表 1-5-5　配电系统验收记录表

<table>
<tr><td>工程名称</td><td colspan="2"></td><td>编号</td><td></td><td>测试时间</td><td></td></tr>
<tr><td>施工单位</td><td colspan="4"></td><td>项目经理</td><td></td></tr>
<tr><td colspan="5">施工质量验收内容</td><td colspan="2">结论（记录）</td></tr>
<tr><td rowspan="3">通用</td><td>1</td><td colspan="3">线缆、电气装置及设备的型号、规格型号是否符合设计要求</td><td colspan="2"></td></tr>
<tr><td>2</td><td colspan="3">线缆、电气装置及设备的电气绝缘是否符合设计要求</td><td colspan="2"></td></tr>
<tr><td>3</td><td colspan="3"></td><td colspan="2"></td></tr>
<tr><td rowspan="4">电气装置</td><td>1</td><td colspan="3">电气装置、配件及其附属技术文件是否齐全</td><td colspan="2"></td></tr>
<tr><td>2</td><td colspan="3">电气装置的安装方式是否符合设计要求</td><td colspan="2"></td></tr>
<tr><td>3</td><td colspan="3">电气装置与其他系统的联锁动作的正确性、响应时间及顺序</td><td colspan="2"></td></tr>
<tr><td>4</td><td colspan="3"></td><td colspan="2"></td></tr>
<tr><td rowspan="3">电缆</td><td>1</td><td colspan="3">线缆的敷设方式、标志、保护等是否符合设计要求</td><td colspan="2"></td></tr>
<tr><td>2</td><td colspan="3">电线、电缆及电气装置的相序是否正确</td><td colspan="2"></td></tr>
<tr><td>3</td><td colspan="3"></td><td colspan="2"></td></tr>
</table>

续表

照明	1	照明装置的外观质量是否符合设计要求	
	2	照明装置的安装方式、开关动作是否符合设计要求	
	3		
其他	1	柴油发电机组的启动时间，输出电压、电流及频率是否符合设计要求	
	2	不间断电源的输出电压、电流、波形参数及切换时间	
	3		
验收结论			
参加验收人员（签字）			

5.5.3 施工交接验收应符合本标准第 3.3.2 条的规定。

【制定依据、目的】

本标准第 3.3.2 条规定，“各专业施工验收应由施工单位、建设单位或监理单位共同进行，并应在验收记录上签字”，用于保证竣工验收时交接资料的权威性。

6 防雷与接地系统

6.1 一般规定

6.1.1 数据中心防雷与接地系统的施工及验收应包括防雷与接地装置的施工及验收。

【制定依据、目的】

数据中心防雷与接地装置主要包括电涌保护器、接地装置、等电位联结导体等，施工及验收内容包括装置规格、型号、材质，安装位置及方式，以及接地电阻值、零地电位等检测，防雷接地系统良好的施工安装质量才能保障人身安全和电子信息系统的正常运行。

6.1.2 数据中心防雷与接地系统施工及验收除应满足设计要求外，尚应符合现行国家标准《建筑电气工程施工质量验收规范》GB 50303、《建筑物电子信息系统防雷技术规范》GB 50343 和《建筑物防雷工程施工与质量验收规范》GB 50601 的有关规定。

【制定依据、目的】

数据中心防雷接地系统施工及验收涉及较多的工程技术和设备，本标准不可能包括全部的技术要求及质量验收规定。为满足和完善工程的验收标准，除应执行本标准的规定外，尚应符合现行国家标准《建筑电气工程施工质量验收规范》GB 50303、《建筑物电子信息系统防雷技术规范》GB 50343 和《建筑物防雷工程施工与质量验收规范》GB 50601 的有关规定。

现行国家标准《建筑电气工程施工质量验收规范》GB 50303 规定了接地装置安装、防雷引下线及接闪器安装、建筑物等电位联结主控项目及一般项目的检查数量、检查方法。

现行国家标准《建筑物电子信息系统防雷技术规范》GB 50343 规定了接地装置、接地线、等电位接地端子板、屏蔽设施、浪涌保护器、线缆敷设施工要求及验收应包含的项目。

现行国家标准《建筑物防雷工程施工与质量验收规范》GB 50601 规定了防雷工程中各分项工程的施工安装要求及检验批划分和检测要求，分项工程包括接地装置工程、引下线工程、接闪器工程、等电位工程、屏蔽工程、综合布线工程、电涌保护器工程。

6.1.3 数据中心防雷与接地系统施工中采用的器材，应有检验报告及合格证书。

【制定依据、目的】

为保障防雷接地系统的安全可靠，防止雷电带来的人员和设备损失，防雷接地系统施工中所采用的设备、材料、仪器均应具备检验报告及合格证书。设备包括电涌保护器、接地装置、等电位连接箱；材料包括接地线、等电位连接金属带、等电位连接导线等；仪器包括等电位测试仪、接地电阻测试仪、土壤电阻率测试仪、防雷元件测试仪、绝缘电阻测试仪等。

6.2 防雷与接地装置

6.2.1 电涌保护器的安装应符合下列规定：

1 安装电涌保护器时，安装位置和使用环境应符合技术要求；

2 安装应牢固，接线应可靠，电涌保护器两端连接导线应短而直，不要形成环路、急弯或扭折；

3 电涌保护器两端连接导线长度不宜大于 0.5m；

4 当受条件限制电涌保护器两端连接导线长度大于 0.5m 时，可采用 V 形接线方式；

5 安装多级电涌保护器时，间隙型电涌保护器（T1 型）和限压型电涌保护器（T2 型）之间的线缆长度不宜小于 10m；两级限压型电涌保护器（T2 型）之间的线缆长度不应小于 5m。

【制定依据、目的】

（1）电涌保护器的使用环境指环境温度、相对湿度、盐雾、海拔等。电涌保护器的安装位置可依据现行国家标准《建筑物防雷设计规范》GB 50057 和《建筑物电子信息系统防雷技术规范》GB 50343 进行选择，最大限度保护数据中心电气设备免受浪涌电流的影响，同时还应考虑安装位置的可操作性和可维护性，方便后期维修和更新。现行国家标准《数据中心设计规范》GB 50174 中规定数据中心低压配电系统的接地形式宜采用 TN 系统；采用交流电的电子信息设备，其配电系统应采用 TN–S 系统。因此，安装电涌保护器（SPD）在低压配电 TN 系统中可参照现行国家标准《建筑物防雷工程施工与质量验收规范》GB 50601；数据中心配电采用 TN–S 系统的可参照现行国家标准《建筑物电子信息系统防雷技术规范》GB 50343。

（2）为保证电涌保护器的正常工作和有效性，必须安装牢固、接线可靠。确保电涌保护器不会因为振动、碰撞等原因而松动或脱落；不会因为接线松动或接触不良，导致电涌保护器在瞬态过电压出现时不能够迅速响应。电涌保护器两端的连接导线短而直可以减少能量损耗和电压降，提高电涌保护器的性能。同时，避免形成环路可以降低电磁干扰和射频干扰的影响。连接导线急弯或扭折会破坏电线的绝缘层，加速电线外绝缘层老化，造成用电安全隐患。

（3）电涌保护器对设备的有效电压保护水平与其自身的电压保护水平并不等同。由于 SPD 两端引线的阻抗作用，有效电压保护水平往往大于 SPD 自身的电压保护水平。因此应尽可能缩短连接电涌保护器的导体长度，从而减小引线带来的感应电压降。此外，长导线还会增加能量损耗，使得电涌保护器的热负荷增加，甚至可能引起火灾等安全问题。

（4）采用传统的接线方式，会导致电压降和能量损耗的增加，从而影响电涌保护器的性能。为弥补导线长度过长的不足，并提高电涌保护器的性能和可靠性，采用 V 形接线。V 形接线方式通过将电涌保护器的接地线与被保护设备的保护地线连接起来，形成 V 字形，从而使得电涌电流分流到两根平行的导线上。这样可以减少单个导线的电感和电阻，进一步降低电压降和能量损耗，提高电涌保护器的性能。在现行国家标准《建筑物防雷工程施工与质量验收规范》GB 50601 中也规定了电涌保护器两端连接导线应短且直，总接线长度不宜大于 0.5m，如遇实际困难，采用 V 形连接。

（5）电涌保护器有间隙型保护器（T1 型）和基于压敏电阻类型的保护器（T2 型）等几种，它们的性能各不相同，所以安装时一般都是多级并联配合使用。当线路上产生雷电引起的过电压、过电流时，电涌保护器（T1 型）会首先响应，将大部分高能量的电流通过接地线泻入大地，以避免由于过载而使其后的 T2 型电涌保护器失效，造成机房内的设备损坏。

【技术措施】

（1）电涌保护器一般采用 35mm 标准导轨安装，模块化设计，密封性好。对于固定式电涌保护器，常规安装应遵循下述步骤：

1）确定放电电流路径。

2）标记在设备终端引起的额外电压降的导线。

3）为避免不必要的感应回路，应标记每一设备的 PE 导体。

4）设备与 SPD 之间建立等电位联结

5）要进行多级电涌保护器的能量协调。同时，为避免动力电缆和通信电缆之间的瞬态正交耦合，应该进行必要的测量。

（2）带有接线端子的电涌保护器采用压接连接；带有接线柱的电涌保护器宜采用接线端子与接线柱连接。连接导线应分别采用黄色、绿色、红色、淡蓝色和黄 / 绿相间的色标线，分别连至 L1、L2、L3、N 和 PE 线上。电涌保护器连接线转弯时弯角应大于 90°，弯曲半径应大于导线直径的 10 倍。

（3）优化布线，尽量将电涌保护器的位置靠近需要保护的设备或电路，减少不必要的弯曲和交叉，从而缩短导线的长度；选择合适的连接方式，如直接焊接、压接或使用专用连接器等，可以减少连接导线的长度和连接点的不稳定性。

（4）当受条件限制，电涌保护器两端连接导线长度大于 0.5m 时，可采用 V 形接线方式。V 形接线是电涌保护器的一种接线方式，若其接线距离趋近于零，就是标准的 V 形接线。该接线方式的优点是消除接线电缆在雷电流通过时，因自身寄生电阻电感产生的电压降附加给被保护负载的影响，如图 1-6-1 所示。

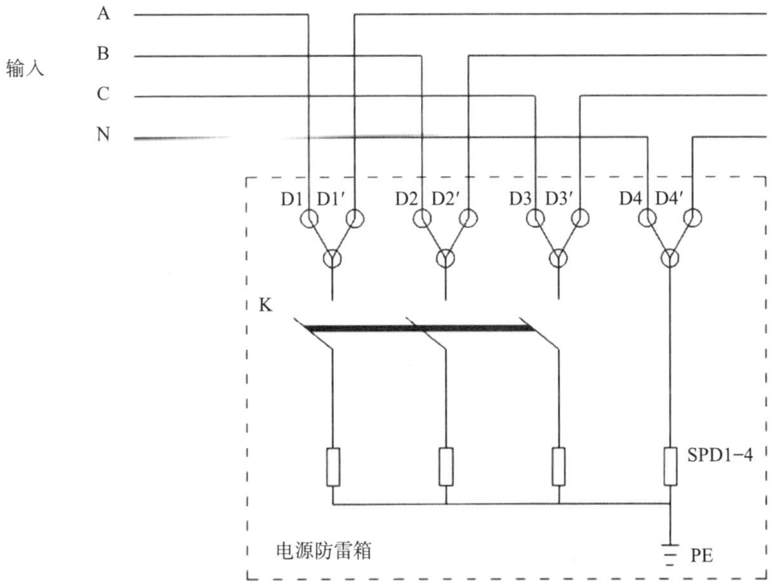

D1、D2、D3、D4—输入端子；D1′、D2′、D3′、D4′—输出端子。

图 1-6-1　V 形接线

（5）为满足信息系统设备耐受能量要求，电涌保护器多级安装时需考虑各级之间的能量配合。有条件时，宜采用同一厂家的同类产品，并要求厂家提供其各级产品之间的安装距离要求。当上级电涌保护器为开关型 SPD，次级电涌保护器为限压型 SPD 时，两者间的线路长度应大于 10m；当上级与次级电涌保护器均采用限压型时，两者间的线路长度应大于 5m，否则应加装退耦装置，或者采用复合型 SPD。

在安装多级电涌保护器时，采取以下技术措施可以确保各级保护器之间的线缆长度满足要求：

预先规划：在安装前，对场地进行勘察，并依据设备的布局和位置，预先规划好各级电涌保护器的安装位置和线缆走向。

合理布线：根据规划好的路径，使用足够长度的线缆进行布线，确保各级电涌保护器之间的距离符合规定要求。在布线时，应尽量减少线路的弯曲和急转弯，以减少线缆的电磁干扰和电压降。

适当固定：在安装过程中，对各级电涌保护器的线缆进行固定，防止线缆松动或移动。可以使用线缆固定夹或绑带等工具进行固定，确保线缆稳固且不易移动。

6.2.2 数据中心区域内外露的不带电的金属物应与建筑物进行等电位联结并接地。

【制定依据、目的】

依据现行国家标准《建筑物防雷设计规范》GB 50057 和《建筑物电子信息系统防雷技术规范》GB 50343 的相关规定，数据中心区域内外露的不带电的金属物是指：吊顶的金属结构、隔墙的金属框架、金属活动地板、金属门窗、设备设施金属外壳等。与建筑的等电位网联结，可将产生的静电和外壳的漏电立即引入地下，防止人员触电和静电的伤害，保证设备的安全，提高数据中心区域安全性，避免受雷电和电击的威胁。

【技术措施】

将数据中心区域内的所有不带电的金属物，如设备框架、管道、电缆屏蔽层等进行等电位联结，以减少电位差，形成一个等电位系统，如图 1–6–2 所示。具体步骤是：

（1）确定需要等电位联结的金属物。

（2）在需要进行等电位联结的金属物上安装等电位联结端子板，形成一个等电位系统。

（3）使用等电位联结线或导电带将各个金属物与相应的端子板连接起来。确保连接牢固可靠，接触良好。

（4）将端子板与接地装置进行可靠的电气连接，以将电流引入地下。接地装置可以是接地极或接地网，应按照相关标准和规范进行安装和测试。

（5）在进行等电位联结和接地处理后，应进行相关的检查和测试，确保所有连接都正常工作，不存在安全隐患。测试应包括电气安全测试和接地电阻测试等。

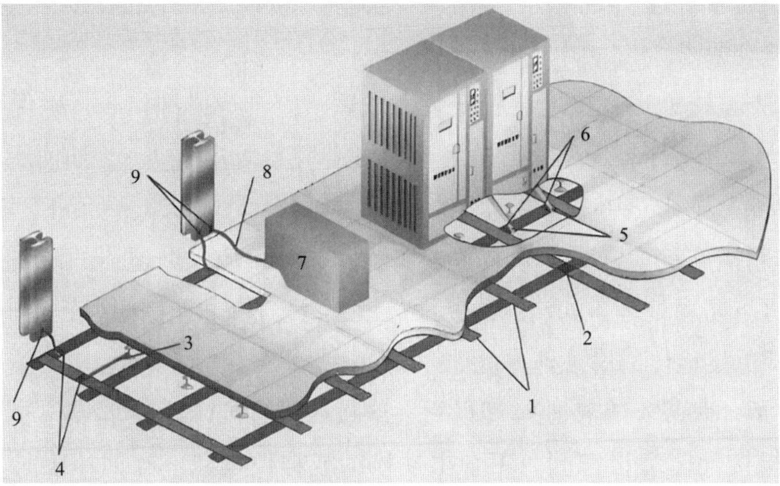

1—铜箔带；2—铜箔带之间焊接；3—铜箔带与防静电地板支柱焊接；4—铜箔带与等电位联结带之间焊接；5—设备的等电位联结带；6—铜箔带与设备等电位联结带之间焊接；7—电源配电系统；8—电源配电系统的接地等电位联结线；9—防静电地板下方等电位接地网络与周围钢筋混凝土柱子上等电位端子板的焊接（与共用接地系统的连接）。

图 1-6-2 电子信息设备功能性接地及等电位联结示意

6.2.3 接地装置设置形式应符合设计要求，焊接应无虚焊。连接处不应松动、脱焊、接触不良，并应采取防腐措施。接地体埋设位置和深度应符合设计要求。接地引下线应固定牢固。

【制定依据、目的】

为确保电气设备和数据中心的稳定、安全运行，防止因接地装置设置不当或焊接质量不合格导致的安全事故和损失，本条对接地装置的设置形式和焊接质量提出了要求。在现行国家标准《电气装置安装工程接地装置施工及验收规范》GB 50169中对接地装置的安装和敷设也做出了具体要求。

【技术措施】

为有效地确保接地装置的设置形式符合设计要求，提高其安全性和可靠性，可参照现行国家标准《电气装置安装工程接地装置施工及验收规范》GB 50169 和《数据中心工程设计与安装》18DX009 图集，并采取以下技术措施：

1）严格审查设计图纸：在施工前，应仔细审查接地装置的设计图纸，确保其设计符合相关标准和规范，同时明确接地装置的具体要求和细节。

2）选用合适的材料：根据设计要求和接地装置的用途，选择合适的接地材料，如钢材、铜材等。确保材料质量合格，无损坏、锈蚀等情况。

3）焊接工艺控制：对于焊接作业，应选用技术熟练的焊工进行操作。焊接前应对材料进行预处理，如除锈、除油等。焊接时应按照规定的焊接工艺进行，确保焊接质量符合要求。

4）检查连接处：在接地装置安装完成后，应进行详细检查，确保连接处无松动、脱焊、接触不良等现象。可采用适当的检测工具进行检查，如使用力矩扳手检查螺栓连接情况。

5）防腐措施：为防止接地装置的腐蚀和损坏，应采取适当的防腐措施。可对金属材料进行防腐处理，如涂刷防锈漆、镀锌等。同时，在接地装置周围添加降阻剂也可以降低接地体的腐蚀速率。

6）接地体埋设：在接地体埋设时，应按照设计要求确定埋设位置和深度。同时，应确保接地体埋设牢固，不会出现松动或移位现象。在回填土时，应分层夯实，确保土壤密实。

7）接地引下线固定：对于接地引下线，应采用固定装置进行固定，防止其松动或脱落。同时，在引下线经过的路径上，应设置明显的标识，方便后续维护和管理。

8）定期维护与检查：在接地装置投入使用后，应定期进行维护和检查。检查内容包括接地装置的外观、连接处、防腐措施等。

6.2.4 接地电阻值无法满足设计要求时，应采取物理或化学降阻措施。

【制定依据、目的】

接地电阻值是关系到电气安全的重要参数。如果接地电阻过大，可能会导致设备带电、产生电火花等问题，从而引发电气火灾或电击事故。降低接地电阻，可以确保接地电阻值满足设计要求，提高电气系统的安全性、稳定性，保护设备和人身安全。依据现行国家标准《电气装置安装工程接地装置施工及验收规范》GB 50169，为降低接地电阻值可采用物理和化学方法。针对某些特殊地理环境，用常规方法很难达到接地电阻阻值要求。因此，可采用添加降阻剂的化学方法及增加接地体根数或增加接地体埋设深度的物理方法来降低土壤的电阻率。

【技术措施】

大型数据中心一般为独立园区或建筑物，可结合原有接地装置的状况、周围地形地貌、土壤电阻率等因素，通过技术经济比较论证来合理选取一种或几种综合降低电阻值的技术措施，以获取最佳的降阻效果。

（1）化学降阻法：

1）改善土壤导电性。可以利用黑土及砂质黏土等代替原有较高电阻系数的土壤；在接地体周围土壤中加入食盐，煤渣、炭末、炉灰、焦炭等，以提高土壤的导电率；采用导电性混凝土等方法。

2）使用化学降阻剂。用碳粉和生石灰作为主要原料的降阻剂，因不含电解质，故能在土壤中长期使用且不会因地下水而流失，因此能得到长期、无公害且稳定的低接地电阻值，其阻值约比未采用降阻剂处理的土壤降低 50%。常用的降阻剂有石墨烯、硫酸镁、硫化钼、有机磷酸盐类等。

3）电解离子接地极。通过潮解作用，活性电离子被有效释放到土壤中，与土壤及空气中的水分发生作用，进一步促进导体外部的缓释降阻效果，并保持接地阻值长期稳定。导体内的缓释填充剂埋设后，其缓释过程可以长达数年。

（2）物理降阻法：

1）增加接地极及接地线数量。通过增加接地极和接地线的数量，可扩大接地网的面积，从而降低接地电阻。这种方法尤其适用于土壤电阻率较高的地区。

2）外引接地措施。采用外引式接地，若附近有水源或电阻系数低的土壤，则可利用该处制作接地极或敷设水下接地网，再通过接地线引接作为外引式接地。

3）深埋接地体。采用垂直接地体长度一般为 5m ~ 10m，且常采用 42mm ~ 75mm 圆钢，适用于建筑物拥挤或敷设接地网的区域狭窄等场合。

4）利用自然接地体。在建筑物周围存在自然接地体（如金属管道、电缆等）的情况下，可以利用这些自然接地体来降低接地电阻。这种方法可以减少接地极的数量和埋设工作量，同时也能提高接地效果。

6.2.5　等电位连接应符合下列规定：

1　可采用焊接、熔接或压接；

2　焊接、熔接或压接的金属表面应进行处理，使金属表面裸露；

3　连接应无毛刺、明显伤痕，安装应平整、连接牢固；

4　连接处应进行防腐处理。

【制定依据、目的】

（1）等电位联结是为减少电位差，降低触电风险而采取的电气安全措施。之所以只能采用焊接、熔接或压接这几种方式进行连接，是因为这些连接方式能够确保导电体的可靠连接，从而保证等电位的效果。相比之下，其他的连接方式如缠绕连接、搭接等可能存在接触不良、松动等问题。

（2）焊接、熔接或压接的金属表面应进行除污物、油脂、氧化物的处理，使金属表面裸露；金属表面裸露可以增加连接点的接触面积，从而提高连接的导电性能。没有涂层或氧化膜的金属表面能够更好地与另一金属连接，减少接触电阻，提高连接的稳定性和可靠性。

（3）毛刺和伤痕可能导致金属与金属之间的接触不良，从而增加接触电阻，影响等电位联结的效果；还可能导致电弧的产生，增加电气事故的风险。安装不平整可能会影响连接的稳定性，导致连接处出现松动或变形。

（4）金属在自然环境中容易受到腐蚀，特别是在潮湿、酸碱环境或含有腐蚀性气体的场所。腐蚀会导致金属表面损坏、变薄或产生孔洞，从而影响等电位联结的电气性能和机械强度。通过防腐处理，可以有效地保护金属表面，延缓或阻止腐蚀过程的发生，延长等电位联结的使用寿命。

【技术措施】

（1）选择和应用焊接技术时，需要综合考虑工件材料、规格、要求和工艺条件等因素，并采取相应的技术措施，以确保连接质量和安全性。焊接是一种通过熔化两个或多个金属接头，然后冷却并凝固，从而将它们连接在一起的方法。在焊接过程中，需要使用焊料、焊剂、保护气体等材料，以及合适的焊接电流、电压和焊接速度等工艺参数。熔接和压接是焊接的两种主要类型。

（2）通过机械打磨、化学清理、火焰等方式去除金属表面的锈迹、油渍、氧化层、涂层等杂质，使金属表面裸露出来。在处理金属表面时，需要注意保护好周围的绝缘层和其他材料，避免造成损坏。同时，处理后的金属表面需要尽快进行焊接、熔接或压接操作，避免表面再次被氧化或污染。

（3）要保证等电位联结处无毛刺、明显伤痕，安装平整、连接牢固，可采取以下措施：

1）选用合格的材料，如铜排、铜缆等，提高连接的可靠性和稳定性。

2）精确加工和处理，选用合适的工具和工艺参数，避免对金属表面造成损伤。

3）严格控制焊接工艺，确保焊缝平整、光滑，无夹渣、气孔等缺陷。

4）遵循安装规范和工艺要求，确保连接方式正确、牢固可靠。同时，要确保连接处的平整度，避免出现凹凸、扭曲等问题。

5）在安装过程中和安装完成后，要加强质量检验和监督，及时发现和处理问题。可以采用目视检查、测量等方式对连接处进行检查，同时，要确保安装环境干燥、无尘，防止污染物对连接表面造成影响。

6）定期进行维护和保养，包括清洁、除锈、紧固等。及时处理存在的问题和隐患，能够延长连接的使用寿命，提高连接的可靠性和稳定性。

（4）选择具有防腐性能的材料，如不锈钢、铜等。对等电位联结处的表面进行预处理，在连接处涂覆防腐涂层（如防锈漆）或采用镀锌等防腐工艺。还可以采用阴极保护措施，通过向金属表面施加电流，使其成为阴极，从而降低腐蚀速率。

6.3 接 地 线

6.3.1 接地线安装应符合下列规定：

1 接地线不得有机械损伤；

2 接地线穿越墙壁、楼板时应加装保护套管；

3 接地线在有化学腐蚀的位置应采取防腐措施；

4 在跨越建筑物伸缩缝、沉降缝处，接地线应弯成弧状，弧长宜为缝宽的1.5倍；

5 接地线的敷设应平直、整齐。转弯时，弯曲半径应符合本标准表5.3.2的规定；

6 接地线的连接宜采用焊接，焊接应牢固、无虚焊，焊接部位应进行防腐处理。

【制定依据、目的】

接地线：从引下线断接卡或换线处至接地体的连接导体；或从接地端子、等电位连接带至接地体的连接导体。设置接地线目的：为安全地引导雷电电流泄放入地，从而保护建筑物、设备以及人员的安全。

（1）第1款目的是确保接地线路完整，无破损，避免接地不良引发接地故障，保障人员安全。

（2）第2款目的是保障接地线路完整，无破损，通过增加套管保护线路，且方便维护。

（3）第 3 款目的是增强接地线耐腐蚀性，避免因化学腐蚀造成寿命减少，接地不良。

（4）伸缩缝、沉降缝等变形缝作用是保证建筑在温度变化、基础不均匀沉降或地震时能有一些自由伸缩，以防止墙体开裂，结构破坏。跨越此类缝隙时需设置补偿器或设置弧状接地线，保证当建筑发生形变时，接地线不被破坏。

（5）第 5 款旨在保护接地线的导电层、绝缘层，转弯处需满足最小弯曲半径要求。

（6）接地线的焊接应牢固可靠，虚接不仅会带来安全隐患，而且会加速接头部位的腐蚀，接头处应做防腐蚀处理。

现行国家标准《电气装置安装工程接地装置施工及验收规范》GB 50169 中对接地线的材质、安装、保护都有具体的相关规定。

本条的规定是为确保接地线的线路完整，防止其发生机械损伤和化学腐蚀，避免因接地不良造成数据中心设备故障或使用寿命减短。线路敷设时，直线段不应有高低起伏等现象，以保护接地线的导电层和绝缘层；转弯处需满足最小弯曲半径，同时确保线缆敷设整齐、美观。

【技术措施】

（1）接地线材料需严格审查进场流程，保障材料不受破坏。

（2）接地线穿越墙壁、楼板、伸缩缝、沉降缝时可参考图 1-6-3、图 1-6-4 制定具体的施工方案。

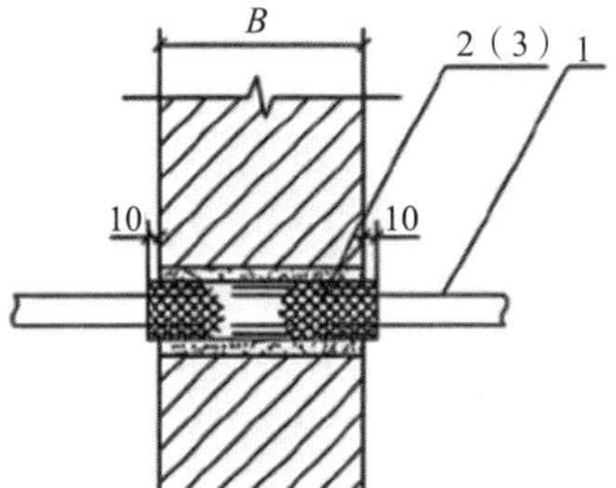

穿墙

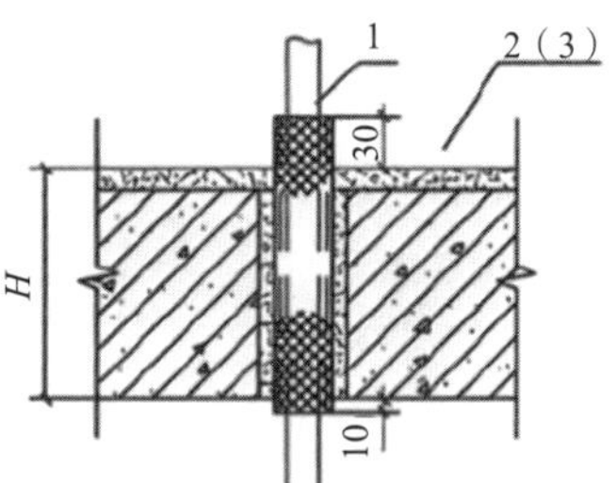

穿楼板

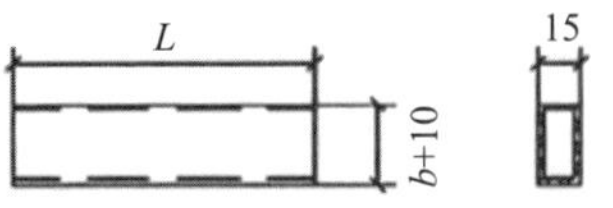

方套管

注：1. 接地线穿过外墙或楼板后，其套管管口需用沥青麻丝或建筑密封膏堵死，内墙套管管口可根据实际情况处理，套管的纵向缝隙应焊接。
2. 穿过外墙的套管应向室外倾斜。

序号	名　称	型号及规格	单位	数量	页次	备　注
1	接地线	由工程设计确定	m			
2	方套管	δ=1mm　$L=B+20$	根			或 $L=H+40$
3	圆套管	公称直径见表 $L=H+40$	根			或 $L=B+20$

套管尺寸表

接地干线线规格（mm）	圆套管公称直径（mm）	方套管尺寸（mm）
圆钢＜ϕ10	20	—
扁钢≤25×4	32	（b+10）×15
扁钢≤40×4	50	（b+10）×15

图 1-6-3　接地线穿墙、穿楼板安装

（资料来源：《接地装置安装》14D504）

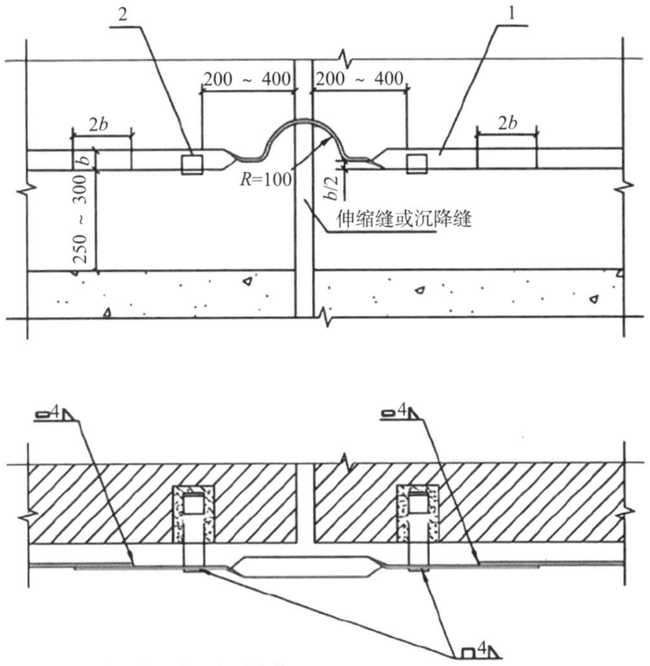

注：圆钢接地线可参照本图安装。

1—接地线；2—固定钩。

图 1-6-4　接地线过建筑伸缩缝、沉降缝安装

（资料来源：《接地装置安装》14D504）

（3）接地线防化学腐蚀主要采用防腐涂层，涂层有金属基的，例如镀锌层、铜覆层；异种金属连接时，如铜覆钢与镀锌扁钢，可采用放热焊接，接头处应涂刷沥青防止电化学腐蚀。

（4）接地线敷设过程中需严格按照规范进行，在转弯处根据不同材料种类，选择最小允许弯曲半径（本标准表 5.3.2），避免破坏电缆绝缘层、导电层。

（5）接地线连接的导体截面应完全包裹在接头内，接头的表面应平滑；被连接的导体接头表面应完全熔合，接头应无贯穿性的气孔。

6.3.2 在雷电防护区的界面处应安装等电位接地端子板，并应符合下列规定：

1 材料规格型号应符合设计要求，并应与接地装置连接；

2 接地端子应做明显标记，接地线沿长度方向应用黄绿相间的条纹进行标记。

【制定依据、目的】

（1）目的是通过设置等电位端子箱，降低建筑物内间接接触电击的接触电压和不同金属部件间的电位差，保障人员及设备安全。

（2）接电端子和接地线应按照国家有关标准规定做明显标记，目的是为清晰地识别接地线路。

国家标准《建筑物电子信息系统防雷技术规范》GB 50343—2012 中要求：“在雷电防护区的界面处应安装等电位接地端子板，材料规格应符合设计要求，并应与接地装置连接”，对等电位端子箱的要求做出了具体规定；国家标准《电气装置安装工程接地装置施工及验收规范》GB 50169—2016 中要求：“明敷接地线，在导体的全长度或区间段及每个连接部位附近的表面，应涂以 15mm ~ 100mm 宽度相等的绿色和黄色相间的条纹标识。”

本条规定是为了通过等电位连接能减小发生雷击时各金属物体、各电气系统保护导体之间的电位差，避免发生因雷电导致的火灾、爆炸、设备损毁及人员伤亡事故。

【技术措施】

（1）等电位接地端子板施工可参考图 1-6-5、图 1-6-6 制订具体的施工方案。

序号	类　型	特　点	示　意
1	保护联结导体连接到联结环形导体（BRC）	联结环形导体优先选用裸或绝缘的铜材，以处处可接近的方式安装，例如：采用电缆托盘、明敷金属导管或电缆槽盒。所有的保护和功能联结导体可连接到联结环形导体。	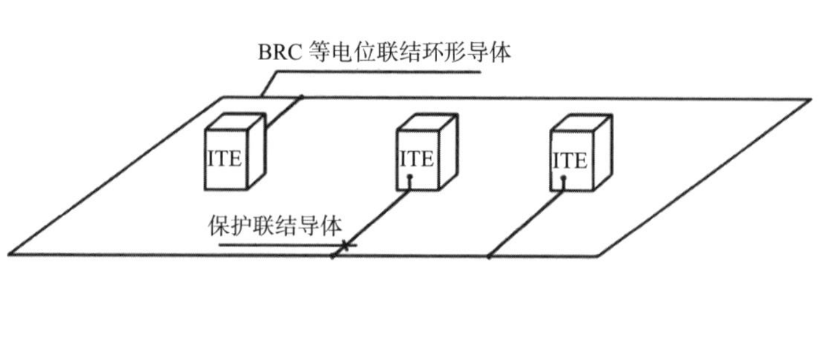

<table>
<tr><td>2</td><td>利用保护接地导体连接的星形网络</td><td>本类型网络适用于使用有限量电子设备的住宅和小型商业建筑，相互之间没有信号电缆连接。</td><td>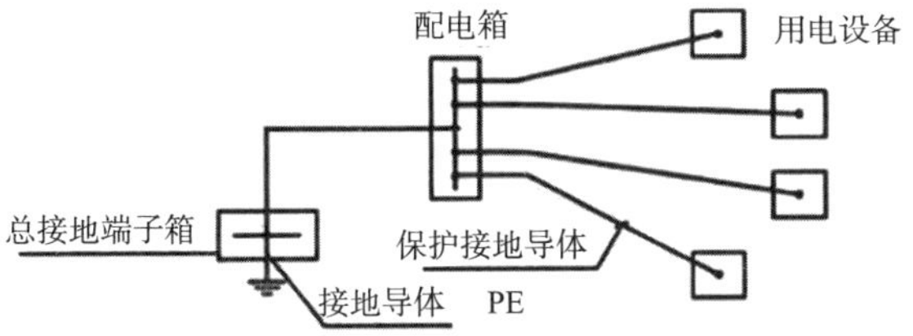
</td></tr>
<tr><td>3</td><td>多个网格等电位联结的星形网络</td><td>有不同的小型组合采用通信设备相连的小型装置，可就地泄放由于电磁干扰产生的电流。</td><td>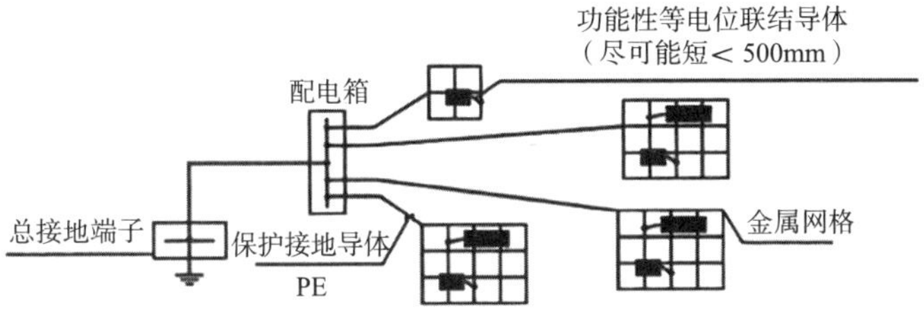
</td></tr>
<tr><td>4</td><td>共用网状联结星形网络</td><td>适用于含有高密度通信设备的装置，例如：中央数据处理系统的网络。网格的大小由被保护装置的尺寸而定，但不应>2m×2m。</td><td>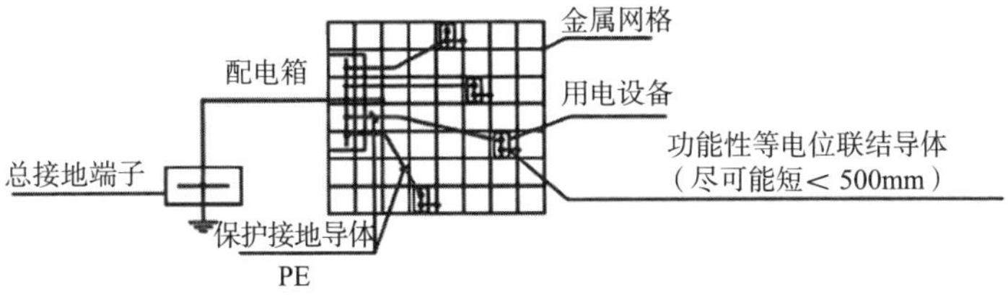
</td></tr>
</table>

注：图中序号 3、4 方案中的金属网格应与本层的结构钢筋连接，金属网格内设置的外露和外界可导电部分应与金属网格相连，宜采用两个不同长度的联结线与网格连接。

图 1-6-5　等电位连接方式

（资料来源：《等电位联结安装》15D502）

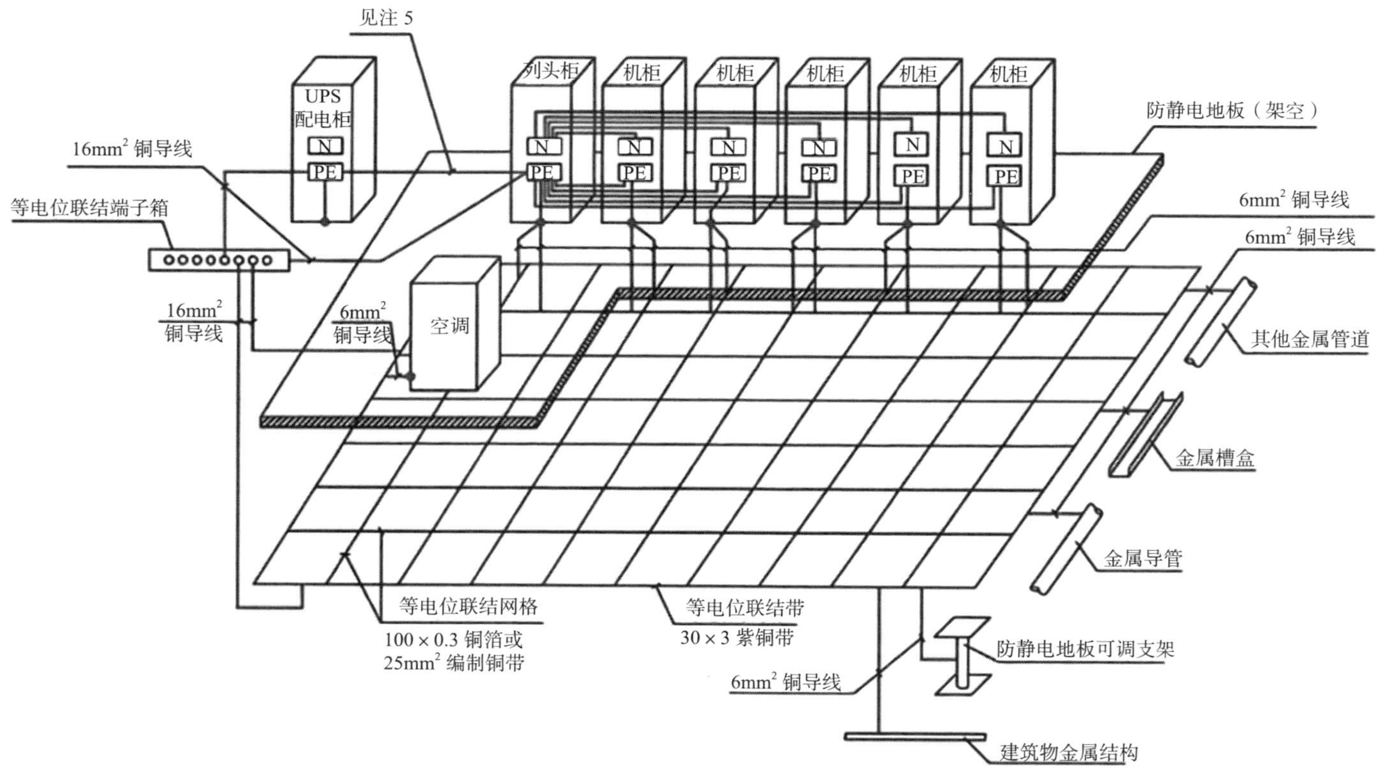

注：1. 本图中等电位联结带就近与等电位联结端子箱、各类金属管道、金属槽盒、建筑物金属结构进行联结。
2. 机柜采用两根不同长度的 6mm² 铜导线与等电位联结网格（或等电位联结带）联结。
3. 本图中的列头柜带隔离变压器。当列头柜不带隔离变压器时，列头柜的 N 线需与 UPS 配电柜的 N 线连接。
4. 从列头柜至机柜的 N、PE 线的截面积与相线相同。
5. 从 UPS 配电柜至列头柜的 PE 线最小截面见右表。

PE 线最小截面

相线芯线截面 S（mm^2）	PE 线最小截面（mm^2）
$S \leq 16$	S
$16 < S \leq 35$	16
$S > 35$	$S/2$

图 1-6-6　等电位连接方式

（资料来源：《等电位联结安装》15D502）

（2）接地端子应做明显标记，在导体的全长度或区间段及每个连接部位附近的表面，应涂以 15mm ~ 100mm 宽度相等的绿色和黄色相间的条纹标识。敷设接地线应便于检查，敷设位置不应妨碍设备的拆卸与检修；支持件间的距离在水平直线部分一般为 1m ~ 1.5m，垂直部分为 1.5m ~ 2m，转弯部分为 0.5m；接地线应按水平或垂直敷设，但亦可与建筑物倾斜结构平行，在直线段上不应有高低起伏及弯等情况；接地线跨越建筑物伸缩缝、沉降缝时，应加设补偿器，补偿器可用接地线本身弯成弧状代替。

6.3.3　每个电气装置的接地应以单独的接地线就近与接地干线或接地网相连接，不得串接。

【制定依据、目的】

本条是参照国家标准《电气装置安装工程接地装置施工及验收规范》GB 50169—2016 中要求："电气装置的接地必须单独与接地母线或接地网相连接，严禁在一条接地线中串接两个及两个以上需要接地的电气装置。"如接地线串联使用，则当其中一处接地线断开时，其后面串接的设备将失去接地，为避免直接危及人的生命安全，会产生重大安全隐患，必须严格执行。

【技术措施】

数据中心机房及设备工程间敷设接地干线，连接至等电位接地端子箱。每个电气装置（如水泵、风机等设备）以单独的接地线就近与接地干线敷设；防静电高架地板的区域，机柜以黄绿双色接地线连接至紫铜带，紫铜带再连接至接地干线后接入等电位端子箱以上所有接地回路均为并联。

6.4　施工验收

6.4.1　验收检测应符合下列规定：

1　接地装置的结构、材质、安装位置、埋设间距及深度应符合设计要求；

【制定依据、目的】

为满足地网接地电阻值要求，设计单位会根据不同地区的地质条件采用适宜的接地。因此验收时，应根据设计要求进行检查验收，以确保接地电阻符合数据中心建设要求；关于接地体材料、安装位置、埋设间距及深度，也需根据设计及规范要求验收。

（1）国家标准《通信局（站）防雷与接地工程设计规范》GB 50689—2011 中接地体要求如下：

1）接地体上端距地面宜不小于 0.7m。在寒冷地区接地体应埋设在冻土层以下。在土壤较薄的石山或碎石多岩等电阻率较高的地区，地网接地电阻值难以满足要求时，可向外延伸辐射型接地体，也可采用液状长效降阻剂、接地棒以及外引接地等方式。

2）垂直接地体宜采用长度不小于 2.5m 的热镀锌钢材、铜材、铜包钢等接地体，也可根据埋设地网的土质及地理情况确定。垂直接地体间距不宜小于 5m，具体数量可根据地网大小、地理环境情况确定。地网四角的连接处应埋设垂直接地体。

3）水平接地体应采用热镀锌扁钢或铜材。水平接地体应与垂直接地体焊接连通。

（2）国家标准《建筑物电子信息系统防雷技术规范》GB 50343—2012 中接地装置要求如下：

1）钢质接地装置宜采用焊接连接，其搭接长度应符合下列规定：

①扁钢与扁钢搭接为扁钢宽度的 2 倍，不少于三面施焊；

②圆钢与圆钢搭接为圆钢直径的 6 倍，双面施焊；

③圆钢与扁钢搭接为圆钢直径的 6 倍，双面施焊；

④扁钢和圆钢与钢管、角钢互相焊接时，除应在接触部位两侧施焊外，还应增加圆钢搭接件；

⑤焊接部位应做防腐处理。

2）铜质接地装置应采用焊接或熔接，钢质和铜质接地装置之间连接应采用熔接或采用搪锡后螺栓连接，连接部位应做防腐处理。

3）接地装置连接应可靠，连接处不应松动、脱焊、接触不良。

4）接地装置施工完工后，测试接地电阻值必须符合设计要求，隐蔽工程部分应有检查验收合格记录。如图 1–6–7 至图 1–6–9 所示。

2　隐蔽工程应随工检查并做好施工记录；

【制定依据、目的】

依据现行国家标准《建筑工程施工质量验收统一标准》GB 50300，建筑工程施

图 1-6-7 焊接长度不应小于其宽度的 2 倍（三面焊）

图 1-6-8 材质、材料规格符合设计要求

图 1-6-9 埋地接地体焊点需做防腐措施

工质量应按下列要求进行验收：

隐蔽工程在隐蔽前应由施工单位通知监理单位进行验收，并应形成验收文件，验收合格后方可继续施工。

防雷接地部分涉及隐蔽工程的主要是接地网埋设，机房内接地环网扁铁的埋设。需检查接地体材料规格，焊接工艺，随工检查过程应保留影像资料，以备查验。如图 1-6-10、图 1-6-11 所示。

图 1-6-10 从环网引出扁铁

图 1-6-11　扁铁的焊接

3　验证电涌保护器的规格型号应符合设计要求，检查电涌保护器安装位置、安装方式应符合技术要求；

【制定依据、目的】

依据现行国家标准《建筑物电子信息系统防雷技术规范》GB 50343 相关部分要求制定。

电涌保护器的规格、型号依据设计要求进行检查，施工验收要求电涌保护器连接导线应平直，其长度不宜大于 0.5m。当电压开关型电涌保护器至限压型电涌保护器之间的线路长度小于 10m、限压型电涌保护器之间的线路长度小于 5m 时，在两级电涌保护器之间应加装退耦装置。当电涌保护器具有能量自动配合功能时，电涌保护器之间的线路长度不受限制。电涌保护器应有过电流保护装置，并宜有劣化显示功能，安装如图 1-6-12 所示。

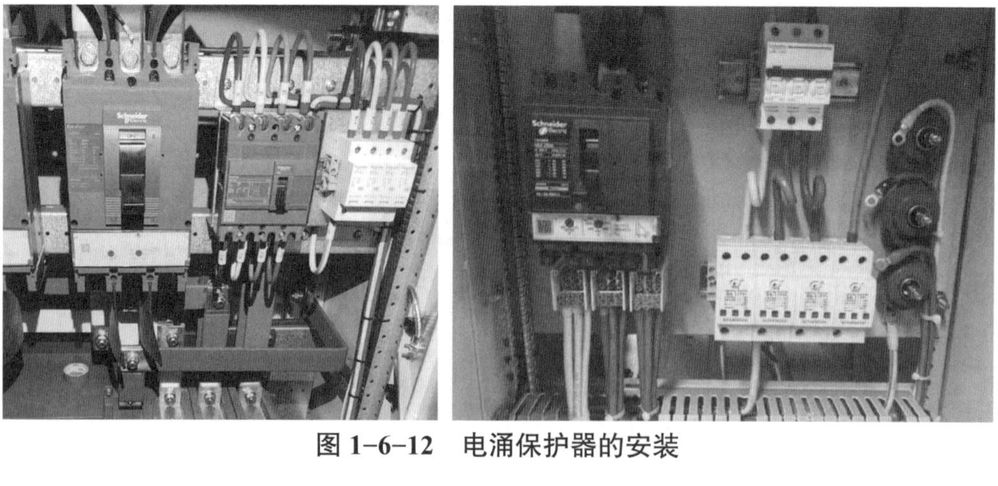

图 1-6-12　电涌保护器的安装

4 接地线的规格型号、敷设方法及其与等电位金属带的连接方法应符合技术要求；

【制定依据、目的】

接地线的规格型号检查依据现行国家标准《建筑物电子信息系统防雷技术规范》GB 50343 中接地线的规定。

接地装置应在不同处采用两根连接导体与室内总等电位接地端子板相连接。

接地装置与室内总等电位连接带的连接导体截面积，铜质接地线不应小于 $50mm^2$，钢质接地线不应小于 $100mm^2$。

等电位接地端子板之间应采用螺栓连接，其连接导线截面积应采用不小于 $16mm^2$ 的多股铜芯导线，穿管敷设。

铜质接地线的连接应焊接或压接，并应保证有可靠的电气接触。钢质接地线连接应采用焊接。

接地线与接地体的连接应采用焊接。保护地线（PE）与接地端子板的连接应可靠，连接处应有防松动或防腐蚀措施。

接地线与金属管道等 自然接地体的连接，应采用焊接。如焊接有困难时，可采用卡箍连接，但应有良好的导电性和防腐措施。

敷设方法依据现行国家标准《建筑物电子信息系统防雷技术规范》GB 50343，接地线在穿越墙壁、楼板和地坪处应套钢管或其他非金属的保护套管，钢管应与接地线做电气连通；接地线的敷设应平直、整齐。

线缆标识依据现行国家标准《通信局（站）防雷与接地工程设计规范》GB 50689，机房内接地排及所有的接地线应用不易脱落、不怕受潮的标签注明接地线名称及接地线两端所连接设备的名称；接地线宜采用黄绿双色电缆，并应绑扎牢固、整齐，且应避免折弯。

5 等电位连接金属带的规格型号、敷设方法应符合技术要求；

【制定依据、目的】

依据现行国家标准《建筑物电子信息系统防雷技术规范》GB 50343 相关部分制定。

钢筋混凝土建筑物宜在电子信息系统机房预埋与房屋结构内主钢筋相连的等电位接地端子板，并应符合下列规定：

（1）机房采用 S 型等电位连接网络时，宜使用截面积不小于 25mm × 3mm 的铜排作为单点连接的接地基准点；

（2）机房采用 M 型等电位连接网络时，宜使用截面积不小于 $25mm^2$ 在或多股铜芯导体在防静电活动地板下做成等电位接地网格。

等电位连接网络的连接宜采用焊接、熔接或压接。连接导体与等电位接地端子板之间应采用螺栓连接，连接处应进行热搪锡处理。

等电位连接导线应使用具有黄绿相间色标的铜质绝缘导线。

对于暗敷的等电位连接线及其连接处，应做隐蔽记录，并在竣工图上注明其实际部位走向。

等电位连接带表面应无毛刺、明显伤痕、残余焊渣，安装应平整端正、连接牢固，绝缘导线的绝缘层无老化龟裂现象。

6 接地装置的接地电阻值应符合设计要求。

【制定依据、目的】

需要接地电阻测试仪实地测量，电阻值应低于设计要求。如图 1-6-13 所示。

图 1-6-13　接地电阻测试仪实地测量

6.4.2 防雷与接地装置验收记录按本标准附录 B 填写，并应在交接验收时提交。

【制定依据、目的】

表格中电涌保护器根据现场已安装的具体情况填写，并与设计要求核对是否相符。接地系统各项检查应附相应的现场检查记录，并能提供影像资料。

6.4.3　施工交接验收应符合本标准第 3.3.2 条的规定。

【制定依据、目的】

验收记录采用建设工程监理现场用表《工程质量报验表》，根据各专业特点，附隐蔽工程质量检验资料、检验批质量检验资料、分项工程质量检验资料。具体表格样式如表 1-6-1 所示。

表 1-6-1　工程质量报验表

工程名称：________________　　　　　　　　编号：B.1.4__ — ________

<table>
<tr><td colspan="4">致：________________（项目监理机构）
我方已完成 ____________________________ 工作，经自检合格，请予以验收。
附件：
☐ 隐蔽工程质量检验资料
☐ 检验批质量检验资料
☐ 分项工程质量检验资料
☐ 测量放线资料

施工项目经理部（章）：__________
项目经理（签字）：__________
____ 年 ___ 月 ___ 日</td></tr>
<tr><td>项目监理机构
签收人姓名及时间</td><td></td><td>施工项目经理部
签收人姓名及时间</td><td></td></tr>
<tr><td colspan="4">验收情况：
收到施工单位报验资料共 ____ 页，该项报验内容系第 ____ 次报验。
附件：☐ 抽查记录

检查人（签字）：__________
____ 年 ___ 月 ___ 日</td></tr>
<tr><td colspan="4">验收意见：
项目监理机构（章）：__________
专业监理工程师（签字）：__________
____ 年 ___ 月 ___ 日</td></tr>
</table>

注：1. 本报验表分为隐蔽工程质量报验（B.1.41）、检验批质量报验（B.1.42）、分项工程质量报验（B.1.43）、测量放线报验（B.1.44）及其他报验（B.1.4）。
2. 本表一式二份，项目监理机构、施工单位各一份。

7 空调系统

7.1 一般规定

7.1.1 数据中心空调系统施工及验收应包括空调系统设备安装、风管与部件制作与安装、系统调试及验收。

【制定依据、目的】

数据中心空调系统为数据中心正常运行提供稳定的温湿度保障。空调系统设计应符合现行国家标准《数据中心设计规范》GB 50174 中的要求。对于数据中心空调系统施工及验收的设备安装、风管与部件制作还应执行现行国家标准《通风与空调工程施工规范》GB 50738、《通风与空调工程施工质量验收规范》GB 50243。

本条规定的目的是为针对数据中心特殊的空调系统形式，其施工及验收应包含其空调风系统相关的全部内容，并应贯彻施工的全过程直至验收交付。

7.1.2 空调系统的施工及验收，除应执行本标准外，尚应符合现行国家标准《通风与空调工程施工规范》GB 50738 与《通风与空调工程施工质量验收规范》GB 50243 的有关规定。

【制定依据、目的】

数据中心空调系统施工及验收涉及较多的工程技术和设备，本标准不可能包括全部的技术要求及质量验收规定。为满足和完善工程的验收标准，除应执行本标准的规定外，尚应符合现行国家标准《通风与空调工程施工规范》GB 50738 和《通风与空调工程施工质量验收规范》GB 50243 的规定。

7.1.3 空调系统的管道、设备、部件及管道的标识制作与安装应符合设计要求。

【制定依据、目的】

本条规定了空调系统管道、设备、部件及标识的制作与安装的前提条件，其技术参数应符合设计要求。依据《建设工程质量管理条例》第十一条、第二十八条规定，施工图设计文件必须经过审查批准才能使用，以及施工单位必须按照图纸文件和施工技术标准施工。施工单位需按照相应的设计文件执行，才能实现特定功能，达到数据中心环境要求。

7.2 空调设备安装

7.2.1 空调设备安装前，应根据设计要求及设备技术文件要求，完成空调设备基座的制作与安装。

【制定依据、目的】

基座主要特指除混凝土基础以外的金属或非金属的基础，如槽钢基础、成品型钢支座、支架基础等。国家标准《通风与空调工程施工质量验收规范》GB 50243—2016中规定："设备就位前应对其基础进行验收，合格后再安装。"近几年数据中心空调设备发展迅速，形式多样，部署越来越灵活，散热要求也越来越高。空调设备基础的作用已不仅仅局限于隔振、防腐、满足排水高度等基本需求，更要满足设备本身或气流组织的需要。如精密空调下送风时风机下沉设计等，设备基础除起到固定设备的作用外，还需同时满足风机下沉及下送风气流组织的空间要求。

【技术措施】

空调设备基座一般为混凝土基础或型钢基础，如槽钢基础、成品型钢支座等。各类设备安装前，应根据设备参数，设备型号、规格、外形尺寸、设备定位等对设备基础进行检验复核。基础的位置、几何尺寸应符合现行国家标准《混凝土结构工程施工质量验收规范》GB 50204的规定，并有验收资料或记录。设备安装前，按照规范允许偏差对设备基础位置和几何尺寸进行复检。精密空调风机下沉设计，空调设备基座的制作与安装应按照空调厂家要求执行，且为满足风机下沉及下送风气流组织的空间要求，架空地板净高应大于400mm，并宜增设导流板优化机房气流组织。

7.2.2 空调设备安装时，在机组与基座之间应采取降噪、减振措施，并应固定牢靠。

【制定依据、目的】

现行国家标准《通风与空调工程施工规范》GB 50738及《通风与空调工程施工

质量验收规范》GB 50243 等主要暖通施工规范中都将空调设备安装作为验收质量主控项，其中对设备的基础提出安装前应验收，平整度达到规定要求，固定设备应紧固、防松动，并按设计设置降噪及减振措施，目的都是保证稳定、安全地运行。

通常大型空调设备需要安装在混凝土基础上，安装前的基础验收可以保证空调设备安装的质量。空调设备设有减振台座落地安装时，由于运行振动可能造成位移，为衰减机组振动，规定应采取防止设备水平位移的措施。悬挂安装的风机运行时会产生持续振动，若处理不当可能因金属疲劳而断裂，进而引发事故，因此规定应符合设计要求。

【技术措施】

设备落地安装时，通常在设备与基座之间垫一层隔振材料，隔振材料可以选用橡胶板、弹簧垫、减振器等，其厚度与弹性应根据室内机组的重量与振动特性选定。宜采用减振弹簧与橡胶减振垫相结合的方式，有效隔离高、低频的振动和噪声的传递，避免因振动和噪声的传递而影响机组运行及周围环境，保护及延长设备使用寿命。

风机、空调器等设备重量超过 1.8kN 采用吊装安装方式时，应设置抗震支吊架。吊装在楼板下的风机等设备，应设减振支吊架。阀门应可靠固定在规定的位置，并应设有独立的吊装支架，防止火灾发生时因风管变形而影响阀门的性能。所有风管和水管支架应设计减振支吊架，穿墙处补充消声材料。

应重视从传播途径上降低噪声和噪声接受点防护，如冷水机组外沿安装一圈隔声围护，隔声间周围加装进风消声器、顶部加装排风消声器，AHU（空气处理机组）百叶口处安装片式消声器等。

7.2.3 空调设备的安装位置应符合设计要求，并应满足冷却风循环空间要求。

【制定依据、目的】

空调设备的安装位置贯穿数据中心设计到运行寿命终止，工程安装时应对安装位置进行复核。设备的安装位置需要考虑因素极多，包括数据中心本身建筑条件，数据中心所处地域气候条件，数据中心散热气流组织形式，空调设备的运输路线，设备的维护、清洗、更换等，这些因素都会对空调的方案选择产生较大影响。如选用风冷机组，应考虑室外机的安装位置；选用水冷冷水机组，应考虑冷却塔的安装位置。设备的安装位置还影响数据中心散热气流组织，气流组织形式会根据设备对空调系统的要求，结合建筑安装条件综合考虑。

现行国家标准《数据中心设计规范》GB 50174中推荐了主机房常用的气流组织形式、送回风口的形式以及相应的送回风温差。其中气流组织选用的原则是：有利于电子信息设备的散热、建筑条件能够满足设备安装要求。国家标准《数据中心设计规范》GB 50174—2017中规定："空调设备的空气过滤器和加湿器应便于清洗和更换，设计时应为空调设备预留维修空间。"对设备安装提出维修空间、清洗及更换的要求。

【技术措施】

电子信息设备的冷却方式有风冷、水冷等，风冷有上部进风、下部进风、前进风后排风，机柜间采用封闭通道的气流组织方式等。气流组织形式应根据设备对空调系统的要求，结合建筑条件综合考虑，同时采用CFD（计算流体动力学）气流模拟方法对主机房气流组织进行验证，事先发现问题，减少局部热点的发生，保证气流组织效果。

7.2.4 分体式空调机，连接室内机组与室外机组的气管和液管，应按设备技术要求进行安装。气管与液管为硬紫铜管时，应按设计位置安装存油弯和防振管。

【制定依据、目的】

数据中心分体式空调常见于风冷直膨空调、多联式空调等，是通过控制冷媒流通量并通过冷媒的直接蒸发或直接凝缩来实现制冷或制热的空调系统。室外机安装高度高于室内机组时（室内机内置压缩机），为防止压缩机停机时机油经排气管道返回压缩机，避免压缩机再次启动时发生油液冲缸事故，要求设置存油弯。同样，液体管道设反向存油弯以防止停机时制冷剂倒流。存油弯安装的数量与距离在产品说明书中都有规定。

数据中心风冷直膨空调压缩机电机启动停止时力矩使压缩机向两侧摇摆，长时间运行会导致管道振动破裂或有裂缝。应在压缩机吸、排气管上安装柔性金属软管（防振管），来防止压缩机在通过制冷剂管路传导的振动和噪声。

【技术措施】

分体式空调设备选用要考虑系统负担的距离及高差、室内外机高差、最高室内机与最低室内机的高度差、最远室内机与最近室内机的管长差、温度修正、连接率修正、室外机的布置等。室内机与室外机管道距离应小于30m，在热气管上每相隔4m处应安装存油弯。向上的高度超过25m时，热气管的低位应加装油分离器及存油弯。

安装防振管时，要呈直线安装，避免安装前、安装后受静态拉抻或挤压，并应尽可能靠近压缩机，并与曲轴平衡。当管路直径小于 12mm 时，应在管道中安装避振环。

7.2.5 专用空调机组安装应符合下列规定：

1 采用下送风时，送风口与底座、地板或隔墙接缝处应采取密封措施；

2 与冷却水、冷冻水管道连接处应采取防漏、防结露和保温措施；

3 蒸发冷却空调进风口、排风口应配防护网。

【制定依据、目的】

（1）数据中心采用下送风时，通过架空地板把冷风送至机柜内部。带走服务器设备热量后，热气流从机柜后部或者上部排出，回到空调。送风口应与底座、地板或隔墙接缝处应采取密封措施，防止随着冷风泄漏率的提高，导致冷风与热风掺混，降低空调冷量利用率，并进一步导致空调送回风温差降低，送风量增加，空调能效降低，空调能耗增加等问题。

（2）数据中心空调水系统全年运行，水系统管道因真菌繁殖、电极或氧化反应、碳酸盐沉淀物等，会不同程度造成管道锈蚀、氧化、漏水、结垢等问题，并继而引发空调系统换热设备、动力设备故障。因此，数据中心空调设备与冷却水、冷冻水管道连接处应做好防漏、防结露和保温措施，设备、管道的绝热设计应符合现行国家标准《民用建筑供暖通风与空气调节设计规范》GB 50736 的有关规定。

（3）间接蒸发冷却空调机组由喷淋装置、换热芯体、室内风机、室外风机、机械制冷补充装置、控制系统等组成。间接蒸发冷却空调机组喷淋水水质要求高，水处理成本高。蒸发冷却空调直通大气的进排风口应安装防雨防虫网，避免室外环境对机组运行的影响。

【技术措施】

数据中心采用下送风时，送风口与底座、地板或隔墙接缝处应采取密封措施。

架空地板支撑方式一般采用四周支撑式，活动地板与墙体接缝处采用橡胶垫密封，以防止漏风。

数据中心空调机组与冷却水、冷冻水管道连接处应采取防漏、防结露和保温措施，水系统管材应选用优质的无缝钢管及管件，并采用二次镀锌。水管路所有接口和支撑的部位应采用专用胶水粘接，以保证密封，防止跑冷出现结露现象。

保温施工前应确认管套规格是否与保温管相符，避免出现偏大或偏小现象。保冷、保温材料的主要技术性能应按现行国家标准《设备及管道绝热设计导则》GB/T 8175 的要求确定；优先采用导热系数小、湿阻因子大、吸水率低、密度小、综合经济效益高的材料；保冷、保温材料为不燃或难燃材料。

蒸发冷却空调进风口、排风口连接的风管及配件应有单独的支吊架，直通大气的进风口安装防护雨罩，安装在外墙上的轴流通风机及排风口均应在墙外侧安装防雨防鸟罩。空调送风口应采用低温防结露型。

7.2.6 组合式空调机组、设备与风管的连接处宜采用柔性连接，并应采取加固与保温措施。

【制定依据、目的】

国家标准《通风与空调工程施工规范》GB 50738—2011 中规定："柔性软管应采用防腐、防潮、不透气、不易霉变的材料，用于空调系统时，应采取防止结露的措施，外保温软管应包覆防潮层"，柔性软管应满足空调系统保温要求；该规范还规定："风机盘管、变风量空调末端装置与进、出风管连接时，均应设置柔性短管"。

空调设备启动及运行时振动强烈，柔性软管可用于补偿振动位移和安装偏差，起到隔振及降低噪声的作用，柔性软管不可替代管道温差补偿器。

【技术措施】

柔性软管应采用防腐、防潮、不透气、不易霉变的材料，应采取防止结露的措施，保温软管应包覆防潮层，柔性软管应满足空调系统保温要求。

7.3 风管、风管部件制作与安装

7.3.1 空调系统风管部件应包含风阀、风罩、风口、过滤器、消声器等部件。

【制定依据、目的】

空调系统广泛应用于数据中心，用于消除室内负荷，维持数据中心的设计温湿度要求。空调系统风管部件应包含风阀、风罩、风口、过滤器、消声器等部件：风阀用于调节风量平衡，从而满足设计风量要求；风罩、过滤器等部件可隔绝、过滤污染物，维持数据中心清洁的环境；消声器能减少噪声。因此，相关规范对数据中心空调系统风管的部件进行了规定。

【技术措施】

风阀包含手动风阀、电动风阀、防火阀等。手动调节阀应以顺时针方向转动为关闭，调节开度指示应与叶片开度相一致；叶片的搭接应贴合整齐，叶片与阀体的间隙应小于 2mm。安装时注意风阀的气流方向，应按风阀外壳标注的方向安装，不得装反。

风罩、风口制作时，应根据其形式和使用要求，按施工图进行制作。风口应特别注意区分颈部尺寸和面部尺寸；结构应牢固，形状应规则，外表装饰面应平整；各部位的颜色应一致，不应有明显的划伤和压痕。

应根据使用功能要求选用过滤器。过滤器的规格、形式及材质应符合设计要求；过滤器的过滤速度、过滤效率、阻力和容尘量等应符合设计及产品技术文件要求；框架与过滤材料应连接紧密、牢固，并应注意气流方向。在安装空气过滤器前，不要打开包装袋或包装膜，以免造成设备出现损坏，并按包装箱上标注的方向存放。在搬运过程中，要做到轻拿轻放，避免因为剧烈的震动和碰撞，使空气过滤器出现损伤。

消声器的制作应符合下列规定：

（1）所选用的材料，应符合设计的规定，如防火、防腐、防潮和卫生性能等要求。

（2）外壳应牢固、严密，其漏风量应符合相关规范的规定。

（3）充填的消声材料，应按规定的密度均匀铺设，并应有防止下沉的措施。消声材料的覆面层不得破损，搭接应顺气流；且应拉紧，界面无毛边。

（4）隔板与壁板结合处应紧贴、严密；穿孔板应平整、无毛刺；孔径和穿孔率应符合设计要求。检查数量可按批抽查 10%，不得少于 1 个。检查方法采用尺量、观察检查，并核对材料合格的证明文件。

7.3.2 镀锌钢板制作风管应符合下列规定：

1 表面应平整，不应有氧化，腐蚀等现象。加工风管时，镀锌层损坏处应涂两遍防锈漆；

2 风管接缝宜采用咬口方式。板材拼接咬口缝应错开，不得有十字拼接缝；

3 风管内表面应平整光滑，在风管安装前应对内表面进行清洁处理；

4 对于用角钢法兰连接的风管，风管与法兰的连接应严密，法兰密封垫应选用不透气、不起尘、具有一定弹性的材料，紧固法兰时不得损坏密封垫；

5 风管法兰制作应符合设计要求，并应按现行国家标准《通风与空调工程施工质量验收规范》GB 50243 的有关规定执行。

【制定依据、目的】

由于目前数据中心大多数选用镀锌钢板制作空调风管，因此针对镀锌风管制作过程中需要注意的问题进行规定，以保证工程安装质量。此外，镀锌钢板风管的材料品种、规格、性能与厚度等应符合设计和现行国家产品标准的规定。

【技术措施】

镀锌风管加工过程中镀锌层有可能遭到损坏、产生锈蚀，因此，应在损坏处涂两遍防锈漆。目前用得较多的有锌黄环氧底漆和红丹调和漆。

风管板材采用咬口连接时，咬口的形式有单咬口、联合角咬口、转角咬口、按扣式咬口和立咬口。其中，单咬口、联合角咬口、转角咬口适用于微压、低压、中压及高压系统；按扣式咬口适用于微压、低压及中压系统。

板材拼接咬口缝应错开，不得有十字排接缝，矩形风管边长小于或等于 900mm 时底板不得采用拼接；大于 900mm 的矩形风管，不得采用横向拼接。

空调风管的制作要在相对封闭环境内加工进行，室内不产尘，不积尘，无扬尘；地面清扫干净，地面铺上橡胶板，保持室内干净无尘无污染；制作用的工机具用清洗剂等擦拭干净后再搬入室内；铆合用的工机具经过擦拭，无油污，灰尘，再行加工。

风管安装前，应清除内、外杂物，并做好清洁和保护工作；制作好的风管用塑料布予以封口。安装完毕后的风管必须将末端进行封闭，防止灰尘等进入风管内部。如因为安装过程中造成的风管局部有污渍，用半干抹布进行擦拭；如果有油渍，用抹布加酒精进行擦拭。

角钢法兰连接的风管，风管与法兰的连接应严密。法兰垫料应采用不产尘、不易老化，且具有强度和弹性的材料，厚度应为 3mm ~ 5mm，可采用橡胶板、闭孔海绵橡胶板、密封胶带或其他闭孔弹性材料，不得采用乳胶海绵。法兰垫片不应凸入风管内壁，也不应凸出法兰外。

风管法兰制作应符合设计要求，并应按现行国家标准《通风与空调工程施工质量验收规范》GB 50243 的有关规定执行。

7.3.3 当矩形风管符合下列情况之一时应采取加固措施：

1 无保温层的长边边长大于 630mm；

2 有保温层的长边边长大于 800mm，管段长度大于 1 250mm；

3 低压风管单边平面面积大于 $12m^2$，中、高压风管大于 $1.02m^2$。

【制定依据、目的】

大口径风管在送风、回风时，由于气流的湍流特性，容易引起风管振动，产生噪声，风压较大时，甚至会导致风管变形。

为减少振动及噪声，保证通风系统稳定安全运行，应当对大口径风管进行加固。外部包裹保温层可增强风管的抗振性能，因此对有保温层风管的加固要求有所放宽。

风管加固的主要目的是提高其相对强度和控制其表面的平整度。

【技术措施】

（1）风管可采用管内或管外加固件、管壁压制加强筋等形式进行加固（见图 1-7-1）。矩形风管加固件宜采用角钢、轻钢型材或钢板折叠，圆形风管加固件宜采用角钢。

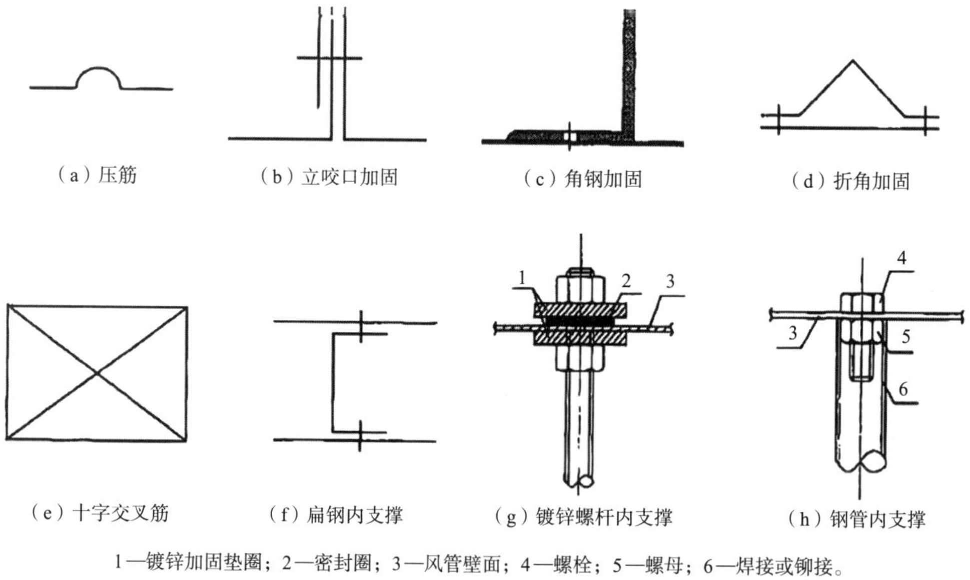

（a）压筋　（b）立咬口加固　（c）角钢加固　（d）折角加固

（e）十字交叉筋　（f）扁钢内支撑　（g）镀锌螺杆内支撑　（h）钢管内支撑

1—镀锌加固垫圈；2—密封圈；3—风管壁面；4—螺栓；5—螺母；6—焊接或铆接。

图 1-7-1　风管加固方式

（2）矩形风管边长大于或等于630mm、保温风管边长大于或等于800mm，其管段长度大于1 250mm或低压风管单边面积大于$1.2m^2$，中、高压风管单边面积大于$1.0m^2$时，均应采取加固措施。边长小于或等于800mm的风管宜采用压筋加固。边长为400mm ~ 630mm，长度小于1 000mm的风管也可采用压制十字交叉筋的方式加固。

（3）圆形风管（不包括螺旋风管）直径大于或等于800mm，且其管段长度大于1 250mm或总表面积大于$4m^2$时，均应采取加固措施。

（4）中、高压风管的管段长度大于1 250mm时，应采用加固框的形式加固。高压系统风管的单咬口缝应有防止咬口缝胀裂的加固措施。

（5）洁净空调系统的风管不应采用内加固措施或加固筋，风管内部的加固点或法兰铆接点周围应采用密封胶进行密封。

（6）风管加固应排列整齐，间隔应均匀对称，与风管的连接应牢固，铆接间距不应大于220mm。风管压筋加固间距不应大于300mm，靠近法兰端面的压筋与法兰间距不应大于200mm；风管管壁压筋的凸出部分应在风管外表面。

（7）风管采用镀锌螺杆内支撑时，镀锌加固垫圈应置于管壁内外两侧。正压时密封圈置于风管外侧，负压时密封圈置于风管内侧，风管四个壁面均加固时，两根支撑杆交叉成十字状。采用钢管内支撑时，可在钢管两端设置内螺母。

7.3.4 金属法兰的焊缝应严密、熔合良好、无虚焊。法兰平面度的允许偏差应为±2mm，孔距应一致，并应具有互换性。

【制定依据、目的】

平面度体现了法兰密封面的平整程度，平面度偏差低的法兰在密封垫圈作用下，密封性能更佳。本条规定了金属法兰焊接制作的要求及风管与法兰连接时的技术要求，以保证风管连接处的结构强度与密封性能，同一批法兰孔距一致保障了金属法兰的通用性和互换性。

【技术措施】

风管法兰的焊接应熔合良好、饱满，无假焊和孔洞；成形法兰内边尺寸允许偏差为1mm ~ 3mm，平面度允许偏差为 ± 2mm，对角线之差小于3mm；同一批量加工的相同规格法兰的螺孔排列应一致，并具有互换性。角钢放在焊接平台上进行焊接及组对，焊接时按各规格模具卡紧压平；焊接完成后，在台钻上钻螺栓孔，螺栓孔均匀分布。

7.3.5 风管与法兰的铆接应牢固，不得脱铆和漏铆。风管管口处翻边应平整、紧贴法兰，宽度不应小于 6mm，法兰四角处的咬缝不得开裂和有孔洞。

【制定依据、目的】

保障铆接的牢固性与风管口处翻边的平整性能确保风管整体的密封性能。本条规定了法兰焊接制作的要求及风管与法兰连接时的技术要求，以保证风管连接处的牢固和密封，减少风管的漏风。

【技术措施】

当风管与法兰采用铆接时，铆接要牢固，翻边应平整、紧贴法兰，其宽度应一致，咬口重叠处，翻边时应将凸出部分铲平。矩形风管翻边四角不应出现豁口或开裂，否则要用锡焊或涂以密封胶，以免漏风。微压、低压与中压系统风管法兰的螺栓及铆钉孔的孔距不得大于 150mm；高压系统风管不得大于 100mm。

7.3.6 风管支架、吊架在安装前应进行防锈处理，其明装部分应增涂一遍面漆。

【制定依据、目的】

本条对管道连支架、吊架的防腐措施提出技术要求。

油漆可分为底漆和面漆。底漆以附着和防锈蚀的性能为主，面漆以保护底漆、增加抗老化性能和调节表面色泽为主。非隐蔽明装部分的支、吊架，如不刷面漆会使防腐底漆很快老化失效，且不美观。

【技术措施】

为提高防腐涂料的使用安全，保障工程质量，油漆施工时，应采取防火、防冻、防雨等措施。因为大部分油漆在 5℃以下低温时黏度增大，喷涂不易进行，造成厚薄不匀、不易干燥等缺陷，影响防腐效果。如果在相对湿度大于 85% 的潮湿环境下进行防腐施工，由于金属表面聚集了一定量的水汽，易使涂膜附着能力降低和产生气孔等。

支、吊架制作与安装的成品保护措施应包括下列内容：

1）支、吊架制作完成后，应用钢刷、砂布进行除锈，并应清除表面污物，再进行漆处理；

2）支、吊架明装时，应涂面漆；

3）管道成品支、吊架应分类单独存放，做好标识。

7.3.7 固定风管时，不宜在风管连接处、风阀安装处及传感器的安装点设置固定支架。

【制定依据、目的】

风管连接处与固定支架的碰撞与接触容易降低连接处的牢固性，引起风管变形，支架与风阀、传感器的距离过近会影响阀门、自控机构的正常运行。

【技术措施】

支、吊架的设置不应影响阀门、自控机构的正常动作，且不应设置在风口、检查门处，离风口和分支管的距离不宜小于200mm。支、吊架距风管末端不应大于1 000mm，距水平弯头的起弯点间距不应大于500mm，设在支管上的支吊架距干管不应大于1 200mm。不锈钢板、铝板风管与碳素钢支、吊架的接触处，应采取防电化学腐蚀措施。支架的安装和受力部件必须符合设计或有关标准的规定。支架应牢固紧密地固定在墙、柱子或其他结构物上，支架安装应水平，吊架的吊杆应垂直于管子。支吊架排列整齐。

7.3.8 风管及相关部件安装应牢固可靠，安装完成后应进行相关工序检验。

【制定依据、目的】

本条规定了风管及相关部件的安装要求。当前数据中心的通风系统、空调系统及防排烟系统均使用大量的风管。风管安装部位多、服务范围广，若安装不牢固不仅会造成意外的安全事故引起人员伤亡，还会影响数据中心的运行，造成不同程度的经济损失。

本条明确了数据中心各种通风、空调及防排烟管道及相关部件的安装要求。安装完成后，需对相关工序进行检验，这是施工过程控制的重要环节，以确保安装牢固可靠。

数据中心通风与空调系统的施工及验收，除应执行本标准外，尚应符合现行国家标准《通风与空调工程施工规范》GB 50738与《通风与空调工程施工质量验收规范》GB 50243的有关规定。

【技术措施】

批量制作风管前，应对风管制作工艺进行检测；风管系统安装完成后，应对安装后的主、干风管分段进行严密性试验并做试验记录；风管阀门及配件等应安装规范，风管支吊架设置符合要求。

7.3.9 防火阀、风口、过滤器、消声器应按设计位置安装，并应安装可靠，过滤器应便于更换。

【制定依据、目的】

本条规定了风管附件的安装应按设计图纸要求。通风、空调及防排烟系统在数据中心中扮演着至关重要的角色。

（1）防火阀的主要作用是阻止火灾烟气和火焰的蔓延，在保护建筑物和人员安全方面起着至关重要的作用。防火阀的安装位置相关标准明确规定，应严格按图纸位置施工，否则将影响防火阀功能的有效性。

（2）通风空调系统有助于维持数据中心的温度、湿度在其工作要求范围内，风口的位置对于数据机房内的气流组织起着十分重要的作用，对于机房的温度、湿度符合要求意义重大。风口位置的不同，会对气流组织有很大影响，若不按图纸位置施工，数据机房很有可能达不到设计要求。

（3）过滤器能够最大限度地减少灰尘对数据中心的影响。机房内部如果灰尘过多，可能会导致静电放电，从而损坏元器件。通过过滤净化处理，通风空调系统可以确保输送到数据中心内部的空气洁净新鲜，不带有任何可能引发静电的杂质。过滤器需要经常维护清理，位置应便于更换，以方便运维。

（4）消声器主要消除声源和周围环境的噪声干扰，减弱噪声对环境的污染，改善室内声环境。消声器的安装位置对于消声效果影响很大，设计时消声器的位置和消声效果都经计算确定，施工单位不可随意调整其位置，以免达不到设计效果。

【技术措施】

防火阀、风口、过滤器、消声器的施工及验收，除应执行本标准外，尚应符合现行国家标准《通风与空调工程施工规范》GB 50738 与《通风与空调工程施工质量验收规范》GB 50243 的有关规定。

在施工中应进行过程控制，应有分项质量检验记录表。

7.3.10 防火阀应符合现行国家标准《建筑通风和排烟系统用防火阀门》GB 15930 的有关规定。防火阀应有产品合格证。

【制定依据、目的】

防火阀与排烟阀是适用于建筑工程中的救生系统，直接涉及人民生命财产安全，其质量必须符合消防产品的规定。现行国家标准《建筑通风和排烟系统用防火阀门》GB 15930 规定了建筑通风、空气调节和排烟系统用防火阀、排烟防火阀、排烟阀等防火与排烟装置的定义、材料、分类、配件、外观与公差、技术要求、试验方法、检验规则、标志、包装、运输和储存等，是国家强制性规范及认证标准。

产品合格证是指生产者为表明出厂的产品经质量检验合格，附于产品或者产品包装上的合格证书、合格标签或者合格印章。这是生产者对其产品质量做出的明示保证，也是法律规定生产者所承担的一项产品标识义务。

【技术措施】

防火阀的施工及验收，除应执行本标准外，尚应符合现行国家标准《通风与空调工程施工规范》GB 50738 与《通风与空调工程施工质量验收规范》GB 50243 的有关规定。

防火阀安装前应一一验证是否具有产品合格证，确认产品合格证真实有效后方可安装，并应做好验证记录。

7.3.11 防火阀安装应牢固可靠，启闭灵活，关闭严密。阀门驱动装置动作应正确，可靠。

【制定依据、目的】

防火阀主要作用是在火灾中防止火势蔓延，是建筑工程中的救生系统重要部件，直接涉及人民生命财产安全。本条规定了防火阀的安装要求，其安装及质量必须符合相关规定。根据实际状况，实际使用中需重视其灵活度、强度与密闭性能的质量验收，以保证排烟系统的正常运行。

防火阀执行器分为手动和电动。安装前应检验阀门驱动装置动作是否正确可靠，防止使用时出现故障的可能。

【技术措施】

防火阀、排烟防火阀的制作应符合现行国家标准《建筑通风和排烟系统用防火阀门》GB 15930 的有关规定，并应具有相应的产品合格证明文件。防火阀进行灵活度、强度与密闭性能的进场验收，安装前应进行模拟动作检查。防火阀或排烟阀能按照产品说明书的要求进行相应动作即可。对易熔片等一旦动作即需更换的零件，不要求进行破坏性检查。

7.3.12 手动调节阀的安装应牢固可靠、启闭灵活、调节方便。

【制定依据、目的】

本条规定了手动调节阀的安装要求。风管手动调节阀能够有效地调节和控制通风系统中的空气流量，水管手动调节阀能够有效地调节和控制管道中流体的流量，确保通风空调系统及水系统的正常运行，同时提供舒适的环境，对于通风、空调系统的正常运行起着极其重要的作用。

现行国家标准《通风与空调工程施工质量验收规范》GB 50243 中对手动风阀、通风止回阀、三通调节风阀、插板风阀、定风量风阀等的严密性、灵活性、防锈、精度、尺寸偏差做出明确规定。

现行国家标准《通风与空调工程施工质量验收规范》GB 50243 中对空调水系统阀门的安装进行了要求，以便于系统使用、调试验收。

【技术措施】

手动调节阀的制作应符合现行国家标准的有关规定，并应具有相应的产品合格证明文件。手动调节阀进行灵活度、强度与密闭性能的进场验收，安装前应进行模拟动作检查。

在施工中应进行过程控制，分项检验记录表中应包括本条检查项目。

7.3.13 电动调节阀应能在全程范围内自由调节，且安装牢固。电动阀执行器动作应准确可靠、调节灵活。

【制定依据、目的】

本条规定了电动调节阀的安装要求。电动调节阀可根据各系统的控制逻辑及时对系统流量及风量进行调整，保证空调系统的高效运行，其调节范围内不应有障碍物。现行国家标准《通风与空调工程施工质量验收规范》GB 50243 中对各种电动阀的开度指示、转动方向、电动执行装置的要求做出明确规定。

【技术措施】

电动调节阀的制作应符合现行国家标准的有关规定，并应具有相应的产品合格证明文件。电动调节阀进行灵活度、强度与密闭性能的进场验收，安装前应进行模拟动作检查。

在施工中应进行过程控制，分项检验记录表中应包括本条检查项目。

7.3.14 新风口、排风口应安装防护装置。

【制定依据、目的】

本条规定了外墙风口的防护要求。新风口、排风口通常连通着通风设备，安装防护装置可防止杂物、小动物等进入空调通风系统损坏空调通风设备，并防止不法分子通过风口进入室内对室内设备及人员造成威胁。

国家标准《通风与空调工程施工质量验收规范》GB 50243—2016 中规定：“通风机传动装置的外露部位以及直通大气的进、出风口，必须装设防护罩、防护网或采取其他安全防护措施。”

【技术措施】

直通大气的进、出风口，应装设金属防护罩、金属防护网或采取其他安全防护措施。

7.3.15 保温应在风管检验合格后进行，并应符合设计要求。

【制定依据、目的】

本条规定了风管与部件及空调设备绝热工程施工的前提条件，需在风管系统各项严密性、支吊架等检验合格后进行。

国家标准《通风与空调工程施工质量验收规范》GB 50243—2016 中规定，空调设备、风管及其部件的绝热工程施工应在系统强度和严密性检验合格和防腐处理结束后进行。空调设备、风管及其部件的系统强度和严密性检验合格和防腐处理是管道绝热施工的前提条件和前置工序，只有前道工序完成合格后才能进行。

风管绝热材料的厚度，应严格按照设计图纸进行施工，并应满足保温材料的产品标准。

【技术措施】

保温安装应符合工序要求，严格执行设计及施工国家标准，安装过程中检查保温安装质量。

在施工中应进行过程控制，分项检验记录表中应包括本条检查项目。

7.4 空调系统调试

7.4.1 风管安装完成后，应根据风管的设计压力进行漏风量测试，并做相应记录，并应符合现行国家标准《通风与空调工程施工质量验收规范》GB 50243 的有关规定。

【制定依据、目的】

国家标准《通风与空调工程施工质量验收规范》GB 50243—2016 中规定，风管系统安装完毕后，应按系统类别要求进行施工质量外观检验。合格后应进行风管系统的严密性检验，漏风量应符合设计要求和国家标准《通风与空调工程施工质量验收规范》GB 50243 中的规定。

风管系统由于结构的原因，少量漏风是正常的，但若漏风量超标，则会影响整个系统功能的实现，造成能源严重浪费。因此空调系统调试前应先对系统进行渗漏检查。常规的做法是对系统进行保压，其试验标准参考现行国家标准《通风与空调工程施工质量验收规范》GB 50243 的有关规定。

【技术措施】

风管严密性试验采用测试漏风量的方法，应在设计工作压力下进行。漏风量测试可按下列要求进行：

（1）风管组两端的风管端头应封堵严密，并应在一端留有两个测量接口，分别用于连接漏风量测试装置及管内静压测量仪。

（2）将测试风管组置于测试支架上，使风管处于安装状态，并安装测试仪表和漏风量测试装置。

（3）接通电源、启动风机，调整漏风量测试装置节流器或变频调速器，向测试风管组内注入风量，缓慢升压，使被测风管压力示值控制在要求测试的压力点上，并基本保持稳定，记录漏风量测试装置进口流量测试管的压力或孔板流量测试管的压差。

（4）记录测试数据，计算漏风量；计算允许漏风量对比允许漏风量并判定是否符合要求。实测风管组单位面积漏风量不大于允许漏风量时，应判定为合格。

7.4.2 空调系统调试应在空调设备、新风设备安装调试合格后进行。先进行空调系统设备单机调试，单机调试完毕后应根据设计指标进行系统调试。

【制定依据、目的】

现行国家标准《通风与空调工程施工质量验收规范》GB 50243—2016 中规定：“通风与空调工程安装完毕后应进行系统调试。”

为使工程达到预期的目标，通风与空调工程安装工作完成后，应进行系统的测定和调整。它包括设备的单机试运转和调试及非设计满负荷条件下的联合试运转及调试两部分内容。首先应进行设备单机试运转，这是必须进行的工艺过程。

【技术措施】

经过系统检查无渗漏时，对空调设备、新风设备分别开机试运行。

空调设备运行的调试，应检查压缩机的液体参数、气体参数、压缩机运转时的电流参数等是否符合空调设备的要求。空调风机应运行正常，其运行参数符合设计要求。

当空调设备的参数调试完成后进行空调设备系统试运行。新风系统的调试，主要包括新风机的试运行、风管及连接部件的密封性、空气过滤器四周的密封性检查及各种阀门的动作检查。

上述工作完成后，对空调系统进行系统试运行。

7.4.3 空调系统验收前，应按本标准附录C的内容逐项测试和记录，并应在交接验收时提交。

【制定依据、目的】

测试记录内容包括送风温度、回风温度、相对湿度、风量、风压、各类阀门、冗余备份功能的调试等。

空调工程验收前，应按照本标准附录C中的内容做逐项测试并做好影像资料及文档记录，交接验收时作为验收资料一并提交。

国家标准《通风与空调工程施工质量验收规范》GB 50243—2016中规定："通风与空调工程安装完毕后应进行系统调试。"调试内容包括设备单机试运转及系统非设计满负荷条件下的联合试运转及调试。

国家标准《通风与空调工程施工质量验收规范》GB 50243—2016中规定了系统非设计满负荷条件下的联合试运转及调试的风量偏差、流量偏差、温度、湿度、设备动作的具体要求，通过系统调试以使工程达到预期的目标。

【技术措施】

系统风量的测定和调整包括通风机性能的测定、风口风量的测定、系统风量测定和调整、空调水系统流量的测定与调整。主干管的水系统可直接读取冷热水管道的总流量，或采用便携式超声波流量计测定。监测与控制系统的检验与联动运行包括控制线路检查、调节器及检测仪表单体性能校验、监测与控制系统联动调试。

7.5 施工验收

7.5.1 空调系统施工验收内容及方法应按现行国家标准《通风与空调工程施工质量验收规范》GB 50243 的有关规定执行。

【制定依据、目的】

当前数据中心大量使用空调通风系统，通风与空调工程完工后，为使工程达到预期的目标，应进行系统的测定和调整。因此，本标准明确了数据中心所涉及的各种常用空调通风调试要求，对于本标准未涉及的系统，应符合现行国家标准《通风与空调工程施工质量验收规范》GB 50243 的要求。

7.5.2 施工交接验收应符合本标准第 3.3.2 条的规定。

【制定依据、目的】

现行国家标准《通风与空调工程施工质量验收规范》GB 50243 中明确规定了通风与空调工程完工后竣工验收的系统调试应以施工企业为主，监理单位监督，设计单位、建设单位参与配合。这个规定符合建筑工程项目管理的基本准则，施工企业应将通过调试且符合设计使用功能的系统交付给业主或业主委托的管理单位。通风与空调工程竣工验收的系统调试，须有设计单位的参与，因为工程系统调试是实现设计功能的必要过程和手段，除应提供工程设计的性能参数外，还应对调试过程中出现的问题提供明确的修改意见。至于监理、建设单位参加调试是职责所在，既可起到工程的协调作用，又有助于工程的管理和质量的验收。

【技术措施】

（1）空调安装单位应承担以下职责：

1）确保空调系统的正确安装，符合相关规范和标准。

2）培训使用单位人员，包括空调系统的正确使用方法、维护保养知识和安全注意事项。

3）提供安装的技术文件和相关资料，包括空调系统的安装图纸、使用说明书和保修卡等。

4）在安装完成后，进行安全检查和测试，确保空调系统的正常运行和安全性。

（2）空调系统安装交接手续符合以下流程：

1）安装单位将安装的技术文件和相关资料交接给使用单位，并确保使用单位的理解和接受。

2）安装单位进行空调系统的安全检查和测试，确保正常运行和安全性。

3）安装单位对使用单位人员进行培训，包括空调系统的正确使用方法、维护保养知识和安全注意事项。

4）使用单位接受培训并制订相应的安全操作规程。

5）安装单位和使用单位签署安装安全交接手续，确认双方责任和义务。

【液冷系统安装】

（1）液冷系统分为冷板式、浸没式和喷淋式液冷。液冷系统工程应包括设备安装、部件制作与安装、系统调试与验收。

对于数据中心液冷系统施工及验收的设备安装、部件制作应符合设计要求，尚应执行现行国家标准《通风与空调工程施工规范》GB 50738、《通风与空调工程施工质量验收规范》GB 50243。

本条规定的目的是针对数据中心液冷系统形式，其施工及验收应包含其空调系统管路相关的内容，并应贯彻施工的全过程直至验收交付。

（2）液冷系统安装环境应符合下列规定：

1）安装环境需洁净、干燥，避免灰尘或杂质进入管路；

2）环境温度、湿度应符合设备及冷却液的设计工作范围，避免液冷管路结露或腐蚀；

3）应远离强震动源，防止连接件松动或管路破裂；

4）预留空间应符合设计要求，便于管路布设、维护和散热；

5）安装浸没式液冷系统的机房承重应符合设计要求；

6）喷淋式液冷系统在超过海拔 1 000m 时，应降额或采取额外措施。

现行国家标准《通风与空调工程施工规范》GB 50738 及《通风与空调工程施工质量验收规范》GB 50243 等主要暖通施工规范中都将空调设备安装作为验收质量主控项。其中，对设备的基础提出安装前应验收，平整度达到规定要求，固定设备应紧固、防松动，并按设计设置降噪及减振措施，目的是保证稳定、安全地运行。

工程安装时应对安装环境进行复核，设备的安装位置需要考虑因素极多，包括数据中心本身建筑条件、数据中心所处地域地理条件、设备的运输路线、设备的维护、清洗、更换等，这些因素都会对液冷设备的方案选择产生较大影响，如选用浸没式液冷设备，应考虑承重条件。

（3）液冷系统安装过程应符合设计要求，并应符合下列规定：

1）冷却液应采用绝缘、环保、无毒液体，外观应无色、透明，气味无异臭；

2）宜配套完善的漏液导流排出系统，以便在漏液发生时将液体及时排放；

3）制造冷板的材料（包括肋片、盖板和封端等）应符合现行国家标准《一般工业用铝及铝合金板、带材》GB/T 3880 和《变形铝及铝合金化学成分》GB/T 3190 的规定；

4）非金属件水平燃烧等级应满足现行国家标准《塑料燃烧性能的测定　水平法和垂直法》GB/T 2408 中 HB 级要求；

5）供液组件构成材料应通过兼容性测试和耐腐蚀测试；

6）供液组件之间连接时，应确保接触面平整，避免间隙影响导热或漏液；

7）管路连接应按设计要求顺序连接进 / 出水管、控制阀及水泵，采用耐压强度符合设计要求的管路；

8）浸没式液冷系统的密封槽或定制机柜内应具备防漏和绝缘特性；

9）喷淋式液冷系统应设置回液管道收集冷却液，防止液体飘逸。

现行国家标准《通风与空调工程施工规范》GB 50738 中规定："柔性软管应采用防腐、防潮、不透气、不易霉变的材料，用于空调系统时，应采取防止结露的措施，外保温软管应包覆防潮层"，柔性软管应满足空调系统保温要求。

选择冷板式液冷形式，制造冷板的材料（包括肋片、盖板和封端等）应符合现行国家标准《一般工业用铝及铝合金板、带材》GB/T 3880 和《变形铝及铝合金化学成分》GB/T 3190 的规定。

液冷系统中大量采用非金属件，非金属件水平燃烧等级应满足现行国家标准《塑料燃烧性能的测定　水平法和垂直法》GB/T 2408 中 HB 级要求。

（4）液冷系统安装完成后，应根据设计要求进行密闭性测试、耐压性测试。

当前数据中心大量使用液冷系统已成为算力发展形势下的必须之选，工程完工后，为使工程达到预期的目标，应进行系统的测定和调整。当前对液冷系统的测试和验收应符合设计要求，对于数据中心所涉及的各种常用空调通风调试要求，以及液冷系统中除特殊部件外组成部分调试要求，应符合现行国家标准《通风与空调工程施工质量验收规范》GB 50243。

【液冷系统组件布局技术措施】

液冷系统组件布局应符合下列规定：

1）电源宜位于顶部，避免漏液对电源系统的影响；

2）液冷系统中有两种电位差较大的金属共存时，应采用表面处理等方式解决电化学腐蚀问题；

3）液冷设备整机总接地点应支持上接地和下接地，内部组件应提供接地点；

4）应配置防止快接头故障喷射、漏液等问题的防护装置，防止液体喷溅；

5）应配置具有漏液检测功能的传感器；

6）冷板式液冷系统冷板与元件表面应紧密贴合，采用导热界面材料填充空隙，确保高效导热；

7）冷板式液冷设备内部液冷回路管路应避免交叉，减少弯折降低阻力；

8）浸没式液冷系统槽体顶部应预留可拆卸盖板或侧开门，底部设置排液阀门，便于维护时排空冷却液；

9）单相浸没式液冷系统应配置循环泵和板式换热器，相变浸没式液冷系统应增设冷凝器和气压平衡装置；

10）喷淋式液冷系统喷淋板应安装在服务器顶部或内部，喷淋角度和流量应覆盖关键发热点；

11）喷淋式液冷系统应配置高压泵驱动冷却液流动，应部署过滤器防止杂质堵塞喷嘴。

8 给水排水系统

8.1 一般规定

8.1.1 数据中心给水排水系统工程应包括空调系统给水、排水和循环冷却水管道系统的施工及验收。

【制定依据、目的】

数据中心给水排水为数据中心提供稳定的用水及排水条件，保障数据中心的正常运行。系统设计应符合现行国家标准《数据中心设计规范》GB 50174 中的要求。

针对数据中心的特殊性，本条规定了给水排水系统施工及验收应包含给排水系统相关的全部内容，并应贯彻施工的全过程直至验收交付。

8.1.2 给水排水和循环冷却水管道的施工及验收，除应执行本标准外，尚应符合现行国家标准《建筑给水排水与节水通用规范》GB 55020、《通风与空调工程施工质量验收规范》GB 50243 和《建筑给水排水及采暖工程施工质量验收规范》GB 50242 的有关规定。

【制定依据、目的】

给排水工程施工及验收涉及较多的工程技术和设备，本标准不可能包括全部的技术要求及质量验收规定。为满足和完善工程的验收标准，除应执行本标准的规定外，尚应符合现行国家标准《建筑给水排水及采暖工程施工质量验收规范》GB 50242、《建筑给水排水与节水通用规范》GB 55020 和《通风与空调工程施工质量验收规范》GB 50243 的有关规定。

8.1.3 给水排水系统内的水泵、定压补水装置、供水装置、排水装置、换热装置、供冷设备、供热设备、冷却设备的安装，除应按设计要求做好防漏措施外，尚应符合现行国家标准《建筑给水排水与节水通用规范》GB 55020、《通风与空调工程施工质量验收规范》GB 50243 和《建筑给水排水及采暖工程施工质量验收规范》GB 50242 的有关规定。

【制定依据、目的】

给排水工程施工及验收涉及较多的工程技术和设备，本标准不可能包括全部的技术要求及质量验收规定。为满足和完善工程的验收标准，除应执行本标准的规定外，尚应符合现行国家标准《建筑给水排水与节水通用规范》GB 55020、《通风与空调工程施工质量验收规范》GB 50243 和《建筑给水排水及采暖工程施工质量验收规范》GB 50242 的有关规定。

【技术措施】

室内给水设备安装的允许偏差应符合表 1-8-1 的要求。

表 1-8-1 室内给水设备安装的允许偏差

<table>
<tr><th>项次</th><th colspan="3">项目</th><th>允许偏差（mm）</th><th>检验方法</th></tr>
<tr><td rowspan="3">1</td><td rowspan="3">静置设备</td><td colspan="2">坐标</td><td>15</td><td>经纬仪或拉线 / 尺量</td></tr>
<tr><td colspan="2">标高</td><td>± 5</td><td>用水准仪 / 拉线和尺量检查</td></tr>
<tr><td colspan="2">垂直度（每米）</td><td>5</td><td>吊线和尺量检查</td></tr>
<tr><td rowspan="4">2</td><td rowspan="4">离心式水泵</td><td colspan="2">立式泵体垂直度（每米）</td><td>0.1</td><td>水平尺和塞尺检查</td></tr>
<tr><td colspan="2">卧式泵体垂直度（每米）</td><td>0.1</td><td>水平尺和塞尺检查</td></tr>
<tr><td rowspan="2">联轴器同心度</td><td>轴向倾斜（每米）</td><td>0.8</td><td rowspan="2">在联轴器互相垂直的四个位置上用水准仪 / 百分表或测微螺钉和塞尺检查</td></tr>
<tr><td>径向位移</td><td>0.1</td></tr>
</table>

8.2 管道安装

8.2.1 数据中心内管道安装应符合下列规定：

1 管道安装应符合设计要求；

2 安装在机柜附近的管道，不宜有接口；

3 贴近机柜部位安装的管道应采取防水措施；

4 非金属排水管道宜在地板下安装，不宜敷设在机柜上方。

【制定依据、目的】

为保证机房内管道安装的可靠性，避免出现漏水和渗水等问题，从连接方式、管线走向布置以及容易结露的冷却水和冷凝水管道安装进行规定。

现行国家标准《数据中心设计规范》GB 50174 中“给水排水”一章对数据中心给排水管道提出详细要求，目的是保证机房的给水排水管道不影响机房正常运行。

【技术措施】

机房的给水排水管道不影响机房正常运行主要从以下三个方面考虑：

（1）保证管道不渗不漏，主要是选择优质耐压高、连接可靠的管道及配件，例如焊接连接的不锈钢阀件。

（2）管道结露滴水会破坏机房工作环境，因此要求有可靠的防结露、保温措施，应根据管内水温及室内环境温度计算确定。

（3）减小管道敷设对环境的影响，给排水干管一般敷设在管道竖井或地沟内，引入主机房的支管采用暗敷或采用防漏保护套管敷设；管道穿墙或穿楼板处应设置套管，以防止室内环境受到外界干扰。

8.2.2 管径不大于 100mm 的镀锌管道宜采用螺纹连接，螺纹的外露部分应做防腐处理；管径大于 100mm 的镀锌管道可采用焊接、法兰连接或卡套式专用管件连接，焊接处应采取防腐处理。

【制定依据、目的】

本条对管道连接和安装各环节提出技术要求，本标准未做规定的应全部按现行国家标准《建筑给水排水及采暖工程施工质量验收规范》GB 50242 的规定执行。

给水系统用镀锌钢管较为普遍，*DN*100mm 的镀锌钢管丝扣连接较多。使用中发现，由于焊接破坏了镀锌层，导致锈蚀严重，故要求管径小于或等于 100mm 的镀锌钢管应采用螺纹连接，并强调套丝后被破坏的镀锌层表面及外露螺纹部分应做防腐处理，以确保工程质量。管径大于 100mm 的镀锌钢管套丝困难，安装也不方便，故规定应采用法兰或卡箍（套）式等专用管件连接，并强调了镀锌钢管与法兰的焊接处应二次镀锌，防止锈蚀，以确保工程质量。

【技术措施】

（1）管径不大于 100mm 的镀锌管道：对于管径不大于 100mm 的镀锌管道，宜采用螺纹连接。这种连接方式具有操作简便、连接可靠、拆卸方便等优点，适用于较小管径的管道系统。在连接过程中，需要确保螺纹的精度和配合度，以保证连接的密封性和稳定性。

此外，对于螺纹的外露部分，应做防腐处理。这是因为镀锌层在切割和加工过程中可能会受到破坏，导致外露的金属部分容易受到腐蚀。因此，采用合适的防腐涂料或防腐胶带进行处理，可以有效地延长管道的使用寿命。

（2）管径大于 100mm 的镀锌管道：对于管径大于 100mm 的镀锌管道，由于管道尺寸较大，螺纹连接可能不再适用。此时，可以采用焊接连接、法兰连接或卡套式专用管件连接等方式。

1）焊接连接：焊接连接具有连接强度高、密封性好等优点，适用于大型管道系统。在焊接过程中，需要选择合适的焊接工艺和焊接材料，确保焊接质量。同时，焊接处应进行防腐处理，以防止焊接过程中产生的热影响区和焊接缺陷导致的腐蚀问题。

2）法兰连接：法兰连接具有安装方便、拆卸灵活等特点，适用于需要经常维护的管道系统。在连接过程中，需要确保法兰的密封面和管道端面的平整度和清洁度，以保证连接的密封性。同样，法兰连接处也应进行防腐处理。

3）卡套式专用管件连接：这种连接方式采用专用的卡套式管件，具有安装简便、连接可靠等优点，适用于一些特殊场合和临时性管道系统。在连接过程中，需要确保管件的尺寸和精度与管道相匹配，并按照操作要求进行安装。卡套连接处同样需要防腐处理。

总之，无论采用何种连接方式，都需要对连接处进行防腐处理，以确保管道系统的长期稳定运行。同时，在实际工程中，还需要根据具体情况选择合适的连接方式和技术措施，以满足工程要求和安全标准。

8.2.3 钢管煨弯时，弯曲半径应符合现行国家标准《建筑给水排水与节水通用规范》GB 55020、《通风与空调工程施工质量验收规范》GB 50243 和《建筑给水排水及采暖工程施工质量验收规范》GB 50242 的有关规定。

【制定依据、目的】

本条对管道连接和安装各环节提出技术要求，国家标准《建筑给水排水及采暖工程施工质量验收规范》GB 50242—2002 中规定，焊接钢管管径大于 32mm 的管道转弯，在作为自然补偿时应使用煨弯。当管道焊接连接时，较多使用冲压弯头。由于其弯曲半径小，不利于自然补偿。因此在作为自然补偿时，应使用煨弯。国家标准《通风与空调工程施工规范》GB 50738—2011 中规定，铜管煨弯可采用热弯或冷弯，椭圆率不应大于 8%。

【技术措施】

钢管煨弯时，弯曲半径是一个非常重要的参数，它直接影响钢管的结构强度、使用性能及安全性。为确保钢管煨弯的质量，弯曲半径必须符合现行国家标准的技术措施保障。

首先，现行国家标准对于钢管煨弯的弯曲半径有明确的规定。这些标准通常基于钢管的材质、直径、壁厚以及使用条件等因素，制订出相应的弯曲半径要求。因此，在进行钢管煨弯之前，必须了解并遵循相关国家标准。

其次，技术措施保障主要包括以下几个方面：

（1）材料选择：确保选用符合标准的钢管材料，避免使用劣质或不符合要求的材料。

（2）工艺流程：制订合理的钢管煨弯工艺流程，包括加热温度、加热时间、弯曲速度等参数的确定，以确保钢管在煨弯过程中不会出现裂纹、变形等缺陷。

（3）设备与工具：使用符合要求的煨弯设备和工具，确保设备的精度和稳定性，以提高钢管煨弯的精度和质量。

（4）质量检测：对煨弯后的钢管进行质量检测，包括弯曲半径的测量、表面质量的检查等，确保钢管符合标准要求。

此外，还需要注意以下几点：

（1）在煨弯过程中，应严格控制加热温度和加热时间，避免温度过高或时间过长导致钢管组织发生变化或产生氧化皮。

（2）煨弯后的钢管应进行适当的冷却处理，以防止因冷却不均导致的变形或开裂。

（3）对于特殊要求的钢管煨弯，如大直径、厚壁钢管或高强度钢管，应制定专门的工艺措施和技术保障，以确保弯曲半径的准确性和钢管的质量。

综上所述，遵循现行国家标准的技术措施保障是确保钢管煨弯弯曲半径符合要求的关键。通过合理的材料选择、工艺流程制定、设备与工具使用以及质量检测等措施，可以有效提高钢管煨弯的质量和安全性。

8.2.4 管道支架、吊架、托架的安装，应符合下列规定：

1 支架、吊架在安装前应做防锈处理；

2 固定支架与管道安装应牢固、可靠；

3 在建筑结构上安装管道支架、吊架时，应做荷载验算，且不得破坏建筑结构。

【制定依据、目的】

本条对管道连支架、吊架、托架安装提出技术要求，国家标准《建筑给水排水及采暖工程施工质量验收规范》GB 50242—2002 中对给水排水系统金属管道及非金属管道的支架安装间距、管卡、管托、套管等做出详细要求。

管道支吊架一般采用角钢、槽钢等型钢制作。钢材的使用寿命与涂漆质量有直接关系，也是人们的感官的要求，故要求做防腐处理。支吊架的一端固定在建筑结构上，管道及管内介质的重量荷载也作用建筑结构上，因此安装管道支吊架时应做结构荷载验算。

【技术措施】

管道支架、吊架、托架的安装应符合以下要求：

（1）位置与埋设：管道支架、吊架、托架的施工位置必须准确，埋设应平整且牢固，以确保其稳定性和承载能力。

（2）固定与接触：固定支架与管道之间的接触应紧密，固定方式应牢固可靠，以防止管道在运行过程中发生位移或晃动。

（3）滑动支架的灵活性：滑动支架应设计得足够灵活，滑托与滑槽两侧之间应留有适当的间隙（通常为 3mm ~ 5mm），以确保管道在热胀冷缩时能够自由移动，同时纵向移动量应符合设计要求。

（4）吊架的安装：对于无热伸长管道，其吊架和吊杆应垂直安装，以保持管道的稳定性。而对于有热伸长管道，吊架和吊杆的安装应向热膨胀的反方向偏移，以补偿管道因温度变化而产生的伸缩。

（5）结构安全：固定在建筑结构上的管道支、吊架不得影响结构的安全。在安装过程中，应充分考虑建筑结构的承载能力和稳定性，避免对结构造成不必要的损害。

（6）间距与规定：钢管水平安装的支架间距应符合相关规定，以确保支架的承载能力和稳定性。对于采暖、给水及热水供应系统的塑料管及复合管，无论是垂直安装还是水平安装，其支架间距也应符合相应的规定。

（7）材料选择：采用金属制作的管道支架时，应在管道与支架间加衬非金属垫或套管，以减少金属之间的摩擦和腐蚀，同时增加管道的保温性能。

（8）管道接口的处理：在安装管道支架、吊架、托架的过程中，还应注意管道接口的处理。例如，管道采用粘接口时，管端插入承口的深度应符合技术规程的规定；熔接连接管道的结合应均匀，不得出现局部熔瘤或熔接凹凸不均现象；采用橡胶圈接口的管道，允许沿曲线敷设，但每个接口的最大偏转角不得超过规定值。

综上所述，管道支架、吊架、托架的安装应综合考虑位置、固定、灵活性、安全性、间距、材料选择及管道接口处理等多个方面，以确保管道系统的稳定运行和安全使用。

无热伸长管道的吊架、吊杆应垂直安装。有热伸长管道的吊架、吊杆应向热膨胀的反方向偏移。钢管水平安装的支、吊架间距应符合表 1-8-2 的要求。

表 1-8-2 钢管水平安装的支、吊架间距要求

公径直径（mm）	支架的最大间距（m）	
	保温管	不保温管
15	2	2.5
20	2.5	3
25	2.5	3.5
32	2.5	4
40	3	4.5
50	3	5
70	4	6
80	4	6
100	4.5	6.5
125	6	7
150	7	8
200	7	9.5
250	8	11
300	8.5	12

8.2.5 冷凝水排水管道的坡度应符合设计的规定，并应坡向排泄方向。

【制定依据、目的】

现行国家标准《通风与空调工程施工规范》GB 50738 中规定，冷凝水管道安装应符合设计要求，当设计无要求时，干管坡度不宜小于 0.8%，支管坡度不宜小于 1%，且严禁直接接入生活污水管道及雨水管道；冷凝水管道通常为重力流管道，为利于排除冷凝水，规定冷凝水管道坡向排泄方向。

【技术措施】

冷凝水管安装前须将其内壁清理干净，对接或拐弯时须用直通和弯头粘接。冷凝水管每 1.5m ~ 2m 须装吊钩。当冷凝水盘位于机组负压区段时，凝水盘的出水口处必须设置水封，水封的高度应比凝水盘处的负压（相当于水柱高度）大 50% 左右，水封的出口应与大气相通。

除了坡度要求外，冷凝水排水管道的安装还需要注意其他技术措施。例如，管道应就近接入卫生间、地漏等处进行排放，以减少水平管长度和弯头数量，降低水流阻力。同时，冷凝水水平干管始端应设置清扫口，便于清理管道内的杂物和堵塞物。在冷凝水排放管接入排水管时，应设置存水弯，以确保水封作用，防止有害气体进入室内。此外，冷凝水排放管不得接入雨水管和其他有压管道，以防止排水不畅或造成管道损坏。

8.2.6 冷热水管道在安装前后应进行防腐处理。

【制定依据、目的】

国家标准《建筑给水排水与节水通用规范》GB 55020—2021 中规定："管道、设备和构筑物应根据其贮存或传输介质的腐蚀性质及环境条件，确定应采取的防腐蚀及防冻措施。"还规定："定期全面检查金属管道腐蚀情况，发现锈蚀应及时做修复和防腐处理。"

冷热水管道根据使用环境和流通介质的不同，均有一定的使用寿命。管道在安装前后进行防腐处理，是保证水质安全和环境卫生的重要举措之一；若管道锈蚀严重，还会导致水的跑冒滴漏，破坏数据中心设备并影响其运行。

【技术措施】

管道防腐的方法通常有：表面处理、涂层防腐、电化学保护、防腐蚀覆盖层、阴极保护、缓蚀剂防腐、热处理、管道保温等。

冷热水管道在安装前后为确保其长期稳定运行，需要进行防腐处理。以下是一些关键的技术措施：

（1）管道内壁防腐涂层。

内壁防腐涂层是为确保涂层牢固地粘结在管壁上，需要对管道内壁进行预处理，如清洁和除锈，然后应用防腐涂层。这种涂层材料应具有良好的附着力和耐腐蚀性，能够有效隔离管道内壁与水或其他介质，防止腐蚀的发生。

（2）管道外壁防腐涂层。

外壁防腐涂层主要是将防腐油漆均匀、致密地涂在除锈的金属管道表面，使其与各种腐蚀介质隔离。这种涂层不仅具有优异的耐候性和耐腐蚀性，还能有效抵抗外部环境中的化学物质和物理损伤。

（3）使用高性能防腐材料。

选择高性能的防腐材料，如环氧树脂、聚氨酯等。这些材料具有出色的抗腐蚀性能，能够在恶劣的环境条件下保持管道的完整性和稳定性。

（4）电化学保护。

对于特定的管道系统，可考虑采用电化学保护方法，如阴极保护或阳极保护。这些方法通过改变管道表面的电位，防止或减缓电化学腐蚀的发生。

（5）定期检查和维护。

即使做了防腐处理，管道仍需要定期检查和维护。这包括检查涂层的完整性、修补损坏的部分以及重新涂覆防腐材料等。

综上所述，冷热水管道在安装前后的防腐处理是一个多环节、多措施的过程，需要根据管道的具体使用环境和要求来选择合适的防腐方法和材料。通过科学的设计和精心的施工，能够确保管道的长期稳定运行，提高整个水暖工程的质量和经济效益。

8.2.7 冷热水管道安装完毕应先进行压力试验，试验合格后进行保温施工。

【制定依据、目的】

国家标准《建筑给水排水与节水通用规范》GB 55020—2021 中规定：“给水管道应经水压试验合格后方可投入运行。水压试验应包括水压强度试验和严密性试验。”承压管道系统和设备的水压试验以及非承压管道系统和设备的灌水试验是验证管道和设备安装质量的最好判断方式。

数据中心通常在机房吊顶上、地板下铺设各种电器管线，安装各类接线盒及插座箱等，为避免冷热水管道对电器管线、装置和设备可能造成的故障和损害，必须对冷、热水管道进行压力试验和检漏，保证管道不渗水、不漏水。试验合格后还必须进行保温，防止结露。

【技术措施】

给水管道压力试验：

室内给水管道的试验压力符合设计要求，当设计未注明时，各种材质的给水管道系统试验压力均为工作压力的 1.5 倍，但不得小于 0.6MPa。金属及复合管给水管道系统，在试验压力下观测 10min，压力降不应大于 0.02MPa，然后降到工作压力进行检查，应不渗不漏；塑料管给水系统应在试验压力下稳压 1h，压力降不得超过 0.05MPa，然后在工作压力的 1.15 倍状态下稳压 2h，压力降不得超过 0.03MPa，同时检查各连接处不得渗漏。

在冷热水管道安装工程中，技术保障措施的实施对于确保管道系统的正常运行和使用寿命至关重要。其中，压力试验和保温施工是两个关键的环节。下面将详细阐述这两个环节的重要性及其具体操作方法。

（1）压力试验。

压力试验是对冷热水管道安装质量的一次全面检查，旨在发现可能存在的安装缺陷或隐患，如管道连接不紧密、密封不严等问题。通过压力试验，可以确保管道系统在正常运行时能够承受住内部水流的压力，从而避免因压力不足或过高而导致的漏水、爆管等安全事故。

具体操作步骤如下：

在管道安装完毕后，首先关闭所有阀门和出水口，确保管道系统处于封闭状态。

使用压力泵向管道系统内注入水，并逐渐增加压力至规定值。通常，试验压力应略高于管道系统的正常工作压力。

在规定的保压时间内（一般为 0.5h ~ 1h），观察管道系统是否有漏水、渗水或压力下降等现象。如发现异常情况，应立即停止试验并检查原因。

如在保压时间内管道系统无明显异常，则压力试验合格，可以进行下一步的保温施工。

（2）保温施工。

保温施工是对冷热水管道进行保护的重要措施，旨在减少管道在运行过程中因温度变化而产生的热胀冷缩现象，从而延长管道的使用寿命。同时，保温施工还可以降低管道热能的损失，提高能源利用效率。

具体操作步骤如下：

在压力试验合格后，清理管道表面的灰尘、油污等杂物，确保管道表面干燥、清洁。

1）根据管道的尺寸和形状，选择合适的保温材料。常见的保温材料有橡塑保温管、岩棉等。

2）使用专用胶水或胶带将保温材料紧密地粘贴在管道表面，确保无缝隙、无脱落。对于弯头、阀门等复杂部位，应特别注意保温材料的贴合度和完整性。

3）在保温材料外层包裹一层防水层或铝箔纸等防潮材料，以防止保温材料受潮而影响保温效果。

4）完成保温施工后，进行质量检查，确保保温层平整、美观、无破损或遗漏现象。

综上所述，冷热水管道安装完毕后的压力试验和保温施工是确保管道系统正常运行和延长使用寿命的关键步骤。在实际操作中，应严格按照规范要求进行施工，确保每个环节的质量都符合标准。同时，还应加强施工过程中的安全管理和质量控制，确保施工人员的安全和工程的整体质量。

8.2.8 管道保温应符合下列规定：

1 保温材料的材质及规格型号，应符合设计要求；

2 保温层铺设应平整、密实；

3 防潮层应紧贴在保温层上，并应密封良好；

4 表面层应光滑平整，不起尘。

【制定依据、目的】

现行国家标准《建筑给水排水与节水通用规范》GB 55020 中对给水、排水、热水、中水及非传统水源，或按安装方式分类的架空敷设管道、地埋敷设管道、管沟敷设管道、预制管道等各种情况均有管道保温防腐明确要求。

国家标准《建筑给水排水及采暖工程施工质量验收规范》GB 50242—2002 中规定：“管道及设备保温层的厚度和平整度的允许偏差应符合规定，主要目的是管道防冻、运行节能，保证安装、材料质量。”

【技术措施】

数据中心管道保温的技术措施应遵循一系列严格的标准和要求，以确保管道系统的正常运行和高效节能。以下是一些关键的技术措施：

（1）材料选择。应选用符合设计要求的保温材料，这些材料应具有良好的保温性能、机械性能和化学稳定性。常用的保温材料包括橡塑保温材料、岩棉、玻璃棉等。

（2）保温层施工。保温层的铺设应平整、密实，避免出现空隙或凹凸不平的情况。在施工过程中，应严格按照操作规程进行，确保每层保温材料的厚度和密度符合设计要求。

（3）防潮层设置。为防止保温材料受潮影响保温效果，应在保温层外部设置防潮层。防潮层应紧贴在保温层上，并应密封良好，防止水分渗入。

（4）保护层安装。在保温层和防潮层之外，还应设置保护层，以保护保温系统免受外界损伤。保护层应具有一定的机械强度和耐磨性，同时应光滑平整、不起尘。

（5）管道支架处理。在管道支架处，应采取特殊处理措施，以确保保温层的连续性和完整性。这可以通过在支架上设置保温垫或保温套等方式实现。

（6）温度监测与报警。为实时监测管道系统的温度变化情况，应设置温度监测点，并配备报警系统。当温度超出正常范围时，报警系统应能及时发出警报，以便及时采取措施进行处理。

（7）定期维护与检查。定期对数据中心管道保温系统进行维护和检查也是非常重要的，这包括对保温材料的完好性、防潮层的密封性、保护层的完好性以及温度监测系统的准确性进行检查和维护。

通过以上技术措施的实施，可以有效地确保数据中心管道保温系统的正常运行和高效节能，为数据中心的稳定运行提供有力保障。

检查依据国家标准《建筑给水排水及采暖工程施工质量验收规范》GB 50242—2002 第 4.4.8 条管道及设备保温层的厚度和平整度的允许偏差的相关规定。

8.2.9 室内地面应坡向地漏处，坡度不应小于 3‰；地漏顶面应低于地面 5mm。

【制定依据、目的】

国家标准《建筑给水排水及采暖工程施工质量验收规范》GB 50242—2002 中规定："排水栓和地漏的安装应平整、牢固，低于排水表面，周边无渗漏。地漏水封高度不得小于 50mm。"

《给水排水设计手册　第 2 册，建筑给水排水》（核工业第二研究设计院主编，中国建筑工业出版社出版）中规定："地漏应设置在卫生器具附近地面的最低处，地漏箅子面应低于地面 5mm ~ 10mm，地面应以 1% 的坡度坡向地漏。"

为保证地漏的使用安全，地漏安装应平整、牢固，低于排水表面，这是最基本的要求。为防止地漏周边的渗漏还规定地漏水封高度不小 50mm，保证地漏使用功能。

【技术措施】

在数据中心的建设中，技术措施的应用至关重要，特别是在室内地面设计方面。为确保数据中心的正常运行和设备的安全，室内地面应坡向地漏处，并设置合理的坡度。

首先，坡向地漏的设计有助于排水。数据中心内可能存在多种液体泄漏的风险，如空调冷凝水、设备漏水等。如果地面平坦，这些液体可能会积聚在某一区域，进而对设备和环境造成潜在危害。而坡向地漏的设计可以确保液体迅速排至指定位置，防止液体扩散和积聚。

其次，坡度的设置也是关键。坡度的大小应根据实际情况进行确定，既要保证排水效果，又要避免坡度过大对行走和设备放置造成影响。通常情况下，坡度会控制在一定范围内，以确保液体能够顺畅流动而不会因坡度不足而积聚。

此外，在实施这一技术措施时，还需注意以下几点：

（1）地面材料选择。应选用防滑、耐磨、耐腐蚀的材料，以应对数据中心内可能存在的各种液体和化学物质。

（2）地漏设计。地漏的位置和数量应根据数据中心的布局和设备分布进行合理规划，确保排水效率。

（3）坡度施工。在施工过程中，应严格控制坡度的准确性和一致性，避免出现局部积水或坡度过大等问题。

综上所述，数据中心室内地面坡向地漏处并设置合理坡度的技术措施对于保障数据中心的正常运行和设备安全具有重要意义。通过科学规划和精心施工，可以有效降低液体泄漏带来的风险，提高数据中心的可靠性和稳定性。

8.3　试验与验收

8.3.1　空调加湿给水管应做通水试验，试验时应开启阀门，检查各连接处及管道，不得渗漏。

【制定依据、目的】

国家标准《建筑给水排水及采暖工程施工质量验收规范》GB 50242—2002 中规定，给水管道在安装完毕后应进行通水试验，以保证系统使用功能。

【技术措施】

给水系统在竣工后或交付使用前进行通水，检查各连接处及管道，不得渗漏；观察和开启阀门，水嘴放水。

为确保数据中心空调加湿给水管系统的正常运行和安全性，进行通水试验是非常必要的技术措施。以下是关于数据中心空调加湿给水管通水试验的技术措施：

（1）试验准备。在进行通水试验前，应确保所有管道连接已完成，阀门处于关闭状态，并检查管道系统是否有损坏或泄漏的情况。同时，准备好所需的试验设备和工具，如水源、压力表、流量计等。

（2）开启阀门。在试验开始时，逐渐开启阀门，使水流入管道系统。此时，应密切观察管道系统的运行情况，确保水流顺畅，无异常现象。

（3）检查连接处及管道。在通水过程中，应仔细检查各连接处及管道是否存在渗漏现象。特别是对于关键部位和易损部位，应进行重点检查。如果发现渗漏，应立即停止试验，查找原因并进行修复。

（4）记录数据。在试验过程中，应记录关键数据，如压力、流量等。这些数据可以用于评估管道系统的性能和安全性，并为后续的运行和维护提供参考。

（5）评估结果。根据通水试验的实际情况，对管道系统的性能进行评估。如果管道系统运行正常，无渗漏现象，且数据符合设计要求，则可以认为该管道系统合格。否则，需要进行相应的修复和改进。

需要注意的是，在进行通水试验时，应确保试验过程中的安全。同时，应遵循相关的标准和规范，确保试验结果的准确性和可靠性。

此外，除了进行通水试验外，还应定期对数据中心空调加湿给水管系统进行维护和保养，以确保其长期稳定运行。这包括检查管道系统的完整性、更换老化的部件、清洗管道等。

综上所述，技术措施中的通水试验是确保数据中心空调加湿给水管系统正常运行和安全性的重要环节。通过科学的试验方法和严格的评估标准，可以有效地保障管道系统的性能和安全性。

8.3.2 给水、冷却水管道应做压力试验，试验方法应符合现行国家标准《建筑给水排水与节水通用规范》GB 55020、《通风与空调工程施工质量验收规范》GB 50243和《建筑给水排水及采暖工程施工质量验收规范》GB 50242的有关规定。

【制定依据、目的】

国家标准《通风与空调工程施工质量验收规范》GB 50243—2016 中规定，空调水管道系统安装完毕，外观检查合格后，应按设计要求进行水压试验。当设计无要求时，应符合现行国家标准《通风与空调工程施工质量验收规范》GB 50243 中规定的要求。

国家标准《建筑给水排水及采暖工程施工质量验收规范》GB 50242—2002 中规定，给水管道在安装完毕后应进行水压试验，以保证系统使用功能。室内给水管道的水压试验必须符合设计要求。当设计未注明时，各种材质的给水管道系统试验压力均为工作压力的 1.5 倍，但不得小于 0.6MPa。

【技术措施】

（1）空调水系统压力试验：

管道系统安装完毕，外观检查合格后，应按设计要求进行水压试验。当设计无要求时应符合下列规定。

1）冷（热）水、冷却水与蓄能（冷、热）系统的试验压力，当工作压力小于或等于 1.0MPa 时，应为 1.5 倍工作压力，最低不应小于 0.6MPa；当工作压力大于 1.0MPa 时，应为工作压力加 0.5MPa。

2）系统最低点压力升至试验压力后，应稳压 10min，压力下降不应大于 0.02MPa，然后应将系统压力降至工作压力，外观检查无渗漏为合格。对于大型、高层建筑等垂直位差较大的冷（热）水、冷却水管道系统，当采用分区、分层试压时，在该部位的试验压力下，应稳压 10min，压力不得下降，再将系统压力降至该部位的工作压力，在 60min 内压力不得下降、外观检查无渗漏为合格。

3）各类耐压塑料管的强度试验压力（冷水）应为 1.5 倍工作压力，且不应小于 0.9MPa；严密性试验压力应为 1.15 倍的设计工作压力。

4）凝结水系统采用通水试验，应以不渗漏，排水畅通为合格。

（2）给水管道压力试验：

室内给水管道的试验压力符合设计要求，当设计未注明时，各种材质的给水管道系统试验压力均为工作压力的 1.5 倍，但不得小于 0.6MPa。金属及复合管给水管道系统，在试验压力下观测 10min，压力降不应大于 0.02MPa，然后降到工作压力进行检查，应不渗不漏；塑料管给水系统应在试验压力下稳压 1h，压力降不得超过 0.05MPa，然后在工作压力的 1.15 倍状态下稳压 2h，压力降不得超过 0.03MPa，同时检查各连接处不得渗漏。

8.3.3 排水管应做灌水试验，流水应畅通且不得渗漏，并应符合现行国家标准《建筑给水排水与节水通用规范》GB 55020和《建筑给水排水及采暖工程施工质量验收规范》GB 50242的有关规定。

【制定依据、目的】

国家标准《建筑给水排水与节水通用规范》GB 55020—2021中规定："给水管道应经水压试验合格后方可投入运行。水压试验应包括水压强度试验和严密性试验。"非承压管道系统和设备的灌水试验是验证管道和设备安装情况的最好判断方式，有效防止管道本身及管道接口渗漏。其中生活排水管道应做灌水试验，隐蔽或埋地的排水管道在隐蔽前做灌水试验。屋面雨水系统雨水斗应进行密封性试验、雨水管道应进行灌水和通水试验。

【技术措施】

隐蔽或埋地的排水管道在隐蔽前必须做灌水试验，其灌水高度应不低于底层卫生器具的上边缘或底层地面高度。灌水方法（过程）满水15min水面下降后，再灌满观察5min，液面不下降，检查管道及接口无渗漏为合格。

8.3.4 施工交接验收应符合本标准第3.3.2条的有关规定，并应提交管道压力试验报告。

【制定依据、目的】

依据国家标准《建筑给水排水及采暖工程施工质量验收规范》GB 50242—2002中规定，给排水工程完工后开展竣工验收工作时，施工企业作为实施主体，负责组织各项验收环节，监理单位承担监督职责，设计单位、建设单位协同参与。这个规定符合建筑工程项目管理的基本准则。

施工企业需完成系统调试，确保系统符合设计使用功能后，将其交付给业主或业主委托的管理单位。监理单位与建设单位参与调试，是履行自身职责的体现。这不仅能够有效协调工程各方关系，保障工程顺利推进，而且在工程管理和质量验收环节发挥关键作用，助力及时发现并解决问题，提升工程整体质量。

【技术措施】

数据中心给水排水施工验收的技术保障措施涉及多个方面，以确保施工质量和系统的正常运行。以下是一些关键的保障措施：

（1）材料选择与质量控制。应选用高质量的给水排水管材、管件、阀门等材料，并符合相关国家和行业标准。材料进场前，应进行严格的检验和验收，确保材料质量合格。同时，在施工过程中，应定期对材料进行抽查，防止使用不合格材料。

（2）施工技术与工艺要求。施工前应制订详细的施工方案和技术措施，明确施工顺序、方法、质量要求等。施工过程中，应严格按照设计方案和施工图纸进行施工，确保管道铺设、连接、固定等环节的准确性和可靠性。同时，应加强现场监督和管理，及时发现和纠正施工中的质量问题。

（3）系统测试与调试。施工完成后，应对给水排水系统进行全面的测试和调试。包括管道的压力测试、流量测试、渗漏测试等，确保系统的性能和安全性。对于精密空调等关键设备，应进行专门的调试和试运行，确保设备正常运行和系统的稳定性。

（4）施工验收与记录。施工验收是确保施工质量的重要环节。应按照相关标准和规范进行验收，包括系统性能测试、施工工艺检查等。同时，应做好施工记录和资料整理工作，为今后的维护和管理提供依据。

（5）人员培训与技能提升。施工人员应具备一定的专业技能和经验，能够熟练掌握给水排水施工的技术要点和操作方法。同时，应定期进行技能培训和考核，提高施工人员的技能水平和质量意识。

综上所述，数据中心给水排水施工验收的技术保障措施涉及材料选择、施工技术、系统测试、施工验收和人员培训等多个方面。只有加强这些方面的管理和控制，才能确保数据中心给水排水系统的施工质量和运行安全。

9 综合布线及网络系统

9.1 一般规定

9.1.1 数据中心综合布线系统施工及验收应包括线缆、设备和接插件的施工与验收。

【制定依据、目的】

数据中心综合布线系统的线缆包含铜缆和光缆，设备包含网络交换设备、路由设备、网络安全设备，接插件包含铜缆配线架、铜缆跳线、光纤配线架和光纤跳线等，数据中心综合布线系统的施工及验收应执行现行国家标准《综合布线系统工程验收规范》GB/T 50312 和《数据中心设计规范》GB 50174 的相关规定。

9.1.2 数据中心网络系统施工及验收应包括为满足数据中心基础设施运行所需网络设备的施工和验收。

【制定依据、目的】

依据国家标准《数据中心设计规范》GB 50174—2017 中数据中心的定义，数据中心网络系统的施工和验收除了包含主机房，还包含为满足数据中心基础设施监控运行、运维人员办公管理等辅助区和行政管理区所需要的网络环境。

9.1.3 综合布线施工及验收除应执行本标准外，尚应符合现行国家标准《综合布线系统工程验收规范》GB/T 50312 的有关规定。

【制定依据、目的】

综合布线施工及验收涉及较多的工程技术和设备，本标准不能包括全部的技术要求及质量验收规定。为满足和完善工程的验收标准，除应执行本标准的规定外，尚应符合现行国家标准《综合布线系统工程验收规范》GB/T 50312 的有关规定。

9.1.4 网络系统宜根据设计需要配置网络交换设备、路由设备、网络安全设备。

【制定依据、目的】

依据《数据中心设计规范》GB 50174—2017 的规定，数据中心网络系统通常需要配置核心路由器、核心交换机、汇聚层交换机、接入交换机和网络安全等设备。数据中心的核心网络设备根据数据中心的等级，采用冗余或容错配置，并具有可扩展性，互为备份。

9.2 线缆敷设

9.2.1 线缆的敷设应符合下列规定：

1 线缆敷设前应对线缆进行外观检查；

【制定依据、目的】

线缆是数据中心布线系统的重要传输介质，通常由铜缆和光缆组成。数据中心主机房的线缆通常采用桥架敷设，辅助区、支持区和行政管理区通常采用桥架结合穿线管敷设。为保证数据中心布线系统的性能，线缆敷设前需要先对线缆进行外观检查，检查线缆类型是否满足设计要求、外护套是否褪色或磨损、是否完整无接头、是否有浸水痕迹、是否存在挤压或折痕等。严禁敷设存在上述问题（且不限于上述问题）的线缆。由于线缆敷设多属于隐蔽工程，若将存在上述问题的线缆敷设在桥架或穿管后，将给后期故障排查带来极大困难。

【技术措施】

数据中心布线系统应使用全新线缆，最大限度地避免磨损、接头、挤压或折痕等缺陷。线缆外护套上通常都有生产日期，推荐选用生产日期较新的产品，避免外护套褪色问题。另外，如果线缆的外包装出现破损或淋雨痕迹，建议在敷设前采用网络分析仪或工程测试仪表对线缆进行测试，以确保线缆的性能符合现行国家标准《综合布线系统工程设计规范》GB 50311 和《综合布线系统工程验收规范》GB/T 50312 的有关规定。

2 线缆的布放应自然平直，不得扭绞，不宜交叉，标签应清晰；弯曲半径应符合现行国家标准《综合布线系统工程验收规范》GB/T 50312 的有关规定；

【制定依据、目的】

数据中心布线系统线缆的敷设工艺对布线系统的性能有较大的影响。考虑到美观性和可管理性，在各种环境中的线缆敷设应自然平直，不得产生扭绞、打圈等现象，不应受外力的挤压和损伤。缆线的布放路由中不得出现缆线接头，且应尽量避免相互交叉。

数据中心布线系统线缆两端应贴有标签、标明编号，标签书写应清晰、端正和正确。

缆线的弯曲半径应符合下列规定：

（1）4 对屏蔽、非屏蔽对绞电缆的弯曲半径不应小于电缆外径的 4 倍。

（2）主干对绞电缆的弯曲半径不应小于电缆外径的 10 倍。

（3）2 芯或 4 芯水平光缆的弯曲半径应大于 25mm，其他芯数的水平光缆、主干光缆、室外光缆和预端接线缆的弯曲半径不应小于光缆外径的 10 倍。

线缆弯曲半径与线缆外径之比见表 1–9–1。

表 1–9–1　线缆弯曲半径与线缆外径之比

线缆种类	弯曲半径与线缆外径之比
4 对屏蔽、非屏蔽对绞电缆	$\geqslant 4D$
主干对绞电缆	$\geqslant 10D$
2 芯或 4 芯水平光缆	> 25mm
光缆	$\geqslant 10D$
预端接线缆	$\geqslant 10D$

注：D 为线缆外径。

【技术措施】

数据中心布线系统的线缆在桥架内敷设，桥架的转弯处和下线口采用弧形过渡设计，确保桥架内敷设的线缆的弯曲半径满足标准要求。铜缆可用尼龙扎带绑扎牢固，并排列整齐；光缆在桥架内敷设应用软质材料捆扎，避免因硬质扎带挤压造成光纤微弯影响光缆的传输性能。

数据中心布线系统线缆的标签应选用不易损坏的材料，建议采用标签打印机打印的带不干胶的标签。

3　在终接处线缆应留有余量，余量长度应符合现行国家标准《综合布线系统工程验收规范》GB/T 50312 的有关规定；

【制定依据、目的】

数据中心布线系统线缆在终接处线缆应留有余量，以适应成端、终接、检测和变更，有特殊要求的应按设计要求预留长度，并应符合现行国家标准《综合布线系统工程验收规范》GB/T 50312 有关规定：

（1）对绞电缆在终接处，预留长度在辅助区域工作区信息插座底盒内宜为 30mm ~ 60mm，电信间宜为 0.5m ~ 2.0m，设备间宜为 3m ~ 5m。

（2）光缆布放路由宜预留，预留长度宜为 3m ~ 5m。光缆在主机房配线柜处预留长度应为 3m ~ 5m，辅助区域楼层配线箱处光纤预留长度应为 1.0m ~ 1.5m，配线箱终接时预留长度不应小于 0.5m。光缆纤芯在配线模块处不做终接时，应保留光缆施工预留长度。

【技术措施】

数据中心布线系统线缆在辅助工作区的信息插座底盒内预留标准规定长度后应缠绕规范，并贴好编号标签，避免线缆损伤和标签脱落。数据中心布线系统线缆在主机房或辅助区域的配线柜中，预留标准规定长度后也应整齐放置，并尽量预留相同长度，贴好编号标签，便于后期的施工。

4　设备跳线应插接，并应采用专用跳线；屏蔽跳线或 6 类及以上系统跳线应采用满足系统要求的专用成品跳线；

【制定依据、目的】

数据中心布线系统的设备跳线通常由铜缆跳线和光纤跳线等专用跳线组成。其中铜缆跳线通常采用 RJ45-RJ45 的插头类型，根据性能分为超五类、六类、超六类、八类等；根据是否屏蔽分为非屏蔽跳线和屏蔽跳线。光纤跳线通常采用 LC、SC、ST、FC、MPO/MTP 等插头类型，根据光纤类型分为单模 OS2 光跳线和多模 OM3/OM4 光跳线。

考虑到光纤系统的工艺性，通常光纤跳线均使用工厂生产的成品跳线；对于铜缆跳线，考虑到现场制作水晶头的熟练程度和手法差异，对跳线的可靠性、传输性能和屏蔽性能有很大的影响，屏蔽跳线或 6 类及以上系统的铜缆跳线应采用满足系统要求的专用成品跳线，不能使用现场手工制作的跳线。

【技术措施】

数据中心布线系统的设备跳线都有物理性能和传输性能要求，对于 6 类以下的非屏蔽设备跳线，如果未采用专用的成品跳线，现场制作的跳线的传输性能需要通过工程仪表测试性能通过方可使用。对于采用专用成品跳线的，跳线的物理性能和传输性能由跳线生产厂家提供测试报告。

5 从配线架至设备间的线缆不得有接头；

【制定依据、目的】

数据中心布线系统从配线架至设备间的线缆通常采用桥架敷设方式，这种敷设方式为隐蔽工程。考虑到可靠性并避免安全隐患，无论采用铜缆还是光缆，线缆均需采用点对点直连方式，中间不得有转接头。

6 线缆敷设后应进行导通测试。

【制定依据、目的】

数据中心布线系统线缆敷设后需要与对应的配线架和终端接插模块进行端接，端接好后布线系统需要通过测试仪进行导通测试，确保所有的线缆接线序正确且可靠端接，为后续的性能测试做准备。

9.2.2 当采用屏蔽布线系统时，屏蔽线缆与屏蔽模块、屏蔽模块与设备之间的连接应符合下列规定：

1 对绞线缆的屏蔽层应与接插件屏蔽罩完整、可靠接触；

【制定依据、目的】

数据中心如果采用屏蔽铜缆布线系统，屏蔽对绞电缆的屏蔽层与连接器件终接处屏蔽罩应通过紧固器件可靠接触，依据现行国家标准《综合布线系统工程验收规范》GB/T 50312 的要求，接触长度不宜小于 10mm。

【技术措施】

为确保对绞线缆的屏蔽层与接插件屏蔽罩实现完整、可靠的接触，缆线屏蔽层与连接器件屏蔽罩应采用 360° 接触的方式。这种接触方式能够有效增加两者之间的接触面积，进而提升屏蔽效果。此外，通过连接器中屏蔽簧片发生形变所产生的应力，可使屏蔽簧片与对绞线缆紧密贴合，进一步保障了接触的可靠性和稳定性。

2 屏蔽层应保持连续，端接时宜减少屏蔽层的剥开长度，与端头间的裸露长度不应大于 5mm；

【制定依据、目的】

数据中心如果采用屏蔽铜缆布线系统，对不同的屏蔽对绞线，屏蔽层应采用不同的端接方法。屏蔽层应保持连续，端接时需要减少屏蔽层的剥开长度，与端头间的裸露长度不应大于 5mm，且应使编织层或金属箔与汇流导线进行有效的端接，通过汇流导线确保编织层或金属箔整体的导通性。

3 端头处应可靠接地，接地导线和接地电阻值应符合设计要求。

【制定依据、目的】

数据中心如果采用屏蔽铜缆布线系统，屏蔽对绞电缆的屏蔽层与两端的连接器件可靠连接，屏蔽连接器安装在配线架上，配线架上具有接地簧片，通过接地簧片把所有屏蔽连接器可靠接地，配线架通过接地导线进行接地。接地导线和接地电阻值应符合设计要求。

9.2.3 信号网络线缆与电源线缆及其他管线之间的距离应符合现行国家标准《综合布线系统工程验收规范》GB/T 50312 的有关规定。

【制定依据、目的】

数据中心综合布线信号网络线缆与电源线缆应分隔布放，对绞电缆与电力电缆最小净距应符合表 1-9-2 的规定。

表 1-9-2 对绞电缆与电力电缆最小净距

条件	最小净距（mm）		
	380V		
	< 2kV · A	2kV · A ~ 5kV · A	> 5kV · A
对绞电缆与电力电缆平行敷设	130	300	600
有一方在接地的金属槽道或钢管中	70	150	300
双方均在接地的金属槽盒或金属导管中	10	80	150

室外墙上敷设的综合布线管线与其他管线的间距应符合表 1-9-3 的规定。

表 1-9-3 电缆、光缆暗管敷设与其他管线最小净距

管线种类	平行净距（mm）	垂直交叉净距（mm）
防雷专设引下线	1 000	300
保护地线	50	20
热力管（不包封）	500	500
热力管（包封）	300	300
给水管	150	20
煤气管	300	20
压缩空气管	150	20

9.2.4 在插座面板上应用颜色、图形、文字按所接终端设备类型进行标识。

【制定依据、目的】

数据中心辅助区域布线系统工作区需要配置插座面板，插座面板采用标准的86mm × 86mm尺寸，配合标准的86安装盒使用。插座面板内部安装有信息和电话模块。插座面板上通常会采用不同颜色、不同的图形、打印好文字的标签等方式对插座面板进行标识。

【技术措施】

为区分信息和电话模块，或在信息模块中区分内外网，通常在插座面板上采用不同的颜色或图形来进行区分。另外，为对每个端口的编号进行规范，面板上设有标签区域，可以直接粘贴标签打印机打印的标识，也可以在标签区域中直接放置打印好的标识片。

9.2.5 对绞线在与8位模块式通用插座相连时（图9.2.5），应按色标和线对顺序进行卡接。插座类型、色标和编号应符合现行国家标准《综合布线系统工程验收规范》GB/T 50312的有关规定。

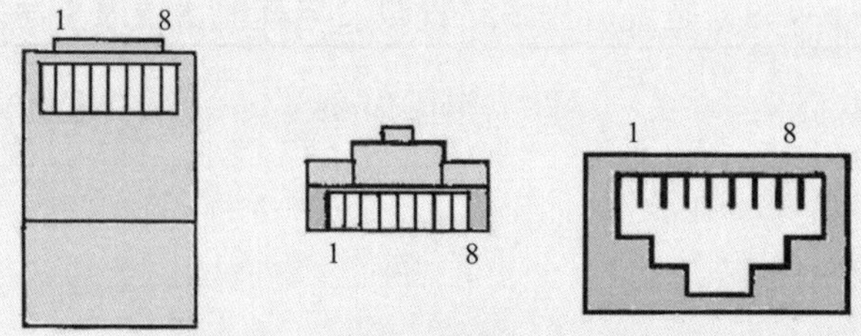

（a）插头顶视图　（b）插头前视图　（c）插座前视图

图 9.2.5　信息插座插头接线

【制定依据、目的】

数据中心综合布线系统中对绞电缆需要与 RJ45 水晶头和 RJ45 模块进行端接。为确保端接后正确的信号传输和数据通信，对绞电缆与 RJ45 水晶头和 RJ45 模块的端接应按照国际标准规定的 T568A 或 T568B 线序进行卡接。T568A 或 T568B 线序按照表 1–9–4 中的线序要求。

表 1–9–4　插座类型、色标和编号

T568A 线序	1	2	3	4	5	6	7	8
	绿白	绿	橙白	蓝	蓝白	橙	棕白	棕
T568B 线序	1	2	3	4	5	6	7	8
	橙白	橙	绿白	蓝	蓝白	绿	棕白	棕

为保证网络信号传输和数据通信，对绞电缆两端应采用相同的线序，即同为 T568A 或 T568B。T568B 线序是目前常见的网络电缆接线标准，在全球范围内被广泛使用。它通常在商业和家庭网络中使用，并得到了网络设备供应商和网络行业的广泛支持。

【技术措施】

数据中心综合布线系统中对绞电缆通常与 RJ45 水晶头和 RJ45 模块进行端接。对于 RJ45 水晶头的端接，需要将水晶头有接触簧片的一面朝上，将 8 芯双绞线按照 T568A 或 T568B 的线序插入水晶头并通过压接工具可靠压接，如图 1–9–1 所示。

对于 RJ45 模块的端接，需要根据模块后部端接处的色标线序，通过端接工具或免工具压接的方式，按照 T568A 或 T568B 标准进行接续，如图 1–9–2 所示。

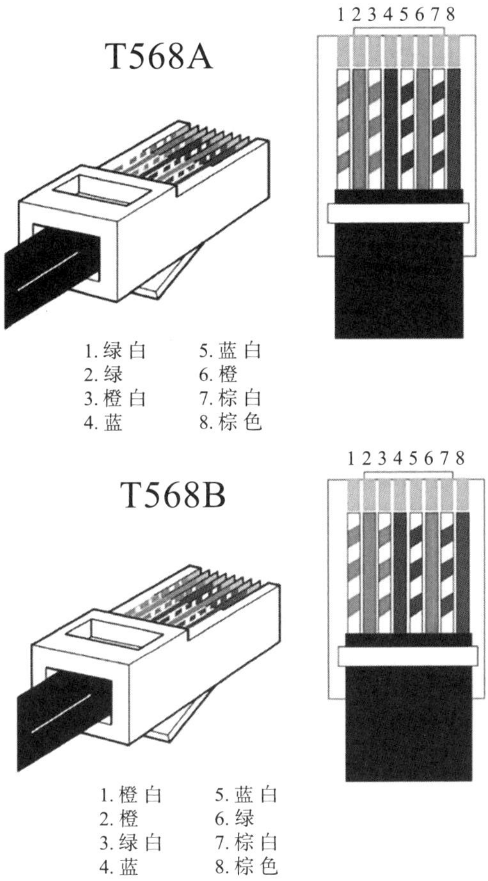

图 1–9–1　信息插头线序

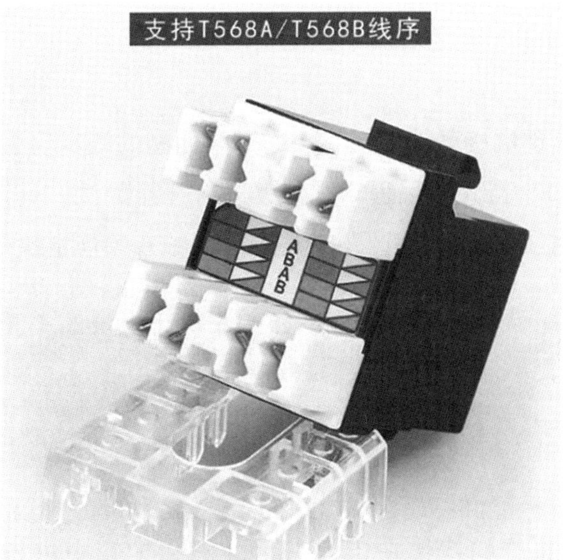

图 1–9–2　信息插座线序

9.2.6 预端接系统各端接设备连接应可靠，预端接系统的测试应符合现行国家标准《综合布线系统工程验收规范》GB/T 50312 的有关规定。

【制定依据、目的】

依据国家标准《数据中心设计规范》GB 50174—2017 中规定："主机房布线系统中 12 芯及以上的光缆主干或水平布线系统宜采用多芯 MPO/MTP 预连接系统。存储网络的布线系统宜采用多芯 MPO/MTP 预连接系统。"与传统尾纤熔接型光纤布线系统相比，多芯 MPO/MTP 预端接光纤布线系统具有预制化、模块化、高密度、低插损、高可靠性、扩容维护灵活等优点。

多芯 MPO/MTP 预端接光纤布线系统由高密度模块化配线架、预端接主干光缆和光纤跳线组成，所有产品均在工厂预制化生产和测试，现场部署时只需要进行简单的安装、敷设和插拔操作即可，即插即用。而且产品采用高密度模块化设计，可以根据项目的实际需求灵活配置和组合，后期扩容维护非常便捷，能够满足数据中心机房全生命周期内对机房布线系统的模块化快速部署、节约机柜空间、可靠性高、易于维护升级等众多需求，被众多数据中心行业客户所使用。

【技术措施】

多芯 MPO/MTP 预端接系统的高密度模块化配线架采用标准的 19 英寸安装方式，可以快捷地安装在标准的 19 英寸机柜中；预端接主干光缆外部又设计了一层外护套，外护套和内部的光缆之间填充了芳纶材料，增加了预端接主干光缆的抗拉性能，在保证预端接主干光缆弯曲半径的情况下，能够像电缆一样的拉拽施工，而不会损伤内部的光纤。

多芯 MPO/MTP 预端接系统可在工厂通过桌面型的测试仪表进行出厂检验测试，也可在工程现场通过手持式的工程测试仪表进行性能测试。具体测试按照现行国家标准《综合布线系统工程验收规范》GB/T 50312 的有关规定执行。

9.2.7 走线架、线槽和护管的弯曲半径不应小于线缆最小允许弯曲半径，敷设应符合现行国家标准《建筑电气工程施工质量验收规范》GB 50303 的有关规定。

【制定依据、目的】

数据中心布线系统的线缆在走线架、线槽和护管中进行敷设。本指南的表 1-9-1 中定义了线缆弯曲半径与线缆外径之比，为保证线缆的弯曲半径符合标准要求，当走线架、线槽和护管的路由需要改变时，其弯曲半径应大于线缆最小允许弯曲半径。线缆在走线架、线槽和护管中的敷设应符合现行国家标准《建筑电气工程施工质量验收规范》GB 50303 的有关规定。

9.2.8 对于上走线方式，走线架的敷设除应符合现行国家标准《建筑电气工程施工质量验收规范》GB 50303 的有关规定和设计要求外，还应符合下列规定：

1 走线架、线槽如采用支架安装，支架应安装牢固，走线架、线槽与支架间螺栓，走线架、线槽与连接板间螺栓应紧固、无遗漏；

【制定依据、目的】

数据中心布线系统采用上走线方式时，走线架或走线槽采用吊装方式时，考虑到桥架的稳定性和可靠性，与天花板固定的膨胀螺钉应安装牢固，同时走线架、线槽与支架间螺栓，走线架、线槽与连接板间螺栓应紧固、无遗漏。走线架的敷设应符合现行国家标准《建筑电气工程施工质量验收规范》GB 50303 的有关规定。

2 线槽采用机柜顶部安装时，线槽与机柜间应按厂家说明书或设计要求可靠连接，线槽连接板螺栓应紧固、无遗漏；

【制定依据、目的】

数据中心布线系统采用上走线方式时，走线架或走线槽采用柜顶安装时，走线架或走线槽与机柜之间应设置安装支架，将走线架或走线槽固定在机柜顶部，同时通过支架承载走线架或走线槽的重量。另外，支架与机柜顶部的固定螺栓，以及支架与走线架或走线槽的螺栓应紧固、无遗漏。走线架的敷设应符合现行国家标准《建筑电气工程施工质量验收规范》GB 50303 的有关规定。

3 走线架、线槽内敷设光缆时，对尾纤应用阻燃塑料设置专用槽道，尾纤槽道转角处应平滑、呈弧形；尾纤槽两侧壁应设置下线口，下线口应做平滑处理；

【制定依据、目的】

数据中心布线系统采用光纤布线系统时，考虑到光纤对于弯曲半径有严格的要求，折弯或者微弯都会造成光纤的衰减增加，从而影响数据中心布线系统网络的稳定传输。因此光缆跳线或者尾纤要求敷设在专用的阻燃塑料槽道中，槽道的转角处应有大于弯曲半径的弧形过渡，下线口处应做大于弯曲半径的弧形结构。

4 光缆的尾纤部分应用软线绑扎；

【制定依据、目的】

数据中心布线系统采用光纤布线系统时，光缆的尾纤部分应用软线绑扎。使用软线可以避免尾纤出现微弯，从而避免光纤插入损耗对数据中心综合布线网络系统产生影响。

【技术措施】

数据中心布线系统采用光纤布线系统时，由于光纤尾纤产品对弯曲半径较为敏感，在走线槽内实施绑扎工作时，可使用粘合魔术扎带作为绑扎软线，有效避免因绑扎过紧或不当致使光纤产生弯折、受损，有力保障数据中心综合布线网络系统中光纤信号的稳定传输。

5 走线架吊架应垂直、整齐、牢固。

【制定依据、目的】

数据中心的顶部走线架采用吊装方式安装时，考虑到受力的稳定性和美观性，吊架应与屋顶垂直，左右走线架的吊架应排列整齐、间隔一致。吊架与天花板固定的膨胀螺钉应安装牢固，同时吊架与走线架、线槽间螺栓应紧固。

9.2.9 在水平、垂直桥架和水平、垂直线槽中敷设线缆时，应对线缆进行绑扎。对绞线缆、光缆及其他信号电缆应根据线缆的类别、数量、缆径、线缆芯数分束绑扎。绑扎间距不宜大于 1.5m，间距应均匀，松紧应适度。垂直布放线缆应在线缆支架上每隔 1.5m 固定。

【制定依据、目的】

数据中心布线线缆包含铜缆和光缆，铜缆和光缆在桥架或线槽中进行水平和垂直敷设。为保证线缆的美观性和稳定性，需要对线缆进行绑扎，绑扎时要求铜缆和光缆分开绑扎。相同介质的线缆，也应根据线缆的类型、直径、芯数等分成不同的线束进行绑扎。

【技术措施】

无论是水平敷设还是垂直敷设，建议每隔 1.5m 进行一次绑扎。铜缆通常采用尼龙扎带或线缆固定板进行分层绑扎，光缆常用软质粘合魔术扎带进行绑扎。绑扎间距应均匀，松紧应适度。

9.3 机柜机架安装

9.3.1 机柜、机架安装位置应符合设计要求，并应平整、牢固可靠。

【制定依据、目的】

数据中心机柜、机架的安装位置应该符合设计图纸要求。考虑到机柜的牢固可靠性，通常机柜、机架需安装在承重底座上，并通过螺钉紧固，防止因外力造成机柜、机架的移位。

【技术措施】

数据中心机柜、机架的底座通常采用现场焊接或工厂模块化预制两种方式。

如果底座采用现场焊接方式，焊接前，应对机柜底座的材料进行清洁处理，确保焊缝区域无油污、氧化物等杂质影响焊接质量。焊接时，应调整底座的水平和垂直度，并控制焊接电流电压、焊接时间和焊接速度等参数，使焊接熔池充分流动、渗透并形成均匀、稳定的焊缝。焊接后，应对焊缝进行磨光处理，检验焊接质量并进行防腐处理，确保焊接工艺符合国家标准和产品要求。

如果底座采用工厂模块化预制的方式，为保证后期机柜安装的平整可靠，通常需要对底座进行调平处理。对于具有高度可调节功能的预制底座，可以直接通过调整底座高度来使之平衡：具体方法是使用水平仪对底座进行检测，找出高低不平的地方，然后使用工具对底座进行调整，直到底座完全平衡；底座调整完毕后，再次使用水平仪检测，确保底座完美平衡。如果底座不具有高度可调节功能，可以通过添加垫块的方式来解决问题：先使用水平仪检测底座高低不平的地方，然后在不平的地方加入垫块；垫块应该选择质量较好的垫块，确保质量和厚度的均匀性。

为固定数据中心机柜和机架，底座上应根据机柜底部的安装孔位置及大小预留相应的安装孔。对于工厂模块化预制的底座，侧面应预留模块化底座间的安装孔。另外底座也应预留与地面固定的安装空位，便于通过膨胀螺钉将底座与地面进行可靠固定，具体安装孔如图 1–9–3 所示。

9.3.2 机柜、机架上的各种零件不得脱落或损坏，漆面不应有脱落，各种标识应完整、清晰。

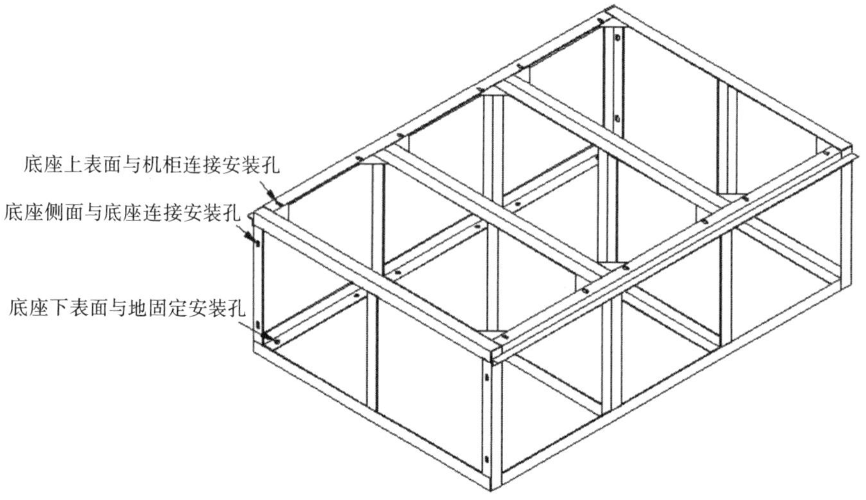

图 1-9-3　机柜底座安装孔示意图

【制定依据、目的】

数据中心机柜、机架应采用全新的产品，内部零部件安装完整、牢靠，不能因生产或物流等原因造成内部零件脱落或损坏。考虑到美观性和防腐性，机柜、机架的内外部的漆面不应有脱落。机柜的厂商铭牌、接地标识、内部立柱的 U 位标识等均应完整，文字内容清晰可辨。

【技术措施】

数据中心机柜、机架通常采用冷轧钢板材质，经过脱脂、酸洗、硅烷化、水洗等前处理工序，然后外部采用粉末喷涂。有的机柜在粉末喷涂前还加入了电泳工序，进一步增加了机柜的防腐性。

机柜的铭牌常采用丝印或粘贴方式；接地螺钉处粘贴有醒目的接地标识；对于机柜立柱上的 U 位标识，通常采用丝印或激光方式进行处理，以保证标识清晰可辨。

9.3.3　机柜、机架、配线设备箱体、电缆桥架及线槽等设备的安装应牢固。

【制定依据、目的】

数据中心机柜、机架内部通常安装有综合布线配线设备，为保证配线设备的可靠性，配线设备应与机柜、机架通过螺钉进行固定。另外，机柜、机架顶部通常安装有电缆桥架及线槽，电缆桥架及线槽可采用顶部吊装方式和柜顶安装方式。无论采用何种安装方式，电缆桥架及线槽均需要通过螺钉等紧固件可靠紧固。

【技术措施】

综合布线配线设备通常采用标准的19英寸安装方式，数据中心机柜、机架安装立柱上安装有浮动螺母，综合布线配线设备通过浮动螺母配套的螺钉安装在数据中心机柜、机架内部。电缆桥架及线槽采用吊装方式时，与天花板固定的膨胀螺钉应安装牢固，同时走线架、线槽与支架间螺栓，走线架、线槽与连接板间螺栓应紧固、无遗漏；走线架或走线槽采用柜顶安装时，走线架或走线槽与机柜之间应设置安装支架，用于将走线架或走线槽固定在机柜顶部，同时通过支架承载走线架或走线槽的重量。另外，支架与机柜顶部的固定螺栓，以及支架与走线架或走线槽的螺栓应紧固、无遗漏。

9.3.4 安装位置贴近的机柜、机架宜通过固定件进行并柜连接。

【制定依据、目的】

数据中心使用的机柜、机架通常按列布置，为保证每列机柜的稳固性和美观性，安装位置贴近的机柜、机架需要通过固定件进行并柜。通过并柜能够使得机柜紧密连接，从而保证机柜间的缝隙、机柜前后位置、上下高低位置一致。

【技术措施】

数据中心使用的机柜、机架的并柜结构通常在机柜前部和后部的左右均配置，从而保证与之相邻的机柜均可以通过并柜件进行并柜。并柜件要求安装方便，通过螺钉简单紧固，且侧门的安装与否不会影响机柜的并柜。另外，为保证机柜并柜后机柜间的缝隙上下一致，要求在机柜的上、中、下均配置并柜件。

9.3.5 采用封闭冷通道、热通道方式的机柜系统，冷通道、热通道的部件应与机柜可靠连接，连接处应按设计文件要求做密封处理。

【制定依据、目的】

数据中心中机柜通常采用“面对面、背对背”摆放，在两排机柜的面对面通道中配置带通风孔的防静电地板，空调的冷风通过此地板进入面对面的通道，形成一个冷风区——冷通道；冷通道中的冷空气流经机柜中安装的IT设备后形成热空气，排放到两排机柜背对背的通道，形成热风区——热通道，热通道中的热空气再回到空调的回风口。为防止冷通道中的冷空气流失，或者热通道中的热空气进入冷通道，通常会对冷通道或热通道进行封闭，形成封闭冷通道、热通道方式的机柜系统。封闭冷通道、热通道的密闭性直接影响到机柜系统的运行效率和数据中心整体的能耗。封闭冷通道、热通道气流分布图如图 1-9-4 所示。

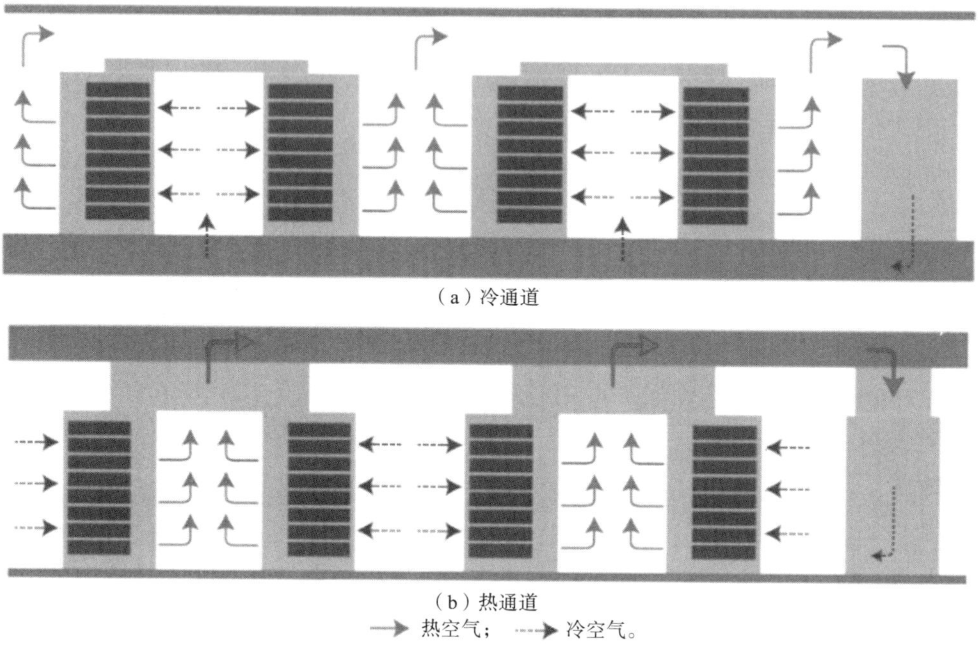

图 1-9-4　封闭冷通道、热通道气流分布图

【技术措施】

封闭冷通道、热通道机柜系统通常由机柜、天窗、端门、控制箱和照明系统组成。天窗通常由消防天窗和功能天窗组成，消防天窗能够与消防联动，在有消防信号时会联动打开；功能天窗主要用于安装视频摄像头和各式传感器（温湿度、烟感、红外等）。端门通常由手动旋转门、手动平移门和电动平移门组成，以适应不同的机房环境和用户需求。封闭冷通道、热通道机柜系统中天窗和端门要安装牢固。在封闭冷通道、热通道的部件与机柜完成可靠连接后，应在连接处及其他较大缝隙处采取密封条、气流抑制板等配件进行密封处理。

9.3.6　封闭冷通道、热通道，安装端门、天窗应灵活开闭。

【制定依据、目的】

封闭冷通道、热通道机柜系统为方便人员进出，通道两端配置了端门，根据端门的类型采用手动或电动开启。封闭冷通道、热通道机柜系统为了在火灾发生时，消防气体可以顺利进入封闭通道，顶部配置了天窗。端门和天窗均可以灵活开闭。

【技术措施】

端门外部通常配置门禁系统，通道内部配置开门按钮。当人员想进入封闭通道时，需要通过密码、刷卡、指纹或人脸识别等方式进行身份验证，通过验证后方可进入封闭通道内部。如果通道内部的人员想出通道，通道两端的端门内部均有开门按钮，方便人员的离开。端门通常由手动旋转门、手动平移门和电动平移门组成，人员可以通过电动或者手动方式操作端门的灵活开闭。

消防天窗可以开闭，消防天窗的转轴采用偏心设计，消防天窗通过电磁铁吸附方式闭合。当有消防联动信号时，电磁铁失电，消防天窗会在重力下自动联动开启。

9.3.7 封闭冷通道、热通道端门应有明显开启方向标识。

【制定依据、目的】

封闭冷通道、热通道端门通常由手动旋转门、手动平移门和电动平移门组成。为方便操作人员的使用，封闭冷通道、热通道端门上的醒目位置应有方向开启标识。

9.3.8 机柜、机架、通道、配线设备箱体、电缆桥架及线槽等设备应与建筑物进行等电位联结并接地。

【制定依据、目的】

为确保设备的可靠性和安全性，数据中心机柜、机架、封闭冷通道、热通道以及机柜内部安装的配线设备的箱体，全部要通过面积不小于 $4mm^2$ 的黄绿色绝缘铜芯软导线与机房内部的接地铜排进行连接。另外，电缆桥架及线槽等也应与建筑物进行等电位联结并接地。

【技术措施】

数据中心机柜、机架的前后门和框架上均有接地螺钉，并通过不小于 $4mm^2$ 的黄绿色绝缘铜芯软导线将机柜前后门与框架等电位连接；机柜、机架内部还配置了水平或垂直的铜排，用于机柜、机架内部安装的配线设备或网络设备的接地。封闭冷通道、热通道的端门和天窗均设计了接地螺钉，并通过不小于 $4mm^2$ 的黄绿色绝缘铜芯软导线把所有天窗和两端的端门连接成一个等电位体。机柜、机架、通道、配线设备箱体最后全部接入机房内部的接地铜排上。对于电缆桥架及线槽之间也采用接地线进行连接，最后应就近与建筑物进行等电位联结并接地。

9.3.9 机柜抗震施工应符合设计要求，当采用隔震装置时，应符合下列要求：

1 隔震装置的安装，应符合设计文件和技术文件要求；

【制定依据、目的】

本条对采用隔震装置的设备安装提出了安装和性能要求。

为确保隔震装置的施工质量和使用安全，鉴于隔震装置目前种类繁多，在安装隔震装置时要严格遵守设计和技术文件。设计和技术文件需根据相关规范制定。

2 在设防烈度为7度或7度以下的地震动作用下，机柜结构不应变形或破坏，功能不应中断；

3 在设防烈度为7度以上的地震动作用下，机柜不应倾倒，功能不应中断。

【制定依据、目的】

《建设工程抗震管理条例》第四十九条规定："地震时使用功能不能中断或者需要尽快恢复的建设工程：是指发生地震后提供应急医疗、供水、供电、交通、通信等保障或者应急指挥、避难疏散功能的建设工程。"数据中心因其在各行各业的不可中断的特点，应采取措施保证其在震中和震后正常运行。

本条对隔震装置的性能提出了具体的要求，隔震装置的性能决定了隔震效率。虽然地震级别和设防烈度有很大的离散度，但相对趋势是相同的，不同设防烈度对应的加速度相差较大，对建筑物和构筑物的破坏也相差较大。本条选用7度为分界线，主要是考虑到了7度罕遇地震时程用加速度为0.22g，这种情况下机柜需要采取隔震措施。而不同烈度地区的隔震设备承受能力有差别，当在7度及以下罕遇地震作用下，地震作用较小，在保证设备正常运行情况下，也要保证机柜结构完好；当7度以上罕遇地震时，地震作用较大，此时更注重保证机柜不倾倒且正常运行。机柜抗震性能应满足现行行业标准《电信设备抗地震性能检测规范》YD 5083中的有关规定。

【技术措施】

为确保隔震装置的安装质量及性能要求，可以采取以下技术措施：

（1）隔震装置安装前，定位轴线、标高点等应进行复查，确保无误。

（2）隔震装置安装后，检查隔震装置固定架是否有松动情况，确保隔震装置是固定状态。

（3）安装基础平面的平整度应符合要求，当平整度不符合要求时，可采取别除、磨平等措施或者重新选址。

（4）检查隔震装置四周位移空间，确保隔震装置的位移空间预留空间不低于隔震位移设计值。

9.4　设备安装

9.4.1　综合布线系统、网络系统设备安装前的检测应按现行国家标准《智能建筑工程质量验收规范》GB 50339的有关规定执行。

【制定依据、目的】

综合布线系统、网络系统设备安装前的检测涉及较多的工程技术和设备，本标准不可能包括全部的技术要求及质量验收规定。为满足和完善工程的验收标准，除应执行本标准的规定外，尚应符合现行国家标准《智能建筑工程质量验收规范》GB 50339的有关规定。

9.4.2　设备安装位置应符合设计文件要求，端接设备的连接应符合现行国家标准《综合布线系统工程验收规范》GB/T 50312中规定的各类缆线传输距离的要求。

【制定依据、目的】

连接网络系统设备的综合布线系统通常采用铜缆或光缆，为保证网络设备的正常通信和数据传输，不同介质的线缆均有其传输距离的要求。

《综合布线系统工程验收规范》GB/T 50312—2016中将铜缆系统链路分为永久链路和信道两种方式。永久链路是包括水平电缆及电缆两端的连接器，线缆两端的连接器也可为配线架模块；信道是在永久链路的基础上包含了工作区和电信间的设备电缆和跳线。对于铜缆布线系统，永久链路的长度要求小于或等于90m，信道的长度要求小于或等于100m。

数据中心中的光纤链路根据光纤的类型，常用的有单模OS2、万兆多模OM3和万兆多模OM4。在10G系统中，配套相应的光模块使用，单模OS2传输距离可以达到120km、万兆多模OM3为300m、万兆多模OM4为550m；在40G/100系统中，单模OS2传输距离可以达到40km、万兆多模OM3为100m、万兆多模OM4为150m。

9.4.3 设备安装应牢固、可靠，四周应预留使用和维护空间。

【制定依据、目的】

数据中心布线和网络设备通常为标准的 19 英寸安装方式，设备应通过浮动螺母和螺钉牢固、可靠地安装在机柜的安装立柱上。设备的前后需要预留好电源和信号的接线位置。为方便安装和后期的维护，布线和网络设备也应预留好相应的空间。

9.4.4 设备应通过接地线与等电位网连接，机柜或机架内宜配置防静电手环。

【制定依据、目的】

为保证数据中心机柜内网络设备的正常运行，网络设备需要进行接地。另外，操作人员在操作机柜、机架内部的网络设备时，为防止静电对人员和设备的伤害，建议操作人员配置防静电手环。

【技术措施】

数据中心机柜、机架内部通常配有水平或垂直接地铜条，网络设备需要就近连接到机柜、机架内部的接地铜条上，机柜内部的接地铜条再接入机房的接地网中。防静电手环一端佩戴在操作人员手臂，另外一端夹在机柜的接地铜排上。从而避免人体与内部设备之间产生静电，对人和设备产生损害。

9.5 设备调试

9.5.1 设备调试前应做好下列准备工作：

1 应按设计要求检查已安装设备的规格型号、数量；

【制定依据、目的】

所有布线设备和网络设备安装完成后可以进行设备调试环节。在设备调试前，调试人员需要按照设计文件或图纸要求核查已经安装好的设备的数量、规格型号，防止出现因设备型号或数量错误造成调试时设备出现损坏的情况。

2 应由施工单位提供设备安装区域的电气验收文件；

【制定依据、目的】

对于网络设备需要供电后才能进行开机调试，网络设备又有交流供电和直流供电之分，因此调试前需要确认设备安全区域的供电是否符合设备的使用要求。调试前应向施工单位要求提供设备安装区域的电气验收文件，确认无误后才能进行设备的调试工作，避免因为供电与设备不匹配出现网络设备损坏的情况。

3 供电电源的电流、电压应满足设备技术文件要求或设计要求；

【制定依据、目的】

网络设备有交流供电和直流供电之分，因此调试前需要确认供电电源的电流、电压是否满足设备技术文件要求或设计要求，确认无误后才能进行设备调试，避免因电流、电压与设备不匹配，导致设备不能正常工作，甚至出现设备损坏的情况。

4 对有源设备应逐个进行通电检查。

【制定依据、目的】

每个数据中心机柜、机架内通常安装有多个有源设备，在对设备进行开机调试时应逐个对有源设备进行通电，防止多设备同时上电，启动瞬间电流过大，影响供配电设备的正常运行。另外，也防止因某个设备内部有短路故障，对同批同时开机设备造成损伤。

【技术措施】

数据中心机柜、机架中安装的多个有源设备，可以手动逐一对有源设备进行通电操作，也可以选择配置智能 PDU。智能 PDU 具有上电后逐一对输出插座进行通电的功能，通过智能 PDU 可以批量地对有源设备逐个进行通电的操作。

9.5.2 设备调试应由相关专业技术人员根据设计文件要求和设备技术资料进行。

【制定依据、目的】

数据中心机柜、机架中安装的设备通常包含配线设备、交换设备、路由设备和安全设备等，设备调试应由相关专业技术人员根据设计文件要求和设备技术资料进行。

9.6 施工验收

9.6.1 交接验收应符合下列规定：

1 综合布线及网络系统设备安装位置应符合设计要求；

【制定依据、目的】

综合布线及网络系统设备应按照设计文件或图纸要求，安装在数据中心机柜、机架指定的 U 位上，同时考虑设备安装空间冗余和散热需要。

2 配线架的压接应正确、牢固；

【制定依据、目的】

对绞电缆与配线架后部进行压接时，应按 T568A 或 T568B 线序，使用专用的卡接工具进行卡接，确保 8 根导线对应色序卡接在配线架后部接线卡槽里，且 8 根导线需要全部卡入卡槽里的簧片中，不能出现虚接情况。

【技术措施】

配线架后部的端接线区域均有 T568A 或 T568B 线序的色标，根据设计要求对电缆两端的配线架采用相同的线序进行端接电缆。电缆端接要求使用配线架配套的端接工具，且端接工具要求配置自动切线功能。

线缆端接完成后，需要检查 8 根导线是否按照要求的颜色顺序端接在配线架后部，以及所有的导线的导体是否全部端接在卡槽里的簧片中，簧片是否全部刺破导体并进行可靠接触。另外，卡接完成后安装好保护盖，防止理线时造成卡接后的线缆脱落。

3 走线架、槽的安装位置应符合设计要求；

【制定依据、目的】

通常情况下，施工图纸中会给出走线架、槽的安装位置和数量，但在施工中，还需要根据实际情况进行调整。安装位置需要考虑数据中心机柜、机架布局、电缆长度和走线架承重等因素。

4 线缆的敷设应符合设计要求；

【制定依据、目的】

缆线的敷设方式应根据建筑物构造、环境特征、使用要求、需求分布，以及所选用导体与缆线的类型、外形尺寸和结构等因素综合确定。线缆的敷设具体采用导管、桥架或线槽方式，应符合项目设计文件的要求。

5 线缆的标识应清晰、牢固；

【制定依据、目的】

缆线两端应贴有标签，应标明编号，标签书写应清晰、端正和正确。标签应选用不易损坏的材料。

6 链路的测试结果应符合技术要求；

【制定依据、目的】

数据中心布线系统应对每一个完工后的信息点进行永久链路测试。对包含设备缆线和跳线在内的电缆链路，可按信道方式测试。对绞电缆布线系统链路或信道应测试长度、连接图、回波损耗、插入损耗、近端串音、近端串音功率和、衰减远端串音比、衰减远端串音比功率和、衰减近端串音比、衰减近端串音比功率和、环路电阻、时延、时延偏差等，链路的测试结果应符合现行国家标准《综合布线系统工程设计规范》GB 50311 的要求。对于屏蔽布线系统还应检测屏蔽层的导通性能。

7 设备的安装位置应符合设计要求，安装牢固；

【制定依据、目的】

综合布线及网络系统设备应按照设计文件或图纸要求，安装在数据中心机柜、机架指定的 U 位上，并通过螺钉方式安装牢固。

8 设备的标识应清晰、牢固；

【制定依据、目的】

光、电缆配线设备的编排及标识名称应与设计相符。各类标识名称应统一，标识位置正确、清晰。

9 系统测试结果应符合相关技术文件要求。

【制定依据、目的】

对绞电缆布线系统链路或信道应测试长度、连接图、回波损耗、插入损耗、近端串音、近端串音功率和、衰减远端串音比、衰减远端串音比功率和、衰减近端串音比、衰减近端串音比功率和、环路电阻、时延、时延偏差等，链路的测试结果应符合现行国家标准《综合布线系统工程设计规范》GB 50311 的要求。屏蔽布线系统还应检测屏蔽层的导通性能，光纤布线系统应测试光纤链路和信道的衰减值。

【技术措施】

对绞电缆布线系统链路或信道的测试、光纤布线系统链路和信道的测试均有专业的手持工程测试仪表，仪表配置链路和通道测试模块。仪表内置相关的检测标准，设置好检测标准后仪表会自动进行测试，并根据测试结果判断是否符合系统测试要求。

9.6.2 网络相通连通性测试前应符合下列规定：

1 检测配线柜的安装及配线架的压接应符合技术文件要求；

【制定依据、目的】

检测配线柜的安装是否符合技术文件要求位置和数量要求，相邻配线柜是否进行了并柜处理。检测配线柜内的布线设备和网络设备是否按照技术文件要求 U 位位置和数量准确、牢固安装。

检测配线架后部所有线缆是否按照色序要求正确、可靠的端接。

2 检查走线架、槽的规格型号和安装方式应符合设计文件要求；

【制定依据、目的】

检查走线架、槽的规格型号是否与设计文件要求相同。

检查走线架、槽是否按照设计文件要求采用吊装或柜顶安装，安装是否牢固、可靠。

3 检查线缆的规格型号、敷设方式及标识应符合设计文件要求；

【制定依据、目的】

检查线缆的规格型号是否符合设计文件要求。

检查线缆是否按照设计文件要求采用桥架敷设、线槽敷设或穿管敷设等。缆线在各种环境中的敷设方式、布放间距均是否符合设计要求；缆线的布放是否自然平直，无扭绞、打圈等现象，无受外力的挤压和损伤。缆线的布放路由中无缆线接头。

检查缆线两端是否贴有标签，标明编号，标签书写是否清晰、端正和正确。标签是否用不易损坏的材料。

4 进行线缆系统电气性能测试和光缆系统性能测试，线缆系统的测试应符合现行国家标准《综合布线系统工程验收规范》GB/T 50312 的有关规定；

【制定依据、目的】

使用工程测试仪表进行线缆系统电气性能测试和光缆系统性能测试，线缆系统的测试方法和测试结果应符合国家标准《综合布线系统工程验收规范》GB/T 50312—2016 附录 B“综合布线系统工程电气测试方法及测试内容”和附录 C“光纤信道和链路测试”的规定。

5 线缆系统各项测试应按本标准附录 D 的要求测试和记录，并在施工交接验收时提交；

【制定依据、目的】

线缆系统各项测试按本标准附录 D 要求进行测试和记录，并在施工交接验收时提交。

6 检查设备的规格型号、安装方式及标识应正确、完整。

【制定依据、目的】

检查所有布线设备和网络设备的规格型号和安装方式是否符合技术要求，设备的标识是否正确、完整和清晰。

9.6.3 机柜的隔震施工验收应符合以下要求：

1 隔震装置及安装位置应符合设计文件和技术文件要求；

【制定依据、目的】

由于隔震装置目前种类繁多，为确保隔震装置的施工质量，隔震装置及安装位置应符合设计文件和技术文件要求。

【技术措施】

设备安装验收应由专业技术及质量负责人和设计人员进行。

2 隔震装置周边应设置位移空间，位移空间内不应有障碍物；

【制定依据、目的】

根据隔震装置的工作原理及条件，隔震装置需生产运动避开地震的卓越频率，达到保护设备的效果。所以需要隔震装置周围留有位移空间；为运行安全，位移空间内不得有任何障碍物。

【技术措施】

验收时应随工填写验收清单。

3 隔震装置应有明显的标志。

【制定依据、目的】

为确保隔震装置的安全运行，起到提醒及警示作用。

【技术措施】

设备安装后，应提交项目验收报告，并组织相关单位进行验收。

9.6.4 施工交接验收应符合本标准第 3.3.2 条的规定。

【制定依据、目的】

各专业施工验收应由施工单位、建设单位或监理单位共同进行，并应在验收记录上签字确认。

10 监控与安全防范系统

10.1 一般规定

10.1.1 数据中心监控与安全防范系统施工及验收宜包括环境监控系统、场地设备监控系统、安全防范系统的施工与验收。

【制定依据、目的】

数据中心监控系统包括环境监控系统、场地设备监控系统等；安全防范系统由安防监控系统、入侵报警系统、出入口控制系统组成，各系统之间应具备联动控制功能。对于数据中心监控与安全防范系统施工及验收应符合现行国家标准《数据中心设计规范》GB 50174 的相关规定。

10.1.2 环境监控系统应包括温度、相对湿度、空气质量的监测与控制和漏水、漏油的监测与报警。

【制定依据、目的】

环境监控系统应包括温湿度、空气质量的监测与控制和漏水、漏油的监测与报警。环境监控系统的监测应符合现行国家标准《数据中心设计规范》GB 50174 的相关规定，并符合下列规定：

（1）监测和控制主机房和辅助区的温度、露点温度或相对湿度等环境参数，当环境参数超出设定值时，应报警并记录。核心设备区及高密度设备区宜设置机柜微环境监控系统。

（2）主机房内有可能发生水患的部位应设置漏水检测和报警装置，强制排水设备的运行状态应纳入监控系统。

（3）环境检测设备的安装数量及安装位置应根据运行和控制要求确定，主机房的环境温度、露点温度或相对湿度应以冷通道或送风区域的测量参数为准。

【技术措施】

温湿度监测：在机房安装温湿度传感器，设定温湿度传感器的温度与湿度的上限与下限值。当温湿度传感器检测到的数据超过设定的上限或下限时，系统立即报警。湿度传感器通过 RS485 接口接入到动环监控系统，实现对温湿度的实时监测。

空气质量监测：在机房安装气体传感器通过 RS485 接口接入动环监控系统，实现对空气质量的实时监测。

漏水、漏油监测：在空调周围及其他可能发生漏水的位置和在油罐、油箱等易漏油位置布置感应绳，感应绳与控制器连接，控制器通过 RS485 接口接入到动环监控系统，实现对漏水漏油实时监测。

10.1.3 场地设备监控系统宜包括对供配电、不间断电源、空调设备、新风设备、发电机组、配电柜、蓄电池组等设备的监测、控制与报警。

【制定依据、目的】

场地设备监控系统监测应符合现行国家标准《数据中心综合监控系统工程技术标准》GB/T 51409 的相关规定。

（1）低压开关设备的监控内容：

1）进线柜：开关状态、电压、电流、频率、有功功率、无功功率、有功电度、电流谐波总畸变率、报警信息；

2）馈线柜：开关状态、电流、功率因数、报警信息；

3）母联柜：开关状态、电流、电压、报警信息；

4）电容补偿柜：功率因数、电流、温度、报警信息；

5）谐波治理柜：开关状态、谐波电压、谐波电流、报警信息；

6）集中手动维修旁路柜：开关状态、电压、电流、频率。

（2）不间断电源监测内容：

1）UPS 输入的开关状态、电压、电流、频率、功率因数、有功功率、无功功率；

2）UPS 输出的开关状态、电压、电流、频率、功率因数、有功功率、无功功率、视在功率、负载率；

3）旁路输入的开关状态、电压、电流、频率。

（3）蓄电池组监测内容：

1）蓄电池组总电压、每只蓄电池电压、每组充放电电流、每只蓄电池的内阻；

2）蓄电池组总电压，每只蓄电池电压，充电电流。

（4）配电柜监测内容：

1）输入回路的开关状态、电压、电流、频率、功率因数、谐波、有功功率、无功功率、有功电度、故障信息、报警信息；

2）输出回路的开关状态、电流、有功功率、故障信息、报警信息。

（5）发电机组监测内容：

1）电气系统的加热器开 / 关状态、频率、功率因数、各相电压、电流；

2）发动机的发动机转速、机油 / 燃油压力、机油滤压差、燃油滤压差；

3）冷却系统的冷却液温度、出水温度、进水温度、冷却水温、环境温度；

4）供油系统的储油罐液位、卸油控制状态、供油控制状态、报警信息，油箱液位、供油管路阀门状态、漏油检测；

5）控制系统的功率因数、频率、各相电压 / 电流、有功功率、报警信息。

（6）新风设备监测内容：

1）新风进风、出风温（湿）度，过滤网内、外压差；

2）新风机组开 / 关机状态，风机、压缩机、加热器、加湿器运行正常 / 异常状态。

（7）空调设备监测内容：

1）空调开 / 关机状态，回风温（湿）度，压缩机、加热器、加湿器、风机、冷凝器运行正常 / 异常状态；

2）加湿 / 除湿器开 / 关机状态，回风温（湿）度，加湿 / 除湿器漏水报警，加湿器进水阀工作状态，加湿 / 除湿器风机运行状态，加湿 / 除湿器运行正常 / 异常状态。

10.1.4 安全防范系统宜包括视频监控系统、入侵报警系统和出入口控制系统等。

【制定依据、目的】

安全防范系统包括视频监控系统、入侵报警系统、出入口控制系统等，并应能提供对外接口及协议；通信协议应满足综合监控系统的要求，应符合现行国家标准《数据中心综合监控系统工程技术标准》GB/T 51409 的相关规定，保证数据中心主机房的视频监控无盲区。各集成子系统监控的主要参数应纳入综合监控系统，各集成子系统之间宜具有联动控制功能。

视频监控系统监控内容：实时视频浏览存储 / 回放 / 检索远程控制。

入侵报警系统监控内容：入侵报警、紧急报警、防拆报警、故障报警防区设置。

出入口控制系统监控内容：出入口状态、出入口控制、故障报警。

10.1.5 监控与安全防范系统工程施工及验收除应执行本标准外，尚应符合现行国家标准《数据中心综合监控系统工程技术标准》GB/T 51409、《建筑电气工程施工质量验收规范》GB 50303 和《安全防范工程技术标准》GB 50348 的有关规定。

【制定依据、目的】

监控与安全防范系统工程施工及验收涉及较多的工程技术和设备，本标准不可能包括全部的技术要求及质量验收规定。为满足和完善工程的验收标准，除应执行本标准的规定外，尚应符合现行国家标准《数据中心综合监控系统工程技术标准》GB/T 51409、《建筑电气工程施工质量验收规范》GB 50303 和《安全防范工程技术标准》GB 50348 的有关规定。

10.2 配管配线与敷设

10.2.1 线缆敷设应按设计要求进行，并应符合本标准第 9.2 节的有关规定。

10.2.2 电力电缆、线槽、桥架和护管的敷设应符合现行国家标准《建筑电气工程施工质量验收规范》GB 50303 的有关规定。

【制定依据、目的】

电力电缆、线槽、桥架和护管的敷设涉及较多的工程技术，本标准不可能包括全部的技术要求及质量验收规定。为满足和完善工程的验收标准，除应执行本标准的规定外，尚应符合现行国家标准《建筑电气工程施工质量验收规范》GB 50303 的有关规定。

10.2.3 同轴电缆的敷设应符合现行国家标准《民用闭路监视电视系统工程技术规范》GB 50198 的有关规定。

【制定依据、目的】

同轴电缆的敷设涉及较多的工程技术，本标准不可能包括全部的技术要求及质量验收规定。为满足和完善工程的验收标准，除应执行本标准的规定外，尚应符合现行国家标准《民用闭路监视电视系统工程技术规范》GB 50198 的有关规定。

10.2.4 传感器、探测器的导线连接应牢固可靠，并应留有余量，线芯不得外露。

【制定依据、目的】

现行国家标准《民用闭路监视电视系统工程技术规范》GB 50198 规定了摄像机的安装应牢固稳定，运转应灵活。应避免破坏，并与周边环境相协调。

摄像机引出的电缆宜留有 1m 的余量，不得影响传感器、探测器的转动，摄像机的电缆和电源线均应固定；并不得用插头承受电缆的自重，摄像机的信号线和电源线应分别引入，外露部分用护管保护。

10.2.5 电力电缆宜与信号线缆、控制线缆分开敷设，不宜交叉。当无法避免时，信号线缆、控制线缆应采取屏蔽措施。

【制定依据、目的】

依据现行国家标准《安全防范工程技术标准》GB 50348 的有关规定，信号电缆与电力线平行或交叉敷设时，间距不得小于 0.3m；与通信线平行或交叉敷设时，间距不得小于 0.1m。信号电缆与电力线接近，或接近电动机、电力变压器等干扰源，且不能满足最小净距要求时，可采用金属导管或金属槽盒等局部措施加以屏蔽处理。

10.3 设备安装

10.3.1 环境监控系统、场地设备监控系统、安全防范系统安装前的设备检测应按现行国家标准《智能建筑工程质量验收规范》GB 50339 的有关规定执行。

【制定依据、目的】

环境监控系统、场地设备监控系统、安全防范系统安装涉及较多的工程技术，本标准不可能包括全部的技术要求及质量验收规定。为满足和完善工程的验收标准，除应执行本标准的规定外，尚应符合现行国家标准《智能建筑工程质量验收规范》GB 50339 的有关规定。

10.3.2 设备与设施应按设计文件确定的位置进行安装，并应符合下列规定：

1 应留有操作和维护空间；

【制定依据、目的】

本条规定了设备与设施应留有操作和维护空间，应依据国家标准《数据中心综合监控系统工程技术标准》GB/T 51409—2020 中“设备应按设计文件确定的位置进行安装，并应预留操作和维护空间”执行，保证设备安装后互不影响，安全稳定地运行。

【技术措施】

（1）温湿度传感器的安装要求。

安装在能稳定反映环境温（湿）度的位置，不宜安装在门边、空调送风口、窗户、设备散热口附近；应远离有较强振动、强电磁干扰、潮湿的区域；应保证传感器探头受到墙体的温度辐射最小；室外温湿度传感器应有防风、防雨保护措施；安装的高度应便于维护，在同一区域内安装的温湿度传感器，距地高度应一致；对于大空间场所，宜均匀布置多个温湿度传感器。

（2）空气质量传感器的安装要求。

传感器应布置在气体容易积聚、能反映被测区域状态的位置；腐蚀性气体在线监测装置应安装在与机柜顶部齐高的位置，宜安装在冷通道内；可燃性气体浓度传感器应安装在电池室顶部，并应避开照明设备及管线槽。

（3）漏水传感器的安装要求。

应安装在空调室内机、加湿器、水冷冷水机组、新风机、冷热水管路、阀门、排水通道和其他有水区域的周边部位；应远离强电，不得接近化学试剂、油料；安装时应确保传感器探头与地面或管道紧密接触。绳式漏水传感器安装时应放置在非金属表面，当无法避开金属物体时，应隔离并固定。

2 环境参数采集设备安装应符合设计文件和技术文件的要求。

【制定依据、目的】

环境参数采集设备安装应符合国家标准《数据中心综合监控系统工程技术标准》GB/T 51409 中规定：“主机接地应牢固可靠；接入的信号线线缆剥线长度应一致，线缆与设备连接应牢固；主机宜安装在机柜内，可安装在定制机箱内，安装应平稳，牢固，并应便于操作和维护。”

10.3.3 信号传输设备和信号接收设备之间的路径和距离应符合技术文件要求。

【制定依据、目的】

信号传输设备和信号接收设备之间的路径和距离应符合现行国家标准《民用闭路监视电视系统工程技术规范》GB 50198 中的规定。

传输距离较近，可采用同轴电缆传输视频基带信号的视频传输方式。当传输的黑白电视基带信号在 5MHz 点的不平坦度大于 3dB 时，宜加电缆均衡器；当大于 6dB 时，应加电缆均衡放大器。当传输的彩色电视基带信号在 5.5MHz 点的不平坦度大于 3dB 时，宜加电缆均衡器；当大于 6dB 时，应加电缆均衡放大器。

传输距离较远，监视点分布范围广或需进入有线电视网时，宜采用多路负载波复用的射频传输方式。

当系统为数字信号传输时，可采用四对对绞电缆的网络进行传输。

长距离传输或需避免强电磁场干扰的传输宜采用光缆传输方式。当有特殊要求时，宜采用无金属光缆。

10.3.4 摄像机的安装应符合下列规定：

1 应对摄像机逐一通电、检测和调试，通过后方可安装；

【制定依据、目的】

摄像机本身的质量是保障监控质量和正常运行的重要前提，本条规定了应对摄像机逐一通电、检测和调试，通过后方可安装，符合国家标准《民用闭路监视电视系统工程技术规范》GB 50198—2011 中“将摄像机逐个通电进行检测和粗调，在摄像机处于正常工作状态后，方可安装”的要求。

2 应检查云台的水平与垂直转动角度，并应根据设计要求确定云台转动起始点；

【制定依据、目的】

云台的水平与垂直转动角度将决定摄像机监测的范围是否符合要求，本条规定了应检查云台的水平与垂直转动角度，并应根据设计要求确定云台转动起始点，符合国家标准《民用闭路监视电视系统工程技术规范》GB 50198—2011 中“检查云台的水平、垂直转动角度。并根据设计要求定准云台转动起点方向”的要求。

3 对摄像机初步安装后，应进行通电调试，并应检查功能、图像质量、监视区范围，符合要求后固定；

【制定依据、目的】

摄像机的初步安装调试，是对前期设备安装的重要检验步骤，是摄像机后期是否能正常运行的前提。本条规定了对摄像机初步安装后，应进行通电调试，并应检查功能、图像质量、监视区范围，符合要求后固定，应依据国家标准《民用闭路监视电视系统工程技术规范》GB 50198—2011 中的要求，“先对摄像机进行初步安装。经通电试看、细调，检查各项功能。观察监视区域的覆盖范围和图像质量。符合要求后方可固定”。

4 摄像机安装应牢固、可靠。

【制定依据、目的】

摄像机安装的可靠性将决定监控的精度和对环境安全的保证，本条规定了摄像机安装应牢固、可靠，应依据国家标准《民用闭路监视电视系统工程技术规范》GB 50198—2011 中的要求，“摄像机及其配套装置安装应牢固稳定，运转应灵活。应避免破坏。并与周边环境相协调”。

10.3.5 监视器的安装位置应符合下列规定：

1 嵌入式安装的监视器在机柜内时，应采取通风散热措施；

【制定依据、目的】

监视器正常运行时功率较大，有效的通风散热措施可保障监视器正常稳定地运行，避免出现宕机现象。本条规定了嵌入式安装的监视器在机柜内时，应采取通风散热措施，应符合国家标准《民用闭路监视电视系统工程技术规范》GB 50198—2011 中的规定：“监视器可装设在固定的机架和柜上，也可装设在控制台操作柜上。应满足承重、散热、通风等要求”。

2 监视器的屏幕应避免光线直射；

【制定依据、目的】

光线直射下开监视器，不仅会对眼睛伤害比较大，而且对显示器本身造成影响。本条规定了监视器的屏幕应避免光线直射，应符合国家标准《民用闭路监视电视系统工程技术规范》GB 50198—2011 中的规定：“监视器的安装位置应使屏幕不受外来光直射。如不能避免时，应加遮光罩遮挡”。

3 监视器的外部调节部分，应便于操作。

【制定依据、目的】

本条规定了监视器的外部调节部分，应便于操作，应符合国家标准《民用闭路监视电视系统工程技术规范》GB 50198—2011 中的规定："监视器的外部可调节部分，应暴露在便于操作的位置，并可加保护盖"。

10.3.6 控制台及设备的安装应符合下列规定：

1 控制台及设备的安装位置应依据设计要求，安装应平稳、牢固，并应便于操作和维护；

【制定依据、目的】

本条规定了控制台及设备的安装位置应依据设计要求，安装应平稳、牢固，并应便于操作和维护，应符合国家标准《民用闭路监视电视系统工程技术规范》GB 50198—2011 中的规定："控制台位置应依据设计要求；控制台应安放竖直，台面水平；附件应完整，无损伤，螺丝紧固，台面整洁无划痕"。

2 控制台及设备内应采取通风散热措施，内部接插件与设备的连接应牢固、可靠；

【制定依据、目的】

控制台及设备正常运行时功率较大，有效的通风散热措施可保障控制台及设备正常稳定地运行，避免出现宕机现象。本条规定了控制台及设备内应采取通风散热措施，内部接插件与设备的连接应牢固、可靠，应符合国家标准《民用闭路监视电视系统工程技术规范》GB 50198—2011 中的规定："台内接插件和设备接触应可靠，安装应牢固；内部接线应依据设计要求，无扭曲脱落现象"。

3 所有控制、显示、记录等终端设备的安装应平稳便于操作。

【制定依据、目的】

控制台、监视器、摄像机等终端设备安装时应平稳便于操作，应符合国家标准《民用闭路监视电视系统工程技术规范》GB 50198 中前端设备的安装要求。

10.4 系统调试

10.4.1 系统调试前应做好下列准备：

1 应按设计要求检查确认已安装设备的规格型号、数量；

【制定依据、目的】

本款规定了系统调试前应按设计要求检查确认已安装设备的规格型号、数量，应符合国家标准《数据中心综合监控系统工程技术标准》GB/T 51409—2020 中的规定："设备通电前应按设计要求检查确认已安装设备的规格、型号、数量"，以保证设备规格、型号、数量符合设计的要求。

2 通电前应检查供电电源的电压、极性、相序与设计要求或设备技术文件相符；

【制定依据、目的】

通电前进行电源设备的检查，是确保电源设备正常、安全稳定运行和操作人员人身安全的重要前提。本条规定了通电前应检查供电电源的电压、极性、相序与设计要求或设备技术文件相符，应符合国家标准《数据中心综合监控系统工程技术标准》GB/T 51409—2020 中的规定："管路连接、线缆连接、设备安装、设备输入输出的交直流电源的电压等级应与设计相符，应满足设备开机调试要求。"

3 对有源设备应逐个进行通电检查。

【制定依据、目的】

本款规定了对有源设备应逐个进行通电检查，应符合国家标准《数据中心综合监控系统工程技术标准》GB/T 51409—2020 中的规定："各种有源设备应逐个进行通电检查，工作正常后方可进行单机调试。"

10.4.2 环境监控系统功能检测及调试应包括下列内容：

1 数据中心环境温度、相对湿度、空气尘埃粒子浓度等参数准确测量，并符合设计文件和技术文件的要求；

【制定依据、目的】

数据中心机房对于环境温度、相对湿度、空气尘埃粒子浓度有严格的要求，以避免对机房中电子设备的影响，本条规定了数据中心环境温度、相对湿度、空气尘埃粒子浓度等参数准确测量，应符合国家标准《数据中心设计规范》GB 50174—2017 中温度、露点温度及空气粒子浓度要求：

（1）主机房和辅助区内的温度、露点温度和相对湿度应满足电子信息设备的使用要求；当电子信息设备尚未确定时，应按现行国家标准《数据中心设计规范》GB 50174 附录 A 执行。

（2）主机房的空气粒子浓度，在静态或动态条件下测试，每立方米空气中粒径大于或等于 0.5mm 的悬浮粒子数应少于 1 760 000 粒。

（3）数据中心装修后的室内空气质量应符合现行国家标准《室内空气质量标准》GB/T 18883 的有关规定。

2 校准监控数据准确性；

【制定依据、目的】

监控数据校准的准确性将决定监测数据的精确度，本条规定了校准监控数据准确性应符合《数据中心综合监控系统工程技术标准》GB/T 51409—2020 中的规定：“单系统调试应分别调试数据采集主机与现场监控设备、集成子系统、系统平台之间的接口，通信应正常、数据应正确。”

3 校验水、漏油等报警的准确性。

【制定依据、目的】

校验漏水、漏油等报警的准确性，有助于确保对漏水、漏油等异常情况能够及时且准确地进行监测。因此，本条规定需对漏水、漏油等报警的准确性进行校验，具体应符合现行国家标准《数据中心综合监控系统工程技术标准》GB/T 51409 中对漏水、漏油等报警准确性的相关要求。

10.4.3 场地设备监控系统功能检测及调试应包括下列内容：

1 采集数据准确，采集数据刷新时间符合设计文件和技术文件要求；

【制定依据、目的】

本款规定采集数据应准确，采集数据刷新时间符合设计文件和技术文件要求；

应符合国家标准《数据中心综合监控系统工程技术标准》GB/T 51409—2020 中的规定："对被监控设备的监控数据的采集、传输、保存应准确、及时。"

2 检查控制的稳定性和控制效果、调试响应时间符合设计文件和技术文件的要求；

【制定依据、目的】

本款规定了检查控制的稳定性和控制效果、调试响应时间，应符合现行国家标准《数据中心综合监控系统工程技术标准》GB/T 51409 中单系统调试的规定。

3 检查设备联锁控制和故障报警的正确性。

【制定依据、目的】

本款规定了检查设备联锁控制和故障报警的正确性，应符合现行国家标准《数据中心综合监控系统工程技术标准》GB/T 51409 中系统联调的规定。

10.4.4 安全防范系统调试应符合现行国家标准《安全防范工程技术标准》GB 50348 的有关规定。

【制定依据、目的】

安全防范系统调试涉及较多的工程技术，本标准不可能包括全部的技术要求及质量验收规定。为满足和完善工程的验收标准，除应执行本标准的规定外，尚应符合现行国家标准《安全防范工程技术标准》GB 50348 的有关规定。

10.4.5 设备调试应由相关专业技术人员根据设计文件要求和设备技术资料进行。

【制定依据、目的】

本条规定的设备调试应由相关专业技术人员根据设计文件要求和设备技术资料进行。应符合现行国家标准《安全防范工程技术标准》GB 50348 的有关规定，对各系统软硬件设备进行现场逐一设置、操作、调整、检查，其功能性能等指标应根据设计文件要求和设备技术资料进行。

10.4.6 系统调试应做记录，并应出具调试报告。

【制定依据、目的】

本条规定的系统调试应做记录，并应出具调试报告，应符合现行国家标准《安全防范工程技术标准》GB 50348—2018 中的规定：“系统调试前，应根据设计文件、设计任务书、施工计划，编制系统调试方案”；规定：“系统调试过程中，应及时、真实填写调试记录”；规定：“系统调试完毕后，应编写调试报告，系统主要功能、性能指标应满足设计要求”。

10.5 施工验收

10.5.1 交接验收应包括下列内容：

1 设备、装置及配件的安装准确无误；

【制定依据、目的】

准确无误安装设备、装置及配件是保证施工进度和产品质量的前提。

环境监控系统的设备、装置及配件的安装应符合现行国家标准《数据中心综合监控系统工程技术标准》GB/T 51409 的有关规定。

安全防范系统的设备、装置及配件的安装应符合国家标准《安全防范工程技术标准》GB 50348—2018 第 7 章“工程施工”的技术要求。

2 环境监控系统和场地设备监控系统的数据采集、传送、转换、存储、控制功能正常；

【制定依据、目的】

环境监控系统的数据采集、传送、转换、存储、控制功能正常，验收内容应符合现行国家标准《数据中心设计规范》GB 50174 中的有关规定：

（1）环境和设备监控系统应依据下列规定：

1）监测和控制主机房和辅助区的温度、露点温度或相对湿度等环境参数，当环境参数超出设定值时，应报警并记录。核心设备区及高密度设备区宜设置机柜微环境监控系统。

2）主机房内有可能发生水患的部位应设置漏水检测和报警装置，强制排水设备的运行状态应纳入监控系统。

3）环境检测设备的安装数量及安装位置应根据运行和控制要求确定，主机房的环境温度、露点温度或相对湿度应以冷通道或送风区域的测量参数为准。

（2）设备监控系统宜对机电设备的运行状态、能耗进行监视报警并记录。机房专用空调设备、冷水机组、柴油发电机组、不间断电源系统等设备自身应配戴监控系统，监控的主要参数应纳入设备监控系统，通信协议应满足设备监控系统的要求。

（3）场地设备监控系统的数据采集、传送、转换、存储、控制功能正常，验收内容应符合现行国家标准《数据中心设计规范》GB 50174 的有关规定：

1）安全防范系统宜由视频安防监控系统、入侵报警系统和出入口控制系统组成，各系统之间应具备联动控制功能。A 级数据中心主机房的视频监控应无盲区。

2）火灾等紧急情况时，出入口控制系统应能接收相关系统的联动控制信号，自动打开疏散通道上的门禁系统。

3）室外安装的安全防范系统设备应采取防雷电保护措施电源线、信号线应采用屏蔽电缆，避雷装置和电缆屏蔽层应接地且接地电阻不应大于 10Ω。

4）安全防范系统宜采用数字式系统，支持远程监视功能。

3　入侵报警系统的入侵报警功能、防破坏和故障报警功能、记录显示功能和系统自检功能正常；

【制定依据、目的】

本款规定了入侵报警系统的入侵报警功能、防破坏和故障报警功能、记录显示功能和系统自检功能正常，其验收内容应符合现行国家标准《安全防范工程技术标准》GB 50348 中的有关规定：

入侵和紧急报警系统应对保护区域的非法隐蔽进入、强行闯入，以及撬、挖、凿等破坏行为进行实时有效的探测与报警。应结合风险防范要求和现场环境条件等因素，选择适当类型的设备和安装位置，构成点、线、面、空间或其组合的综合防护系统。

入侵和紧急报警系统设计内容应包括安全等级、探测、防拆、防破坏及故障识别、设置、操作、指示、通告、传输、记录、响应、复核、独立运行、误报警与漏报警、报警信息分析等。

4　视频监控系统的控制功能、监视功能、显示功能、记录功能和报警联动功能正常；

【制定依据、目的】

本款规定了视频监控系统的控制功能、监视功能、显示功能、记录功能和报警联动功能正常，其验收内容应符合现行国家标准《安全防范工程技术标准》GB 50348 中的设计要求：

视频监控系统应对监控区域和目标进行实时、有效的视频采集和监视，对视频采集设备及其信息进行控制，对视频信息进行记录与回放，监视效果应满足实际应用需求。

视频监控系统设计内容应包括视频 / 音频采集、传输、切换调度、远程控制、视频显示和声音展示、存储 / 回放 / 检索、视频 / 音频分析、多摄像机协同、系统管理、独立运行、集成与联网等。

5 出入口控制系统的出入目标识读功能、信息处理和控制功能、执行机构功能正常；

【制定依据、目的】

本款规定了出入口控制系统的出入目标识读功能、信息处理和控制功能、执行机构功能正常，其验收内容应符合现行国家标准《安全防范工程技术标准》GB 50348 中设计要求：

出入口控制系统应根据不同的通行对象进出各受控区的安全管理要求，在出入口处对其所持有的凭证进行识别查验，对其进出实施授权、实时控制与管理，满足实际应用需求。

出入口控制系统的设计内容应包括：与各出入口防护能力相适应的系统和设备的安全等级、受控区的划分、目标的识别方式和出入控制方式、出入授权、出入口状态监测、登录信息安全、自我保护措施、现场指示 / 通告、信息记录、人员应急疏散、独立运行、一卡通用等。

6 系统调试报告符合设计文件和技术文件要求。

【制定依据、目的】

（1）环境监控系统、场地设备监控系统调试报告应符合国家标准《数据中心综合监控系统工程技术标准》GB/T 51409—2020 中的一般规定：

1）数据中心综合监控系统工程的调试、试运行应在施工安装验收结束后进行。

2）施工单位应编制调试方案，调试结束后应提供调试资料。

3）综合监控系统工程的调试和试运行应形成书面记录，记录内容及其格式应依据国家标准《数据中心综合监控系统工程技术标准》GB/T 51409—2020 附录 B 的规定。

（2）安全防范系统调试报告应符合现行国家标准《安全防范工程技术标准》GB 50348 中的规定：

入侵和紧急报警系统调试应至少包括下列内容：

1）探测器的探测范围、灵敏度、报警后的恢复、防拆保护等。

2）紧急按钮的报警与恢复。

3）防区、布撤防、旁路、胁迫警、防破坏及故障识别、告警、用户权限等设置、操作、指示 / 通告、记录 / 存储、分析等。

4）系统的报警响应时间、联动、复核、漏报警等。

5）入侵和紧急报警系统的其他功能。

视频监控系统调试应至少包括下列内容：

1）摄像机的监控覆盖范围，焦距、聚焦及设备参数等。

2）摄像机的角度或云台、镜头遥控等，排除遥控延迟和机械冲击等不良现象。

3）拾音器的探测范围及覆盖效果。

4）监视、录像、打印、传输、信号分配 / 分发、控制管理等功能。

5）视音频的切换 / 控制 / 调度、显示 / 展示、存储 / 回放 / 检索，字符叠加、时钟同步、智能分析、预案策略、系统管理等。

出入口控制系统调试应至少包括下列内容：

1）识读装置、控制器、执行装置、管理设备等调试。

2）各种识读装置在使用不同类型凭证时的系统开启、关闭、提示、记忆、统计、打印等判别与处理。

3）各种生物识别技术装置的目标识别。

4）系统出入授权 / 控制策略，受控区设置、单 / 双向识读控制、防重入、复合 / 多重识别、防尾随、异地核准等。

5）与出入口控制系统共用凭证或其介质构成的一卡通系统设置与管理。

6）出入口控制子系统与消防通道门和入侵报警、视频监控、电子巡查等子系统间的联动或集成。

7）指示 / 通告、记录 / 存储等。

8）出入口控制系统的其他功能。

10.5.2 系统检测应按本标准附录 E 的要求进行和记录，并应在交接验收时提交。

【制定依据、目的】

系统检测应按本标准附录 E 的检测结果和检测结论应符合现行国家标准《数据中心设计规范》GB 50174 中环境和设备监控系统和安全防范系统的技术要求进行和记录，并应在交接验收时提交。

10.5.3 施工交接验收应符合本标准第 3.3.2 条的规定。

【制定依据、目的】

各专业施工验收应由施工单位、建设单位或监理单位共同进行，并应在验收记录上签字确认。

11 电磁屏蔽系统

11.1 一般规定

11.1.1 数据中心电磁屏蔽系统的施工及验收应包括屏蔽壳体、屏蔽门、各类滤波器、截止波导窗、屏蔽玻璃窗、信号接口板及配套电磁屏蔽装置等项目的施工和屏蔽效能的检测。

【制定依据、目的】

本条的制定主要依据现行国家标准《电磁屏蔽室工程施工及质量验收规范》GB/T 51103。

本条旨在为数据中心电磁屏蔽系统的施工及验收提供指导，确保各项工程和装置按照既定标准和规范进行，以提高电磁屏蔽系统的施工质量，并满足设计要求和标准。通过明确施工流程、验收标准和检测方法，有助于发现施工过程中的错误，提高工程效率，确保数据中心的安全稳定运行。对于数据中心电磁屏蔽系统的施工及验收，提供明确的技术指南，以确保施工质量并达到预期的屏蔽效能。

11.1.2 安装电磁屏蔽室的建筑墙地面应坚硬、平整，并应保持干燥。

【制定依据、目的】

本条对安装电磁屏蔽室前的建筑墙地面做出规定。要求建筑室内表面应做一些处理，以达到电磁屏蔽室的安装条件，因为一般情况下电磁屏蔽室施工结束后就不再移动。

【技术措施】

要求建筑室内的顶棚和墙壁一般要固化处理；地面一般为水泥砂浆地坪；表面做防尘处理；地面应平整。

11.1.3 屏蔽结构体安装前，围护结构内的预埋件、管道施工及预留孔洞应完成。

【制定依据、目的】

本条规定在安装电磁屏蔽室前，建筑室内表面应做一些处理。这是因为电磁屏蔽室安装完成后，建筑围护结构内的预埋件、管道施工及预留孔洞可能无法再进行施工。

【技术措施】

应根据设计图纸对建筑围护结构内的预埋件、管道施工及预留孔洞进行施工。

11.1.4 焊接的结构件焊缝应光滑、致密，不得有熔渣、裂纹、气泡、气孔和虚焊等焊接缺陷。

【制定依据、目的】

本条制定的主要依据是现行国家标准《电磁屏蔽室工程施工及质量验收规范》GB/T 51103。

【技术措施】

（1）焊接的焊缝应平滑过渡，无明显的凸起或凹陷，以保证结构的强度和美观性。同时，焊缝应紧密连接、无缝隙，以防止电磁波的泄漏。

（2）焊缝应无熔渣、裂纹、气泡、气孔和虚焊等焊接缺陷。这些缺陷会严重影响焊缝的质量和强度，需要避免。在焊接过程中，应采用合适的焊接工艺和材料，并进行严格的焊接质量控制，以确保焊缝的质量。焊缝照片见图 1-11-1 和图 1-11-2。

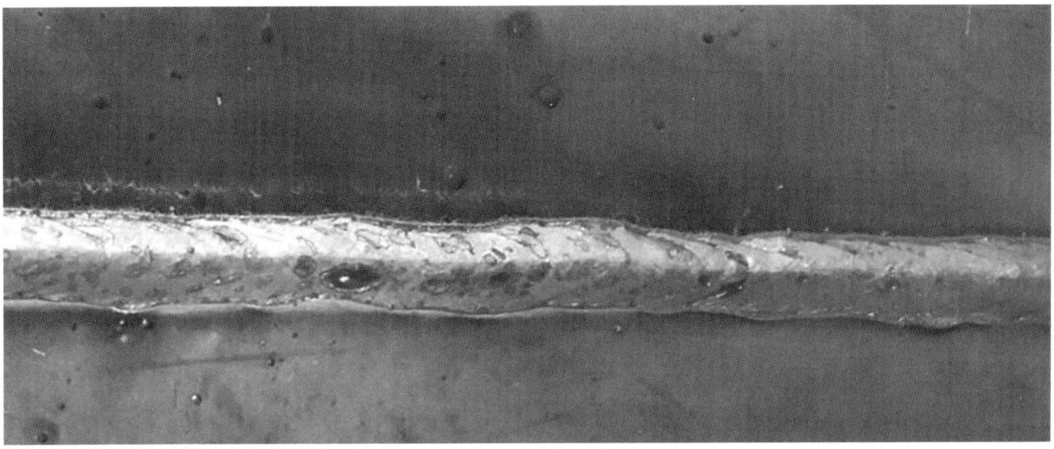

图 1-11-1　合格的焊缝

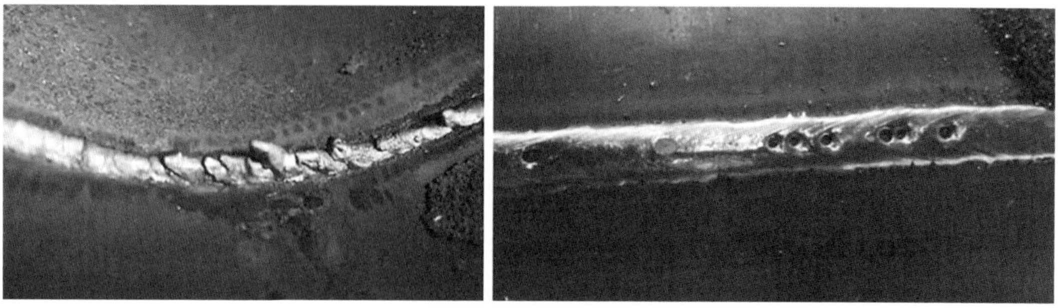

图 1-11-2　不合格的焊缝

11.1.5　结构件的焊缝应进行除锈、防腐处理。

【制定依据、目的】

本条制定的主要依据是现行国家标准《电磁屏蔽室工程施工及质量验收规范》GB/T 51103 和《电磁屏蔽室工程技术规范》GB/T 50719。

对于电磁屏蔽室的施工，结构件的焊缝质量至关重要，为确保结构件的长期稳定性和耐久性，需要进行除锈和防腐处理。

对结构件进行质量检查，确保符合设计要求和焊接质量标准。对于不合格的结构件应及时进行更换或修复。

【技术措施】

（1）除锈：对于焊缝及其周围的锈迹、油污等杂质，应进行彻底清理。可以采用机械打磨（图 1-11-3）、化学除锈等方法进行清理，以露出金属本色。

图 1-11-3　除锈

（2）防腐处理：在除锈完成后，应对结构件进行防腐处理。常用的防腐方法包括涂装（防锈漆、喷塑）、镀锌等。应根据结构件的材料和用途选择合适的防腐方法，并确保防腐层的质量和厚度满足要求。

11.1.6 所有屏蔽设备在屏蔽界面的内外应粘贴安全使用警示标志。

【制定依据、目的】

屏蔽设备可能涉及电气、机械或其他潜在危险，如果没有适当的警示标志，工作人员或使用者可能会忽视这些风险，导致事故发生。

通过粘贴安全使用警示标志，可以提醒工作人员或使用者注意保护电磁屏蔽设备，避免不当的操作损害屏蔽设备，使其失去信息保护作用。

【技术措施】

通过设置明显的警示标志，可以减少或消除潜在的安全风险，保护工作人员和使用者的安全；同时能提醒相关人员采取适当的安全措施，确保工作场所的安全，降低事故风险。

11.1.7 电磁屏蔽室不宜与土建、水电专业同时施工。

【制定依据、目的】

电磁屏蔽室作为数据中心工程中一个独立子工程，为降低施工复杂性，与土建、水电专业同时施工可能会增加管理和协调的难度，容易出现质量问题和安全隐患。

【技术措施】

在施工前进行详细的规划，明确电磁屏蔽室的施工顺序、施工要求和施工环境。与土建、水电专业进行充分的沟通和协调，确保施工过程中的配合和衔接。

在施工现场设置隔离区域，将电磁屏蔽室的施工区域与土建、水电专业的施工区域分隔开来。这样可以减少不同专业之间的干扰和冲突，确保电磁屏蔽室的施工质量和进度。

11.2 电磁屏蔽结构体施工

11.2.1 电磁屏蔽结构体施工应按电磁屏蔽室的结构形式分类，分为组装式电磁屏蔽室和焊接式电磁屏蔽室的施工。

【制定依据、目的】

依据国家标准《数据中心设计规范》GB 50174—2017 中“用于保密目的的电磁屏蔽室，其结构形式可分为可拆卸式和焊接式”，对电磁屏蔽室的结构形式进行了明确的分类。国家标准《电磁屏蔽室工程施工及质量验收规范》GB/T 51103—2015 中“电磁屏蔽室结构施工”，对电磁屏蔽室不同的主体结构所对应的各自施工要求进行了详细地阐述。

根据建设电磁屏蔽室的屏蔽效能要求、区域的环境情况、承重要求、施工要求以及电磁屏蔽室是否需要进行拆搬迁等因素，采用不同结构形式的电磁屏蔽室来适应相对应的使用要求。

【技术措施】

组装式电磁屏蔽室其壁板应采用具有良好导电性和导磁性的优质镀锌钢板，壁板应模压成形保证其强度，壁板之间通过螺栓与专用一体化导电衬进行连接保证屏蔽效能。

焊接式电磁屏蔽室其壁板应采用具有良好导电性和导磁性的冷轧钢板，外层龙骨由各种型钢、龙骨焊接组成龙门框架，形成桁架式的自支撑结构。屏蔽室内外表面需进行防腐处理，壁板之间通过电气连续密封焊保证屏蔽效能。

11.2.2 组装式电磁屏蔽室结构体的施工应符合下列规定：

1 应按设计要求核对壁板的规格型号、尺寸和数量；

【制定依据、目的】

电磁屏蔽是指对电场和磁场同时加以屏蔽，也就是对两个指定的空间区域以金属材料为载体进行隔离，以控制电场、磁场和电磁波由一个区域对另外一个区域的感应和传播。组装式电磁屏蔽室是采用模块化屏蔽单元进行连续拼接形成的一个六面体，就好比拼图的道理：如果缺少任何一块壁板，或者任何一块壁板的规格型号跟尺寸不符合要求，最终都不能组装成功。因此，组装式电磁屏蔽室结构体施工前首先需要根据设计文件对壁板的规格型号、尺寸和数量进行核对确认，确保在安装过程中不会因壁板的“错误”发生意外事件。

【技术措施】

施工前，施工单位应按照需求进行深化设计施工图、设计要求。应对所有壁板进行详细检查，确保其规格型号、尺寸和数量与设计要求完全一致。这包括对壁板的材质、厚度、长度、宽度等参数进行逐一核对，以确保其符合设计标准。同时，还应注意检查壁板的表面质量，如有损伤或瑕疵应及时处理或更换。

2 在建筑地面上应铺设防潮、绝缘层；

【制定依据、目的】

依据国家标准《数据中心设计规范》GB 50174—2017 中“电磁屏蔽室的壳体应对地绝缘，接地宜采用共用接地装置和单独接地线的型式”的要求。

在电磁屏蔽室建设过程中，铺设防潮层能有效避免地面潮湿，防止其对室内设备和结构造成损害，为电磁屏蔽室长期稳定运行提供保障；铺设绝缘层可阻止电流经地面泄漏，提升电磁屏蔽室电气安全性，增强整体屏蔽效能。

【技术措施】

（1）选择符合要求的防潮材料和绝缘材料。防潮材料应具有优良的防潮性能，能有效地隔绝地面潮气；绝缘材料则应具有良好的绝缘性能，能够防止电流通过地面泄漏。同时，准备施工所需的辅助材料，如胶黏剂、固定件等。

（2）进行基层处理。确保建筑地面平整、干燥、无油污等。对不平整或有问题的部分进行修补，确保基层表面符合施工要求。

（3）铺设防潮层。根据所选的防潮材料类型，按照施工说明进行铺设。如果是卷材类防潮材料，应将其按需要的尺寸裁剪好，然后使用胶黏剂将其牢固地粘贴在基层上；如果是涂料类防潮材料，则应按规定的涂刷方法进行涂刷。确保防潮层连续、无缝隙，以达到良好的防潮效果。

（4）铺设绝缘层。在防潮层之上，按照同样的方法铺设绝缘层。绝缘层的铺设应确保均匀、平整，不应有褶皱或破损。同时，注意控制绝缘层的厚度，确保其满足设计要求。

（5）进行质量检查与验收。对铺设好的防潮、绝缘层进行质量检查，确保其符合施工规范和设计要求。如有不合格的部分，应及时进行整改。同时，进行必要的验收工作，确保施工质量符合相关标准和规定。

3 对壁板的连接面应进行导电清洁处理；

【制定依据、目的】

依据国家标准《电磁屏蔽室工程施工及质量验收规范》GB/T 51103—2015 中“当电磁屏蔽室主体结构为组装式时，施工应符合以下要求”，对电磁屏蔽室板体安装提出要求：电磁屏蔽板体安装应平整、顺直、板面不应有施工残留和污物，外观无明显损伤；电磁屏蔽板体一致，板体之间压接缝隙均匀，无导电衬垫外露。

电磁屏蔽的主要目的是防止电磁波的干扰和泄漏，确保电磁屏蔽室内部环境的稳定。而壁板作为电磁屏蔽室的重要组成部分，其连接面的导电性能直接影响到电磁屏蔽的效果。因此，对壁板连接面进行导电清洁处理是确保电磁屏蔽室性能的关键步骤之一。

通过对壁板连接面进行导电清洁处理，可以去除表面的污垢、油脂等杂质，提高连接面的导电性能，确保电磁波在壁板之间的传递不受阻碍，从而提高电磁屏蔽室的整体屏蔽效果。导电清洁处理是电磁屏蔽室施工过程中的重要环节，通过对连接面的处理，可以确保壁板之间的连接紧密、可靠，提高施工质量，避免因连接不良导致的电磁波泄漏等问题。

【技术措施】

使用合适的清洁剂或角磨机对壁板的连接面进行彻底清洁，去除表面的污垢、油脂、尘埃等杂质。清洁时，应注意使用均匀的力量，避免对壁板造成划伤或损伤。清洁完成后，使用干净的纱布擦拭干净，确保连接面无残留物。

4 壁板拼装应按设计要求或产品技术文件的顺序进行；

【制定依据、目的】

依据国家标准《电磁屏蔽室工程施工及质量验收规范》GB/T 51103—2015 中“电磁屏蔽层板体质量验收记录表”对电磁屏蔽室板体排布提出要求。

经过多年的电磁屏蔽室建设实践，工程师们积累了大量的经验。这些经验表明，壁板的拼装顺序对于保证施工质量、提高施工效率以及确保电磁屏蔽室的性能稳定性具有重要影响。正确的壁板拼装顺序能够确保电磁屏蔽室的整体结构紧密、无缝隙，从而有效地防止电磁波的泄漏和穿透，保证电磁屏蔽室的屏蔽效果。可以使施工过程更加有序、高效，减少因拼装错误导致的返工和延误，提高施工质量。

【技术措施】

施工人员应深入理解并熟悉设计要求和产品技术文件，明确壁板的尺寸、材质、拼装顺序及连接方式等。这是确保施工准确性的基础。

在拼装过程中，施工人员应严格按照设计或技术文件指定的顺序进行。对于大型电磁屏蔽室，可能需要先安装主要壁板，再逐步安装辅助壁板。此外，使用合适的工具和设备，如吊装设备、定位器等，以确保壁板安装位置准确、水平度符合要求。

完成拼装后，应进行质量检查。检查内容包括壁板的安装位置、水平度、垂直度及导电连接性能等。如有不符合要求的地方，应及时进行调整和修正。

5 安装过程应保证导电衬垫接触良好，接缝应密闭可靠。

【制定依据、目的】

依据国家标准《电磁屏蔽室工程施工及质量验收规范》GB/T 51103—2015 的规定，“采用组装式的电磁屏蔽处理装置与电磁屏蔽层连接应符合以下规定：”对电磁屏蔽室板体安装提出要求，紧固件与电磁屏蔽层之间应敷设电磁导电衬垫。

确保导电衬垫接触良好、接缝密闭可靠，能有效减少电磁波泄漏，提升电磁屏蔽室的屏蔽效能，以满足使用要求。导电衬垫的接触情况和接缝的密闭性是衡量电磁屏蔽室施工质量的重要指标。这一规定的实施，有助于规范施工操作、提高施工质量，确保电磁屏蔽室性能稳定可靠。

【技术措施】

安装导电衬垫时，需要特别注意接触面的清洁。任何油污、尘埃或其他杂质都可能影响导电衬垫与屏蔽体之间的导电接触。因此，在安装前应对接触面进行彻底清洁，确保无杂质残留。

此外，导电衬垫的压缩和限位也是非常重要的。金属丝网、导电橡胶等衬垫的屏蔽效能与其变形和压力之间有一定关系。为保证衬垫与屏蔽体的良好接触，需要施加一定的压力。然而，压力过大可能会破坏衬垫的内部结构，使其丧失恢复形变的能力。

在接缝处理方面，应尽可能确保接缝的平整和密闭。

安装完成后应进行质量检查，包括导电衬垫的接触电阻测试、接缝的密闭性检查等，以确保施工质量符合要求。

11.2.3 焊接式电磁屏蔽室结构体的施工应符合下列规定：

1 焊接前应对焊接点进行清洁处理；

【制定依据、目的】

依据国家标准《电磁屏蔽室工程施工及质量验收规范》GB/T 51103—2015 的规定：“当电磁屏蔽室主体结构为金属框架焊接结构时，施工应符合以下规定”，对焊接式电磁屏蔽室焊接前进行了规定。电磁屏蔽室的钢结构骨架和电磁屏蔽层板体变形的容许值无具体要求时，宜按照国家标准《电磁屏蔽室工程施工及质量验收规范》GB/T 51103—2015 中表 4.3.3 结构件变形容许偏差取值。

对焊接点进行清洁，旨在确保电磁屏蔽室的屏蔽效能和整体性能达到设计要求，同时保障施工过程的安全与质量。通过焊接前的清洁处理，能有效减少焊接缺陷和接头失效风险，提升屏蔽室的可靠性和稳定性。

【技术措施】

首先，选择合适的清洁剂和清洁工具，确保能够彻底去除焊接点表面的杂质，避免对焊接材料造成不良影响。焊接后清理焊渣等杂物，检查所有电弧焊焊接处的焊疤，确保焊接牢固无漏焊，最后焊接处涂防锈漆。

其次，还需要对清洁处理后的焊接点进行检查和验收，确保其符合质量要求。

2 应按设计位置进行地梁、侧梁、顶梁的拼装焊接，并应随时校核尺寸；焊接宜为点焊，梁体不得有明显的变形，平面不平度不应大于 3/1 000；

【制定依据、目的】

本款规定旨在确保电磁屏蔽室的结构稳定性和屏蔽效能。施工时，需按设计位置对地梁、侧梁、顶梁进行拼装焊接，严格控制焊接方式和尺寸，有效防止结构变形、避免屏蔽效能降低，保障电磁屏蔽室正常使用，充分发挥其性能。

【技术措施】

为确保拼装焊接的质量和效果，需要采取一系列技术措施。

首先，应严格按照设计要求进行地梁、侧梁、顶梁的拼装，确保尺寸和位置的准确性。

其次，在焊接过程中，应选择合适的焊接工艺和参数，控制焊接速度和温度，避免产生焊接缺陷和变形。屏蔽壳体龙骨架之间采用手工电弧焊接，焊后焊疤强度高，能保证龙骨架的整体刚性。

3 壁板之间的连接应为连续焊接；

【制定依据、目的】

依据国家标准《电磁屏蔽室工程施工及质量验收规范》GB/T 51103—2015 中的规定，“当电磁屏蔽室主体结构为金属框架焊接结构时，施工应符合以下规定”，对焊接式电磁屏蔽室焊接工艺进行了阐述：

“电磁屏蔽层板体的电气连续焊接后应符合下列要求：

1）焊缝表面不得有裂纹、漏焊等缺陷；

2）电磁屏蔽层板体无明显凹凸、翘曲变形；

3）焊缝感观应达到：外形均匀、成型较好，焊道与焊道、焊道与基本金属间过渡较平滑；焊渣和飞溅物应清除干净。”

壁板之间的连续焊接能够保证电磁屏蔽室的整体性和稳定性，防止电磁波的泄漏和干扰，提高屏蔽室的屏蔽效能。同时，连续焊接还可以增强壁板之间的连接强度，提高整个屏蔽室的结构安全性。

【技术措施】

为确保壁板之间的连续焊接质量，需要采取一系列技术措施。

首先，选择合适的焊接工艺和参数，确保焊接质量稳定可靠。

其次，对焊接人员进行培训和考核，确保其具备相应的焊接技能和操作经验。

此外，还需要对焊接过程进行严格控制，包括焊接前的准备、焊接过程中的监控及焊接后的质量检测等。

4 在安装电磁屏蔽室装饰结构件时应进行点焊，不得将板体焊穿。

【制定依据、目的】

依据电磁屏蔽室的结构设计原理、施工工艺要求及焊接技术的相关规范。

电磁屏蔽室作为一种特殊的建筑设施，其装饰结构件的安装必须严格遵循施工规范，确保其电磁屏蔽效能。

【技术措施】

安装电磁屏蔽室装饰结构件时采用焊接，一般用点焊。在施工过程中严格控制焊接参数，如焊接电流、电压和时间等，防止因焊接参数不当导致板体焊穿或变形。严防焊穿屏蔽结构板体，如有漏点，必须用相同材质的金属板补焊。

11.3 电磁屏蔽门安装

11.3.1 旋转电磁屏蔽门施工应符合下列规定：

1 在焊接或拼装门框时，不得使门框变形，门框平面不平度不应大于2/1 000；

2 门框安装后应进行操作机构的调试和试运行，在无误后进行门扇安装；

3 安装门扇时，门扇上的刀口与门框上的簧片接触应均匀一致。

【制定依据、目的】

（1）为保证电磁屏蔽室的屏蔽效能指标，电磁屏蔽门门框平面不平度不应大于2‰，因为门框的变形将直接影响屏蔽门与门框的合装精度，导致屏蔽门的屏蔽指标下降。

（2）操作机构的调试和试运行可以检查门框的安装是否准确，是否存在偏差或问题，同时也可以测试操作机构的灵活性和可靠性。如果在调试和试运行过程中发现问题，可以及时进行修复和调整，以确保门框和操作机构的正常运行。

（3）电磁屏蔽门门扇上的刀口与门框上的簧片接触压力如果不均匀，长时间使用会造成个别接触点断开，产生电磁波的泄漏。

【技术措施】

（1）在门框安装完成后，对所有操作机构（如门锁、门把手、传动机构等）进行初步的检查和调试。确保它们安装正确，没有卡滞或松动。

（2）使用专用工具或设备（如水平尺、激光测距仪等）检查门框的垂直度、水平度以及整体安装精度。

（3）手动操作门扇开关几次，观察操作是否顺畅，有无异响或卡顿。

（4）对于电动门或自动门，通过控制系统测试门的开启和关闭速度、力度等参数，确保符合设计要求。

（5）在调试的基础上，进行一段时间的试运行，试运行期间应模拟不同的使用场景，如频繁开关、安全性试验等，以测试门框和操作机构的耐用性、稳定性和安全性。

（6）对于第（1）条措施，需要采用高精度的焊接和拼装工艺来确保门框不变形；对于第（3）条措施，则需要在安装门扇时仔细调整门扇位置，确保刀口与簧片接触均匀一致。这些都需要专业的安装和调试技术来保证。

11.3.2 平移电磁屏蔽门的安装应符合下列规定：

1 焊接后的变形量及间距应符合设计要求。门扇、门框平面不平度不应大于 1.5/1 000，门扇对中位移不应大于 1.5mm；

2 在安装气密电磁屏蔽门扇时，应保证内外气压囊压力均匀一致，充气压力不应小于 0.15MPa，气管连接处不应漏气。

【制定依据、目的】

（1）为保证电磁屏蔽室的屏蔽效能指标，平移屏蔽门门框平面不平度不应大于1.5‰，门扇对中位移超过 1.5mm，将直接影响屏蔽门门扇与门框的合装精度，导致屏蔽门的屏蔽指标下降。

（2）平移屏蔽门门框簧片内气囊电动充气后，门框内外簧片顶至门扇内外面，至一定压力后，气囊停止充气，使簧片和门扇紧密接触，达到电磁屏蔽作用。为保持设定的压力，要求各连接管道不得漏气。

【技术措施】

（1）确保焊接和拼装精度：

1）使用精密焊接设备和高素质焊工，以减少焊接后的变形量。

2）在焊接过程中，采用适当的夹具和支撑，保持门框的稳定性和精度。

3）焊接完成后，进行全面的检查和测量，确保门框的变形量和间距符合设计要求。

（2）调整门扇和门框的平面不平度：

1）使用水平尺、激光测距仪等高精度测量工具对门扇和门框进行平面度测量。

2）根据测量结果，通过调整门扇的安装位置或使用调整垫片等方法，使门扇和门框的平面不平度满足不大于 1.5‰ 的要求。

（3）保证门扇对中位移：

1）在门扇安装过程中，使用定位装置和夹具，确保门扇在关闭状态下与门框对中。

2）通过调整门扇的铰链或滑轨，使门扇在开启和关闭过程中保持平稳，确保对中位移不大于 1.5mm。

（4）气密电磁屏蔽门扇的安装与测试：

1）在安装气密电磁屏蔽门扇时，应确保气压囊的充气压力均匀一致，不低于 0.15MPa。

2）使用合格的充气设备和压力计，定期检查和维护气压囊的充气系统。

3）在气管连接处使用高质量的密封材料和连接方式，确保不漏气。

完成安装后，进行全面的气密性测试，检查气压囊的压力和气管连接处是否漏气。如有漏气现象，应及时修复并重新测试。

11.4 其余附属配套件的安装

11.4.1 滤波器安装应符合下列规定：

1 在安装滤波器时，应将壁板和滤波器接触面的油漆清除干净，滤波器接触面的导电性应保持良好；应按设计要求在滤波器接触面放置导电衬垫，并应用螺栓固定、压紧，接触面应严密；

【制定依据、目的】

滤波器是电磁屏蔽室重要的附属配套件。若不遵循规范安装，会直接导致电磁屏蔽室屏蔽效能下降。为保障电磁屏蔽室的屏蔽效果，安装滤波器时，务必保持壁板和滤波器接触面的清洁，拧紧滤波器的固件，使滤波器与屏蔽层连接牢固、严密，确保滤波器接触面具备良好的导电性能。

【技术措施】

滤波器按设计图安装到位，相应壁板开孔大小参照滤波器螺纹；滤波器安装前应使滤波器接触面与屏蔽层保持干净清洁，滤波器安装壁板两侧面放入导电衬垫衬圈。拧紧螺栓使滤波器压紧壁板；大功率电源滤波器需考虑加固；强弱电滤波器分开排布；安装位置便于检修。

2 滤波器应按设计位置安装；不同型号、不同参数的滤波器不得混用；

【制定依据、目的】

滤波器安装必须按已批准的施工组织设计、施工方案等技术文件和施工图进行，如果随意改变滤波器的安装位置，可能会破坏原有的电磁屏蔽设计，导致滤波效果下降或失效。如果混用不同型号、参数的滤波器，将会产生滤波器相互干扰，滤波效果不一致，影响整个屏蔽系统的稳定性和可靠性。

【技术措施】

滤波器安装位置通常是基于电磁兼容性和电磁屏蔽的需求，经过精心计算和测试得出的。安装过程中应严格按照操作规程进行，确保滤波器的安装质量和稳定性。安装完成后，应进行必要的测试和验证，确保滤波器的性能符合设计要求。

3 电源滤波器与信号滤波器应分开安装，并应保持 2m 以上的距离，且不得混合安装；

【制定依据、目的】

由于电源滤波器所滤掉的杂波泄漏电流是通过屏蔽板体经屏蔽地线泄流，如果信号滤波器与电源滤波器过于接近，则电源滤波器的泄漏电流可能会影响信号滤波器的性能，因此规定了两者安装区域的最小间距。

电源滤波器和信号滤波器在功能和应用上存在明显的差异：电源滤波器主要用于滤除电源线路中的噪声和干扰，确保电源的稳定性和纯净度；而信号滤波器则主要用于滤除信号线路中的杂散信号，提高信号的传输质量和可靠性。因此，将两者分开安装可以避免不同类型滤波器之间的相互影响和干扰，确保各自功能的正常发挥。

不得混合安装是为避免安装错误和操作混淆。电源滤波器和信号滤波器的外观和接口可能相似，但它们的内部结构和滤波特性却截然不同。混合安装可能会导致滤波器连接错误，甚至损坏设备。因此，必须严格区分电源滤波器和信号滤波器，并按照设计要求进行安装。

【技术措施】

（1）安装前，在施工图纸中进行标注。

（2）在安装过程中，应严格按照设计要求进行，确保滤波器的安装位置和距离符合要求。

（3）安装完成后，应进行必要的检查和测试，确保滤波器的安装正确无误，且性能良好。

4 滤波器两端电缆线应吊挂标识牌；

【制定依据、目的】

不同功能外形相似的电磁屏蔽处理装置安装在同一场所时，应标识清晰，便于区分。

吊挂标识牌可以清晰地标识出滤波器的型号、参数、安装位置等重要信息。这对于安装人员而言，可确保滤波器被正确地安装在设计指定的位置，有效防止安装错误；对于维护人员而言，则能快速识别滤波器的类型和参数，为后续维护及更换作业提供准确依据。

【技术措施】

标识牌应清晰、醒目，易于识别和阅读。同时，标识牌的材质应具有足够的耐久性，能够抵御环境因素的影响，长期保持信息的清晰和准确。

5 滤波器的支架安装应牢固可靠，并应与壁板有良好的电气连接。

【制定依据、目的】

滤波器支架的牢固可靠性直接关系到滤波器的稳定性和安全性。安装滤波器支架时，必须确保支架结构稳固，能够承受滤波器及其电缆线的重量和外界因素的影响。电气连接不良可能导致滤波器无法充分发挥其滤波作用，甚至可能引入额外的电磁干扰。

【技术措施】

（1）在选择支架时，应确保其材质和结构符合设计要求，能够承受滤波器的重量和工作环境的影响。

（2）在安装支架时，应使用合适的工具和方法，确保支架安装平整、稳固，无晃动和移位现象。

（3）对于滤波器的接地线，应使用专用的接地线夹或连接器，确保与壁板之间的连接紧密、可靠。同时，应检查接地线的电阻值，确保其符合设计要求。

（4）在完成安装后，应进行必要的检查和测试，包括滤波器的性能测试和电气连接的测试，确保滤波器能够正常工作并满足系统要求。

11.4.2 截止波导窗施工应符合下列规定：

1 波导芯、波导围框表面油脂污垢应清除，并应用锡钎焊将波导芯、波导围框焊成一体；焊接应可靠、无松动，不得使波导芯焊缝开裂；

【制定依据、目的】

依据国家标准《数据中心设计规范》GB 50174—2017 中的规定：“屏蔽门、滤波器、波导管、截止波导通风窗等屏蔽件，其性能指标不应低于电磁屏蔽室的性能要求，安装位置应便于检修”，对截止波导窗的制作需达到屏蔽室的屏蔽性能要求做出了阐述。

在波导芯和波导围框的制造和装配过程中，保证波导芯和波导围框表面清洁，实现二者可靠焊接，是确保波导系统性能稳定、高效的关键。施工时，需彻底清除表面的油脂污垢，采用适配的焊接工艺，并落实严格的质量控制措施，以此保障截止波导窗屏蔽性能达标，运行可靠。

【技术措施】

根据油脂和污垢的性质，选择适当的清洁剂有效地去除油脂和污垢，同时对波导材料不会产生腐蚀或损害。焊前需要确保波导芯和波导围框的表面干燥、清洁、无氧化。焊接过程中，应严格控制焊接温度、时间和压力等参数；过高的温度或过长的焊接时间可能导致材料变形或熔化，从而影响焊接质量。焊接完成后，应对焊缝进行检查，确保焊缝连续、无裂纹。如果发现焊缝有缺陷，应及时进行修复，以确保截止波导窗的屏蔽性能和可靠性。

2 截止波导窗与壁板的连接应牢固、可靠、导电密封；采用焊接时，截止波导窗焊缝不得开裂；

【制定依据、目的】

本款规定依据现行国家标准《电磁屏蔽室工程技术规范》GB/T 50719。

截止波导窗与壁板的安装方式常见有两种：组装时，截止波导窗与壁板的连接应牢固、可靠、导电密封；焊接时，截止波导窗施工焊接时焊缝不裂开，目的是保证电磁屏蔽室的电磁密封性能。在施工过程中，应采取严格的焊接工艺和质量控制措施，确保焊缝的质量满足设计要求。

【技术措施】

选择合适的焊接方法：根据波导窗和壁板的材质和厚度，选择适当的焊接方法，如 TIG 焊、MIG 焊等。控制焊接参数：确保焊接电流、电压、速度等参数在合适的范围内，避免产生过大的热应力导致焊缝开裂。此外在波导窗与壁板的接触面之间加入导电密封垫，确保两者之间的导电连续性，并防止电磁波泄漏。

3 通风风管与截止波导窗连接宜采用非金属软连接，连接孔应在截止波导窗围框的上端，不得在截止波导窗芯体上打孔。

【制定依据、目的】

依据国家标准《电磁屏蔽室工程技术规范》GB/T 50719—2011 中的规定："室外通风管道与截止波导窗连接时，应在管道与波导窗之间接入绝缘软管"，对截止波导窗与通风风管的连接安装做出了阐述。

与金属连接相比，非金属软连接通常具有更好的密封性能，能更有效地防止空气泄漏，保证系统的气密性，从而提升通风系统整体效率。连接孔位于截止波导窗围框上端，确保了波导窗的完整性和功能性。如果在波导窗芯体上打孔，会破坏其结构完整性，影响波导性能。而将连接孔设置在围框上端，能避开芯体，既保证了连接的需求，又不会影响波导窗的屏蔽性能。

【技术措施】

根据通风系统的需求和非金属软连接的尺寸，确定合适的连接孔孔径和数量。在连接孔周围应用密封材料或密封垫，以保证连接处的气密性。安装前，确保通风风管、截止波导窗和非金属软连接的表面清洁，无油脂和污垢。使用适当的夹具或紧固件将非金属软连接固定在通风风管和截止波导窗上，确保连接稳定可靠。定期检查连接部分的状态，是否紧密无泄漏，并及时更换损坏或老化的非金属软连接。

其次要避免在截止波导窗芯体上打孔。由于截止波导窗芯体是波导结构的关键部分，打孔可能会破坏其性能。在设计和制造截止波导窗时，应预留连接孔的位置，从根本上杜绝后期在芯体上打孔的操作。

11.4.3 电磁屏蔽玻璃安装应符合下列规定：

1 电磁屏蔽玻璃四周外延的金属网应平整无破损；

【制定依据、目的】

依据国家标准《电磁屏蔽室工程施工及质量验收规范》GB/T 51103—2015 中的规定："电磁屏蔽门和电磁屏蔽窗的施工"及"电磁屏蔽门和电磁屏蔽窗质量验收记录表"，对电磁屏蔽窗安装提出要求。国家标准《电磁屏蔽室工程技术规范》GB/T 50719—2011 中的规定："电磁屏蔽门、窗设计指出电磁屏蔽门、窗应有压紧装置"。金属网作为导体，其平整性和完整性直接影响到电磁屏蔽的效果。破损或不平整的金属网可能导致电磁波的泄漏或绕过，从而降低电磁屏蔽的性能。

通过确保四周外延金属网平整且无破损，能最大程度地提升电磁屏蔽玻璃的性能，有效阻隔电磁波传输，防止电磁干扰和电磁泄漏。

【技术措施】

选择具有优良导电性能和机械性能的金属材料，以确保金属网既能够有效屏蔽电磁波，又具备足够的强度和韧性。严格把控金属网的原材料质量，确保材料无缺陷、无杂质，避免因材料问题导致的破损或不平整。若发现金属网存在不平整或翘曲现象，及时进行调整，如采用压力矫正、热处理等方法，使其恢复平整状态。

2 电磁屏蔽玻璃四周的金属网和电磁屏蔽玻璃框连接处应进行去锈除污处理，并应采用压接方式将二者连接成一体；连接应可靠、无松动，导电密封应良好；

【制定依据、目的】

依据国家标准《电磁屏蔽室工程施工及质量验收规范》GB/T 51103—2015 中"电磁屏蔽门和电磁屏蔽窗的施工"及"电磁屏蔽门和电磁屏蔽窗质量验收记录表"的规定，对电磁屏蔽窗安装提出要求。现行国家标准《电磁屏蔽室工程技术规范》GB/T 50719 中规定，电磁屏蔽门、窗设计指出电磁屏蔽门、窗应有压接装置。电磁屏蔽的核心原理是通过导电材料对电磁波进行反射、吸收和传导，以达到阻断电磁波传播的目的。金属网和玻璃框作为电磁屏蔽玻璃的重要组成部分，其连接处的导电性能和密封性直接影响电磁屏蔽效果。

通过对连接处进行去锈除污处理，确保金属网和玻璃框的表面清洁、无杂质，从而提高连接处的导电性能。采用压接方式将二者连接成一体，确保连接的可靠性和紧密性，防止电磁波从连接处泄漏。

【技术措施】

在连接前，应对金属网和电磁屏蔽玻璃框的连接处进行彻底的清洁，去除表面的锈蚀和污垢。可以使用专用的清洁剂或砂纸进行清洁，确保连接处表面干净、无杂质。选择合适的压接工具和设备，确保压接过程中能够施加足够的压力，使金属网和电磁屏蔽玻璃框紧密结合。在压接前，可在连接处放置适当的导电垫片或导电胶，以增强导电性能和密封性。进行压接时，应注意控制压力的大小和均匀性，避免出现过压或欠压的情况，确保连接处平整、无凸起或凹陷。在压接完成后，应对连接处进行质量检查，包括外观检查和导电性能测试。外观检查主要观察连接处是否平整、无裂缝或松动；导电性能测试可以通过测量电阻或电磁屏蔽效能来进行。如发现连接处存在问题，应及时进行修复或重新压接，确保连接可靠、无松动。为进一步提高导电密封性能，可在连接处涂抹导电密封胶或安装导电密封垫圈，以填充微小的缝隙和孔洞，防止电磁波泄漏。

3　安装电磁屏蔽玻璃时用力应适度，电磁屏蔽玻璃与电磁屏蔽壳体的连接处不得破碎。

【制定依据、目的】

依据国家标准《电磁屏蔽室工程施工及质量验收规范》GB/T 51103—2015 中“电磁屏蔽门和电磁屏蔽窗的施工”及“电磁屏蔽门和电磁屏蔽窗质量验收记录表”的规定，对电磁屏蔽窗安装提出要求。电磁屏蔽玻璃及其壳体通常由特殊材料制成，这些材料具有一定的强度和脆性。过度用力在安装过程中可能导致材料破裂或损坏，从而影响其电磁屏蔽性能。

确保电磁屏蔽性能的操作要点：在安装电磁屏蔽玻璃时，需严格控制安装力度，避免因用力不当造成损坏，以此维持其良好的电磁屏蔽性能。

【技术措施】

使用专业工具和设备：选择专为电磁屏蔽玻璃安装设计的工具和设备，这些工具和设备通常配有力度控制机制，可以帮助安装人员更精确地掌握力度，避免过度用力。

（1）进行预先测量和标记。

在安装前，对电磁屏蔽玻璃和壳体的尺寸进行精确测量，并在连接处做好标记。这有助于安装人员更准确地定位，减少因位置不准确而导致的用力不当。

（2）采用缓冲材料。

在电磁屏蔽玻璃与壳体的连接处，可以放置一些缓冲材料，如软垫或橡胶垫。这些材料能够减少安装时的冲击力，降低玻璃破碎的风险。

（3）逐步施力。

在安装过程中，避免一次性施加大力。相反，应逐步施加力量，并注意观察电磁屏蔽玻璃的反应。如果发现玻璃有变形或破裂的迹象，应立即停止施力并检查安装方法。

（4）培训安装人员。

对安装人员进行专业培训，使他们熟悉电磁屏蔽玻璃的材料特性和安装要求。通过培训，安装人员能够更好地掌握安装技巧，减少因操作不当而导致的损坏。

11.4.4 截止波导管安装应符合下列规定：

1 截止波导窗与壁板的连接应牢固、可靠、导电密封；

【制定依据、目的】

依据国家标准《数据中心设计规范》GB 50174—2017 中的规定：“屏蔽门、滤波器、波导管、截止波导通风窗等屏蔽件，其性能指标不应低于电磁屏蔽室的性能要求，安装位置应便于检修。”因此，截止波导管的安装有严格要求。

截止波导管与壁板之间牢固、可靠、导电密封的连接是为保证系统的完整性、稳定性、安全性、导电性，以及便于维护和管理。同时确保安装完成后，整个屏蔽系统的屏蔽效能能够满足使用要求，这对于确保整个系统的正常运行和延长使用寿命具有重要意义。

【技术措施】

（1）对于截止波导管和壁板的连接，可以采用氩弧焊、TIG 焊等焊接方法。确保焊接工艺参数适宜，避免产生焊接缺陷，保证焊接接头的强度和密封性。

（2）在连接部位使用导电密封胶或导电垫片。这些材料具有良好的导电性和密封性能，能够确保波导管与壁板之间的导电连续性，并防止微波泄漏。

（3）对波导管和壁板的连接部位进行清洁和处理，确保无油污、氧化物等杂质。这有助于提高连接的可靠性和导电性能。如有需要，可以在连接部位涂抹一层薄的导电涂料，以增强导电性能。

这些技术措施，可以确保截止波导管与壁板之间的连接牢固、可靠且具备导电密封性能，从而保障整个系统的性能。

2 截止波导管采用焊接方式安装时，焊接前应采取保护措施，防止焊渣进入内壁。

【制定依据、目的】

依据国家标准《数据中心设计规范》GB 50174—2017 中的规定：“屏蔽门、滤波器、波导管、截止波导通风窗等屏蔽件，其性能指标不应低于电磁屏蔽室的性能要求，安装位置应便于检修。”因此，在截止波导管安装时，需严格落实各项要求。

焊接截止波导管前，务必采取有效的保护措施。一方面，保护波导管内壁清洁，提升内壁光洁度，减少微波信号传输时的损耗，提高传输效率；另一方面，有效抵御焊接过程中的热影响，避免因过热导致的材质变形、性能劣化等问题，保障焊接质量。此举既能增强系统的可靠性，满足特定工艺标准，又能全方位保障波导管的性能稳定，为整个系统的正常运行筑牢基础。

【技术措施】

使用适当的防护材料，如金属罩、防护布或专门的焊接防护装置，以防止焊渣飞溅。确保所选防护材料能够耐高温，并且在焊接过程中不会熔化或产生有害气体。在焊接前，对波导管及其周围区域进行彻底清洁，去除所有灰尘、油污和其他可能影响焊接质量的杂质。使用适当的清洁剂或溶剂进行清洁，并确保波导管内壁干燥无残留。选择合适的焊接电流、电压和焊接速度等参数，以减少焊渣的产生和飞溅。如果发现波导管内壁有焊渣残留，应立即采取措施进行清理和修复。可使用适当的工具和材料，如专用的清洁刷或化学清洁剂，小心清理内壁，避免损坏波导管。

11.4.5 信号接口板安装应符合下列规定：

1 信号接口板与壁板的连接应牢固、可靠、导电密封；

【制定依据、目的】

依据国家标准《电磁屏蔽室工程施工及质量验收规范》GB/T 51103—2015 中

“附属配套装置的施工要求”对电磁屏蔽室板体安装提出要求：电源、通风空调、智能信息系统、等电位接地端子等电磁屏蔽室配套设备的电磁屏蔽处理装置施工应符合设计要求，与电磁屏蔽层连接牢固；“附属配套装置质量验收记录表”中提到，“信号传输板按设计图安装到位，壁板相应位置开孔大小参照信号传输板外形尺寸。传输板与屏蔽壁板间连续电磁密封连接。”

信号接口板与壁板间实现导电密封连接，能有效防止电磁波泄漏与干扰，提升整个系统的电磁屏蔽效果。优化二者连接设计，确保连接牢固可靠，不仅能增强设备整体结构的稳定性，还能保障系统运行的安全性。

【技术措施】

采用组装式信号接口板同组装式电磁屏蔽室壁板安装技术措施。

采用焊接式信号接口板同焊接式电磁屏蔽室壁板安装技术措施。

以上措施均需要保证传输板与屏蔽壁板间连续电磁密封连接。

2 信号接口板焊接方式安装前应对表面采取防止损伤信号接口板表面导电镀层及信号转接插座的保护措施。

【制定依据、目的】

依据国家标准《电磁屏蔽室工程施工及质量验收规范》GB/T 51103—2015 中“附属配套装置质量验收记录表”一般要求“配套设备安装过程应完好无损”。信号接口板表面的导电镀层通常具有特定的电导率和耐腐蚀性，对信号传输和电磁屏蔽起着关键作用。然而，这些导电镀层可能较为脆弱，容易受到焊接过程中的高温、机械冲击或化学物质的损伤。信号转接插座是信号接口板的重要组成部分，负责信号的转接和传输。这些插座通常具有精密的结构和接触点，任何微小的损伤都可能影响其性能和可靠性。焊接过程的影响：焊接过程中，高温、火花、熔融的金属及可能使用的焊接助剂都可能对信号接口板的表面造成潜在损害。

通过采取适当的保护措施，能够有效确保在焊接过程中信号接口板表面的导电镀层不受损伤，进而维持其良好的导电性能和电磁屏蔽效果。同时，采取预防措施还能减少焊接过程中意外损伤的发生概率，降低修复工作的工作量，从而提升焊接质量和效率，降低生产成本。

【技术措施】

使用专用夹具和工具：在焊接过程中，使用专门为信号接口板设计的夹具和工具，以减少对表面的直接接触和潜在的机械损伤。

（1）覆盖保护材料。

在焊接前，可以使用耐高温、不易粘连的保护材料，如高温胶带或专用保护罩。覆盖信号接口板的导电镀层和信号转接插座，以防止焊接火花或熔融金属飞溅到这些区域。

（2）控制焊接参数。

精确控制焊接参数，如焊接温度、时间和电流，以减少对信号接口板表面的热影响。选择合适的焊接方法，如手工焊接、点焊或自动化焊接，以确保最小的热输入。

（3）清洁和预处理。

在焊接前，彻底清洁信号接口板表面，去除任何可能干扰焊接的油脂、灰尘或氧化物。此外，可进行必要的预处理，如涂抹抗氧化剂或润滑剂，以提高焊接质量和保护镀层。

（4）培训和操作规范。

对焊接操作人员进行专业培训，确保他们了解信号接口板的特性和焊接要求。制定详细的操作规范，明确焊接步骤、保护措施和注意事项，以减少人为因素导致的损伤。

（5）检查和测试。

在焊接完成后，对信号接口板进行仔细检查，确保没有损伤或缺陷。可以进行导电性能测试、信号传输质量检查等，以验证保护措施的有效性。

11.5 其他施工要求

11.5.1 电磁屏蔽室内的配电、空气调节、给水排水、综合布线、监控及安全防范、防雷与接地、消防、室内装饰装修等专业施工应在电磁屏蔽结构体自检测合格后进行，施工时不得破坏屏蔽层结构体。

【制定依据、目的】

本条的制定主要依据以下几项现行标准与规范：《数据中心设计规范》GB 50174、《电磁屏蔽室工程施工及质量验收规范》GB/T 51103、《电磁屏蔽室工程技术规范》GB/T 50719。

电磁屏蔽室的屏蔽层结构体是用来阻挡外部电磁干扰的关键部分，如果施工时破坏了屏蔽层，会导致电磁干扰侵入室内，对电子设备造成损害或影响其正常运行，因此屏蔽层的完整性直接关系到电磁屏蔽室的效能。任何对屏蔽层的破坏都会降低其屏蔽效果，使电磁屏蔽室的性能大打折扣。在进行电磁屏蔽室施工时，需要遵循相关的标准和规范。本标准明确规定了不得破坏屏蔽层结构体，这是为确保施工的质量和合规性。

【技术措施】

在电磁屏蔽室的结构体自检测合格后，可以开始进行其他专业施工。

在施工前，屏蔽厂家应对其他专业施工单位进行技术交底，确保各专业施工人员了解设计要求和施工规范。

在施工过程中，应加强质量监督和管理，确保各专业施工质量符合要求。

应注意保护电磁屏蔽室的屏蔽层结构体，避免破坏其屏蔽效能。同时应加强成品保护，避免设备损坏或污染。

施工顺序：各专业施工应遵循一定的顺序，先进行基础结构施工，然后进行电气设备安装，最后进行装饰装修，以确保施工过程中的协调性和效率。

保护屏蔽层结构体：在施工过程中，严禁破坏屏蔽层结构体，以免影响屏蔽效果。

在施工过程中，要严格遵守安全操作规程，防止意外事故的发生。同时，应合理处理施工废弃物，保持施工现场的整洁和环保。

11.5.2 所有穿越电磁屏蔽结构体的管、线应按设计要求进行安装连接，不得自行开孔直接穿越连接。

【制定依据、目的】

电磁屏蔽结构体是为防止电磁波泄漏或外部电磁波干扰而设计的。其结构体和内部的管线安装都有特定的设计和要求，以确保屏蔽效能。

管、线穿越电磁屏蔽结构体时，如果不按照设计要求进行安装连接，可能会破坏结构体的完整性，导致电磁泄漏，从而降低屏蔽效果，甚至失去屏蔽效能。

本条规定的制定是基于电磁屏蔽原理、工程实践经验及相关标准和规范，旨在明确穿越电磁屏蔽结构体的管、线安装要求，保障屏蔽效能，提高工程质量和信息安全性。

【技术措施】

（1）在电磁屏蔽结构体的设计阶段，就应详细规划管线穿越的具体位置和方式。设计图纸应明确标出管线的路径、接口类型、连接方法等细节。

（2）为穿越结构体的管线设计专用接口和连接器，确保连接的紧密性和电磁屏蔽效果。

（3）在施工过程中，应有屏蔽专业人员对管线穿越结构体进行屏蔽处理。施工完成后，应进行严格的验收，确保所有管线都按照设计要求进行安装连接。

（4）在管线安装完成后，应对电磁屏蔽结构体的整体屏蔽效能进行测试。

11.5.3 同一信号接口板上的信号转接座应有标识区分线路的名称；不同信号接口板应有区分的识别标识。

【制定依据、目的】

（1）易于识别与区分。明确的标识可以帮助工程师和技术人员快速识别和区分不同的线路和接口，从而避免混淆和错误。

（2）提高维护效率。在设备维护过程中，清晰的标识可以迅速定位到需要维护的部件，减少查找和确认的时间，提高维护效率。

（3）保障系统安全。错误的线路连接可能导致系统故障，甚至造成设备损坏或人员伤害。明确的标识可以减少这种风险，保障系统的安全运行。

（4）方便后期维护。长期的运行和维护需要明确的标识作为支撑。这一规定旨在为后期维护提供便利。

【技术措施】

（1）标识标签。在每个信号转接座或信号接口板上贴上明确的标签，标明线路名称或接口板的功能。

（2）颜色编码。使用不同颜色的标签或接口盖来区分不同的信号接口板或线路。

（3）图案或符号。在接口板或转接座上印制特定的图案或符号，以区分不同的线路或接口板。

通过采取以上技术措施，可以有效地实现同一信号接口板上的信号转接座区分线路名称，以及不同信号接口板之间的识别标识，从而提高系统的可维护性和可靠性。

11.5.4 室内装饰装修固定点宜采用过渡方式与屏蔽体连接固定，不得在屏蔽结构体穿孔直接螺栓连接。

【制定依据、目的】

屏蔽结构体往往是为保护内部设备或维护电磁环境而特别设计的，直接在其上穿孔会破坏其完整性，可能导致结构强度降低或电磁防护效果下降。通过过渡方式连接可以确保结构的安全性。

室内装饰装修固定点采用过渡方式连接，且连接固定点安装完毕后，即可进行屏蔽效能测试。后续施工只要不在屏蔽结构体上再次开孔，就能保证电磁屏蔽室的屏蔽效能。

使用过渡连接方式可以预先设计和制作连接件，使得施工界面清楚，同时减少了现场加工和安装的难度。

制定本条规定，可促进室内装饰装修施工的标准化和规范化，提高施工质量和效率。

【技术措施】

设计专门的过渡连接件，它们应该具备足够的强度和稳定性。过渡连接件可以是金属板、金属杆或其他合适的金属构件，并应确保其安装过程中没有破坏屏蔽体。

在设计和施工过程中，应避免直接在屏蔽结构体上穿孔，以减少电磁泄漏的风险。如果确实需要穿孔，应让屏蔽专业人员进行屏蔽处理。

11.5.5 空调系统与屏蔽体连接应在调试完毕后做好保温处理，结露装置排水口应保证在最低点并畅通。

【制定依据、目的】

本条规定依据现行国家标准《民用建筑供暖通风与空气调节设计规范》GB 50736。

本条制定的目的：

（1）提高能源利用效率。对空调系统进行保温处理，可减少能量在传输过程中的损失，提高系统的运行效率，从而节省能源。

（2）防止结露和腐蚀。如果空调系统的连接处未进行保温处理或处理不当，在潮湿环境下容易出现结露现象，进而导致连接处腐蚀、损坏。保温处理能有效防止这些问题的发生。

（3）确保排水畅通。将排水口设置在最低点，能确保凝结水能够顺利排出，避免积水或倒流现象的发生。

【技术措施】

（1）选择合适的保温材料。根据空调系统的运行温度、环境湿度和材料的防火等级等要求，选择适当的保温材料；确保保温材料具有良好的保温性能和耐腐蚀性。

（2）正确的保温施工。连接处和暴露的管道表面均要包裹保温材料。

（3）合理设置排水口位置。确保排水口设置在结露装置的最低点，以便凝结水能够顺利排出。

（4）清洁和维护排水口。定期清洁排水口，防止堵塞或积聚杂物。

（5）安装排水管道。确保排水管道坡度正确，无积水或倒流现象。

（6）安装排水泵。对于一些特殊情况，如排水口位置较高或排水距离较远，可能需要安装排水泵来辅助排水。

11.5.6 其他专业施工结束后应按各专业的设计要求进行试运行，确认与电磁屏蔽转接装置连接牢固、正确。

【制定依据、目的】

在电磁屏蔽专业中采用的电磁屏蔽处理方法是按电磁屏蔽原理进行考虑的，但各专业的设计规范中并不一定包含有穿越电磁屏蔽层的转接考虑。在经电磁屏蔽转接后是否有效需试运行来加以确定。

通过试运行验证系统各组件的连接和性能，确保电磁屏蔽转接装置能够正常工作，满足设计要求。

确保电磁屏蔽转接装置与其他专业系统之间的连接不会影响整个系统的性能和稳定性。

确保电磁屏蔽转接装置能够在电磁环境中有效地工作，保护系统和人员安全。

通过共同验证和确认，增强各专业之间的沟通和理解，提高整个项目的质量和效率。

【技术措施】

（1）目视检查所有连接点，确保没有任何松动、脱落或错位的现象。

（2）使用扭矩扳手等工具，对螺栓和螺母等紧固件进行力矩测试，确保达到规定的紧固力矩。

（3）检查电磁屏蔽转接装置与其他系统间的电气连续性，确保没有断路或短路，确保其性能符合设计要求。

（4）按照设计要求启动和运行系统，观察电磁屏蔽转接装置的工作状态，确认其能够正常发挥屏蔽和转接功能。

11.5.7 电磁屏蔽结构体应按设计要求进行良好接地，接地电阻应符合设计要求。

【制定依据、目的】

本条的制定主要依据以下几项现行标准与规范:《数据中心设计规范》GB 50174、《电磁屏蔽室工程施工及质量验收规范》GB/T 51103、《电磁屏蔽室工程技术规范》GB/T 50719。

通过接地可以将电磁屏蔽室的屏蔽层与大地连接，有效地导引和排泄电磁干扰能量，接地可以使电磁屏蔽室内的设备得到有效地保护，避免因雷电、静电等电磁因素对设备和人员造成的危害。

【技术措施】

（1）设计独立的接地系统，避免与其他电气系统共用接地，以减少电磁干扰和确保接地效果。

（2）根据规范和设计要求，计算所需的接地电阻值，并据此选择合适的接地方法和材料。

（3）确保接地极和接地线的截面积足够，以降低电阻并提高导电性能。

（4）根据土壤电阻率和接地电阻要求，确定接地体的埋设深度和间距。

（5）确保接地体之间的连接牢固、导电良好，防止因连接不良导致的接地电阻增大。

（6）使用专用的接地电阻测量仪器，按照规范要求进行接地电阻的测量和测试。

（7）定期对接地系统进行检测和维护，确保接地电阻始终符合设计要求。

11.5.8 屏蔽接地线与屏蔽结构体连接点应接近电源滤波器，安装位置固定，距离应小于 200mm。

【制定依据、目的】

本条规定依据现行国家标准《电磁屏蔽室工程施工及质量验收规范》GB/T 51103、《电磁屏蔽室工程技术规范》GB/T 50719 的相关要求。

电磁屏蔽室上配套的各种电源滤波器，一般对地有电容，其对地有较大的泄漏电流。若无可靠接地，会影响电磁屏蔽室内的电子设备的正常使用，对接触电磁屏蔽室的人员产生安全影响，还会降低电磁屏蔽室的电磁屏蔽效能。

【技术措施】

在设计阶段就预先规划好屏蔽接地线、屏蔽结构体以及电源滤波器的布局，确保它们之间的连接点尽可能靠近。

尽量减少屏蔽接地线从连接点到电源滤波器的物理路径长度，以减小潜在的电气噪声和干扰。

根据布局规划，选择适当长度的柔性接地线，以便在连接点处进行灵活地连接。

在布线过程中，尽量减少接地线的弯曲和扭曲，以保持其导电性能的稳定。

11.6 电磁屏蔽效能自检

11.6.1 电磁屏蔽室安装应对所有接缝、屏蔽门、截止波导窗、滤波器等电磁屏蔽接口件进行连续检漏，不得漏检，不合格处应修补至合格。

【制定依据、目的】

因为任何一处焊穿的孔洞及泄漏点都会造成电磁泄漏，所以在屏蔽效能的检测过程中应及时对影响其屏蔽效能的薄弱处及焊接缺陷进行重点检漏和补漏。通过连续检漏，能确保电磁屏蔽室的接缝、屏蔽门等接口件无电磁泄漏，从而达到预期的电磁屏蔽效能，防止电磁波泄漏。对于检漏过程中发现的不合格处，必须及时进行修补，以确保电磁屏蔽室的完整性和性能。这种修补过程应严格按照相关标准和规范进行，确保修补后的接口件满足电磁屏蔽要求。

电磁屏蔽室安装过程中对所有接缝、屏蔽门等接口件进行连续检漏是确保电磁屏蔽室效能的关键环节。

【技术措施】

（1）准备专业的、合格的检漏设备，以确保能够准确检测电磁泄漏。

（2）根据电磁屏蔽室的结构和接口件分布情况，制订详细的检漏计划，包括检漏的顺序和方法。

（3）使用检漏设备，对所有接缝、屏蔽门、截止波导窗、滤波器等电磁屏蔽接口件进行连续检漏，不得遗漏任何一个接口件和接缝。

（4）对检漏结果中不合格的地方进行明确标识，以便后续修补工作。

（5）根据不合格处的具体情况，选择合适的修补方法，如重新密封接缝、更换屏蔽门密封条、调整截止波导窗的安装位置等，以确保电磁泄漏在可接受范围内。

（6）在修补工作完成后，对之前不合格的地方进行重复检漏，以确保修补效果符合要求。

11.6.2 电磁屏蔽室的全频段检测应符合下列规定：

1 电磁屏蔽室的全频段检测应在屏蔽结构体完成后，室内装饰前进行；

2 在自检中应分别对电磁屏蔽门、结构体接缝、截止波导窗、滤波器等所有接口点进行电磁屏蔽效能检测，检测指标均应满足设计要求，并应按本标准附录 F 填写。

【制定依据、目的】

本条规定依据现行国家标准《电磁屏蔽室工程技术规范》GB/T 50719。目的是防止在屏蔽结构体上再次施工破坏电磁屏蔽室的电磁密封性能，导致电磁屏蔽室电磁泄漏，从而无法满足屏蔽效能要求。

通过检测，能够验证电磁屏蔽门、结构体接缝、截止波导窗、滤波器等接口点的电磁屏蔽效能是否达到设计要求，从而确保整个电磁屏蔽室的整体屏蔽效能。检测过程中，可检查记录接口点的电磁密封性，如电磁屏蔽门的密封条是否完好、结构体接缝是否紧密等。电磁密封性的好坏直接影响电磁屏蔽效果，因此通过检测可及时发现并修复可能存在的泄漏点。

11.6.3 电磁屏蔽室内的配电、空气调节、给水排水、综合布线、监控及安防、防雷与接地、消防、室内装饰等专业施工结束后，应进行屏蔽效能综合自检，并应满足设计要求。

【制定依据、目的】

本条规定依据现行国家标准《电磁屏蔽室工程技术规范》GB/T 50719。

再次自检是防止在电磁屏蔽室内的其他专业施工过程中破坏屏蔽层、造成最终验收不通过的重要措施，能确保电磁屏蔽室的施工质量符合相关标准和要求，从而保障整个工程的质量。

如果在自检过程中发现电磁屏蔽室的屏蔽效能不满足设计要求，可以及时进行问题排查和修复，避免在后续使用过程中出现更大的问题。

【技术措施】

（1）根据电磁屏蔽室的设计要求和相关标准，制定详细的屏蔽效能综合自检方案。方案应包括检测的项目、方法、仪器、人员、时间等方面的安排。

（2）根据检测方案，准备必要的检测仪器和工具，如电磁场强度计、频谱分析仪、示波器等。确保这些仪器和工具的性能可靠、准确度高，能够满足检测需求。

（3）按照检测方案，使用相应的仪器和工具对各个测试点进行屏蔽效能检测。检测过程中应严格按照操作规程进行，确保数据的准确性和可靠性。

（4）对检测到的数据进行整理、分析和处理，计算出各个测试点的屏蔽效能值。将这些值与设计要求进行对比，判断电磁屏蔽室是否满足屏蔽效能要求。

11.7 电磁屏蔽施工验收

11.7.1 电磁屏蔽验收应由建设单位组织监理单位、设计单位、测试单位、施工单位共同进行。

【制定依据、目的】

通过建设单位组织监理单位、设计单位、测试单位、施工单位共同参与验收，能够确保电磁屏蔽工程在施工过程中严格按照设计要求和国家标准进行，从而确保工程质量符合要求。

通过多方参与验收，能够明确各方在工程建设和验收过程中的责任划分，便于后续维护和管理过程中出现问题时的处理。

电磁屏蔽验收由建设单位组织监理单位、设计单位、测试单位、施工单位共同进行，旨在确保工程质量、保障工程安全、明确责任划分及促进各方之间的协作与沟通。

【技术措施】

在开始验收之前，应制订详细的验收计划，明确验收的目标、范围、方法、步骤和时间安排。建设单位应组织监理单位、设计单位、测试单位、施工单位的专业人员成立验收团队，每个单位应派出项目相关负责人员参与验收。

根据验收计划，准备必要的验收工具和设备，确保这些工具和设备经过校准，符合相关标准。

验收团队应按照验收计划对电磁屏蔽工程进行实地检查和测试。检查内容应包括电磁屏蔽室的外观、结构、材料、安装工艺等。测试内容应包括电磁屏蔽效能的测量等。

验收过程中，应详细记录验收结果，包括检查和测试的数据、发现的问题、整改情况等。记录应真实、准确、完整。

在验收结束后，应编制详细的验收报告。报告应总结验收的过程、结果和发现的问题，并提出相应的整改建议和改进措施。报告应提交给相关单位作为工程交付和后续维护的依据。

对于验收中发现的问题，相关单位应及时进行整改。整改完成后，建设单位应组织监理单位、设计单位、测试单位、施工单位进行复查，确保问题得到彻底解决。

11.7.2 电磁屏蔽室屏蔽效能检测的方法和技术指标应符合现行国家标准《电磁屏蔽室屏蔽效能的测量方法》GB/T 12190 的有关规定。

【制定依据、目的】

本条规定依据现行国家标准《电磁屏蔽室工程技术规范》GB/T 50719。

通过遵循现行国家标准《电磁屏蔽室屏蔽效能的测量方法》GB/T 12190，能确保所有电磁屏蔽室的屏蔽效能检测都遵循统一的方法和技术指标，避免了因方法不统一导致的混乱和误解。有了统一的标准，不同厂商、不同项目，甚至不同时间点的电磁屏蔽室检测结果都可以进行比较，为检测机构和用户提供了清晰的评估依据，使得电磁屏蔽室的性能评估更加客观、公正。

【技术措施】

（1）根据现行国家标准《电磁屏蔽室屏蔽效能的测量方法》GB/T 12190 的规定，选择符合标准规定的电磁屏蔽效能测量设备。

（2）在进行电磁屏蔽效能检测时，严格遵循现行国家标准《电磁屏蔽室屏蔽效能的测量方法》GB/T 12190 中规定的测量方法，确保每一步操作都符合标准要求。

（3）根据现行国家标准《电磁屏蔽室屏蔽效能的测量方法》GB/T 12190 规定的分析方法对数据进行处理和分析，得出准确的屏蔽效能评估结果。

11.7.3 电磁屏蔽室效能测试应按本标准附录 F 的要求进行和记录。

【制定依据、目的】

通过对电磁屏蔽室进行效能测试，能验证其在实际使用中的屏蔽效果，从而确保电磁屏蔽效能。

通过制订和执行统一的电磁屏蔽室效能测试记录表，能促进电磁屏蔽技术的标准化和规范化，提高电磁屏蔽产品的质量和性能。

电磁屏蔽室效能测试记录数据为用户、监管机构和第三方认证机构提供了测试和评估的依据，这些记录和报告可以证明电磁屏蔽室是否符合相关标准和要求。

【技术措施】

按照附表内容进行测试，并记录测试数据。

将测试数据结果记录下来，按照本标准附录F的要求进行编写，并作为验收依据。

11.7.4 电磁屏蔽室工程验收应按本标准附录G的要求进行和记录。

【制定依据、目的】

电磁屏蔽室工程验收的目的是确保电磁屏蔽室的建设质量符合设计要求和相关标准，从而保障其在实际使用中的有效性和可靠性。通过验收，可以全面审核、检查电磁屏蔽室工程的各个方面，包括主体结构、屏蔽门、截止波导通风窗、滤波器、信号接口板及辅助工程的安装、施工等。

通过制定和执行统一的电磁屏蔽室工程验收标准，可以促进电磁屏蔽技术的规范化和标准化。这有助于提高电磁屏蔽产品的质量和性能，并推动相关行业的健康发展。

【技术措施】

检查屏蔽壳体、屏蔽门、各类滤波器、截止通风波导窗、屏蔽玻璃窗、信号接口板、与其他专业配合和连接等工程的施工质量，确保符合设计要求。确保电磁屏蔽室工程的质量和性能符合相关标准和要求。

11.7.5 电磁屏蔽室内的其他各项专业施工的验收均应按本标准中有关施工验收的规定进行。

【制定依据、目的】

本规定是为确保电磁屏蔽室内的各项专业施工都达到了预定的质量标准和性能要求。制定专门的验收标准，是为确保这些施工不会影响到电磁屏蔽室的整体性能。

【技术措施】

各专业施工验收应遵循相应的国家或行业标准，也应遵循本标准中有关施工验收的规定进行，确保施工质量和安全。

验收工作应与相关标准对照检查，确保施工质量和安全符合标准要求。

11.7.6 施工交接验收应符合本标准第3.3.2条的规定，并应提交本标准附录F和附录G。

【制定依据、目的】

施工交接验收应对已完成的电磁屏蔽室工程部分进行全面的检查，确保其质量与安全符合相关标准与规范，确保施工单位已按照合同和设计要求完成了其任务。

通过及时的交接验收，能发现并解决施工中的问题，也表示一个阶段的施工已结束，可进行下一个阶段的施工任务。

【技术措施】

制订详细且标准化的验收流程，包括验收前的准备、验收过程中的检查与测试以及验收后的记录与报告。

在验收过程中，应使用专业的检测工具和设备对施工质量进行检测，以确保准确性和公正性。

本标准的附录F和附录G包含了关于施工交接验收的具体要求、检查标准、报告格式等。在提交这些文件时，应确保内容的完整性、准确性和一致性。

12 微 模 块

12.1 一般规定

12.1.1 微模块的施工及验收应包括安装、调试及验收。

【制定依据、目的】

微模块作为预制化产品，其施工围绕着产品的安装、调试和验收展开。

在安装过程中，需要按照设计规范和微模块施工要求进行操作，以确保微模块的完整性和稳定性。如果安装不当，可能会导致微模块在使用过程中出现故障或性能下降，甚至可能引发安全事故。

调试环节是判断微模块安装完成后是否能正常运行的一个重要过程。通过调试，可以检查微模块是否按照设计要求正常工作，及时发现并解决潜在的问题。

验收是对微模块施工质量的全面检查和确认。在验收过程中，需要对微模块的各项指标进行严格测试，确保其符合设计要求和相关标准。通过验收，能确保微模块能够安全、稳定地投入运行，为实际应用提供可靠保障。

【技术措施】

在施工环节，按照设计图纸精确测量微模块的安装位置，确保位置准确无误。使用专用工具和设备进行安装，避免使用不合适的工具导致安装质量下降。安装过程中，采取必要的安全防护措施，如佩戴安全帽、手套等，确保施工人员的安全。同时根据微模块的功能和特点，制订详细的调试方案，明确调试步骤和测试方法。选择专业的测试工具和技术进行调试，确保测试结果的准确性和可靠性。

在验收环节，根据设计要求和相关标准，制订详细的验收标准，明确验收指标和合格条件，对微模块进行全面检查和测试，包括外观、尺寸、接口等方面，确保符合验收标准。同时，详细记录验收过程和结果，并编制验收报告，为后续使用和维护提供依据。

12.1.2 微模块的规格型号、数量应符合设计文件和技术文件的要求。

【制定依据、目的】

设计文件和技术文件是微模块施工的基础。这些文件详细规定了微模块的各项参数、性能要求及配置方式，确保微模块能够满足特定的应用场景和需求。规格型号的一致性是确保微模块互换性和兼容性的关键，如果微模块的规格型号存在差异，可能会导致在组合、安装和调试过程中出现问题，增加施工难度和成本。同时，数量要求的符合性也是保证数据中心建设进度和成本控制的重要因素。如果微模块的数量不足或过多，都会影响数据中心的布局和容量规划，可能导致资源浪费或建设延误。

【技术措施】

仔细阅读并理解设计文件和技术文件，明确微模块的规格型号、数量，以及其他相关技术参数和性能要求。对于任何不清晰或有疑问的地方，应及时与设计团队或技术团队沟通，确保准确理解文件内容。

核对实际到货的微模块规格型号是否与招标采购清单规格型号一致，包括检查微模块的尺寸、接口类型、功率容量等方面是否符合文件规定。统计和确认所需微模块的数量，与实际采购到现场的微模块数量做比对，确保与文件要求一致，避免数量不足或过多。对于不符合设计文件和技术文件要求的微模块，应予以退回或更换，确保所有微模块都符合规定。

12.1.3 微模块安装场地应满足设计文件和技术文件要求。

【制定依据、目的】

设计文件和技术文件是基于微模块的特点和运行需求制定的，通常对场地结构强度、水、电、消防等各方面条件有明确的规定，同时也包含了详细的安装流程和规范，以及微模块的布局、标识、接线等要求。遵循这些要求可以使安装过程更加顺畅，减少不必要的麻烦和延误。

【技术措施】

根据设计文件和技术文件，应确保场地平整无障碍物，便于微模块的运输、安装和后期维护；应避开可能产生粉尘、油烟、有害气体源以及存放腐蚀、易燃、易爆物品的地方，确保场地的环境安全性。同时，场地应预留足够的电源接入点和网络接口，确保电源和网络的稳定性和可靠性，满足微模块的运行需求。

12.1.4 微模块施工宜在安装区域的装饰装修完成后进行。

【制定依据、目的】

装饰装修过程中，往往会产生大量的尘土和废弃物。如果微模块施工在装饰装修未完成的情况下进行，施工环境可能会非常脏乱，这不仅影响施工效率，还可能对微模块设备的清洁度和正常运行造成不利影响；在装饰装修完成后施工，能确保施工环境的清洁度，有利于微模块设备的安装和运行。同时微模块施工在装饰装修完成后进行，可以确定现场已经具备水、电等基础条件，给微模块顺利施工多一份保障。

【技术措施】

施工前应对已完成的装饰装修区域进行全面检查，确保墙面、地面等无损坏，且清洁度达到施工要求，同时加强对施工现场的管理，确保施工人员遵守施工规范，避免对装饰装修造成二次污染或损害。施工完成后应对微模块及周围区域进行整体检查，确保无损坏、无污染，且与装饰装修完美融合。如有需要，可对局部进行微调或修复，以达到最佳的整体效果。

12.2 安装与调试

12.2.1 微模块的安装与调试应满足设计文件和技术文件要求。

【制定依据、目的】

设计文件和技术文件通常包含对微模块性能、功能，以及稳定性的具体要求和规范。遵循这些文件的要求进行安装与调试，能确保微模块在实际运行环境中能够达到预期的性能指标，并保持稳定的运行状态。这有助于避免因安装或调试不当导致的性能下降或系统崩溃等问题。同时，这些文件往往对微模块的安全性能有明确要求，包括电气安全、防火措施、防雷击等方面，按照这些要求进行安装与调试，能显著降低微模块在运行过程中发生安全事故的风险，保障人员和设备的安全。

【技术措施】

微模块在安装前，应严格按照设计文件和技术文件的要求进行场地准备和检查。这包括确保场地的平整度、承重能力、电源和网络接入等基础设施符合规范要求，以避免在安装过程中出现不必要的麻烦和安全隐患。在安装过程中，应严格遵循模块安装的工艺流程和操作规程。对于设备的搬运、固定安装、电源接入和网络连接等各个环节，都需要按照设计文件和技术文件中的指导进行。特别是在设备固定安装时，应确保设备架设、固定螺丝、连接管道等工作准确无误，以保证设备稳固可靠。在调试过程中，应按照设计文件和技术文件中的要求进行运行调试，确保施工过程中对微模块各个外部接口对接都准确无误，稳定可靠。

12.2.2 微模块应安装牢固可靠，并应采取抗震、降噪减振措施。

【制定依据、目的】

国家标准《建筑抗震设计标准》GB/T 50011—2010（2024 年版）中规定："非结构构件，包括建筑非结构构件和建筑附属机电设备，自身及其与结构主体的连接，应进行抗震设计"。微模块中包含大量的机电设备，并与网络设备形成一个模块化整体，所以在采取抗震措施时，应将微模块应当做一个整体，进行整体抗震设计。

同时，微模块中的空调与制冷系统、服务器产生的振动和噪音长期运行，会严重影响工作人员的身体健康。为解决振动和噪声问题，本条规定在保证抗震性能的前提下，对微模块采取减振降噪措施。

【技术措施】

对于微模块中需要做抗震、降噪减振的设施设备范围，一般包括微模块中的精密空调、运行时噪声过大的服务器机柜、支持数据中心运行的室外机等。这三类设备需根据实际情况制定不同的抗震、减振降噪方案。

（1）空调和服务器抗震减振措施：

1）一般通过增加橡胶垫的方式即可解决振动噪声问题，同时需要采用传统的固接方式对机柜进行锚固，其原理为避开振源的振动频率。

2）可采用底部设置隔震装置，实现隔震和减振的一体化功能，其原理为隔震装置本身的隔震措施属于一种柔性抗震，与基础没有形成锚固固接联系，振动的传递减小从而达到隔震和减振的双层功能。

（2）室外空调主机减振降噪措施：

减振原理为避开振源的振动频率、切断振动机噪声路径、增大配重减振。采用的方式为：

1）可以直接采用橡胶垫。

2）在室外浇筑浮筑楼板，空调室外机锚固在浮筑楼板上。

3）在空调室外机底部安装抗震减振器：定制一块混凝土惰性块，通过增加空调配重及安装减振器共同达到减振的目的。

12.2.3 微模块应与场地进行等电位联结。

【制定依据、目的】

依据国家标准《数据中心设计规范》GB 50174—2017 中第 8.4.4 条规定："数据中心内所有设备的金属外壳、各类金属管道、金属线槽、建筑物金属结构等必须进行等电位联结并接地。"等电位联结接地是一种重要的电气安全措施，其主要目的是确保建筑物内部的各种金属管道、线路等都处于同一电位，从而防止反击和危险的接触电压、跨步电压的产生。微模块作为相对独立的基础设施组合，应按相关要求，对微模块整体进行等电位联结并接地。

【技术措施】

首先确定机房内等电位联结端子板位置，使用导线将微模块内的各基础设施连接到端子板上，确保连接牢固可靠，以保证等电位效果。同时确保等电位联结端子板与接地装置进行连接，以实现与大地的电位相等。在完成等电位联结接地后，需要进行检查和测试，确保所有连接正确无误，等电位效果良好。可使用专业的测试仪器进行电位差测试，以验证等电位联结的有效性。

12.2.4 微模块安装区域的线缆和管道应做好防护措施。

【制定依据、目的】

依据行业标准《建筑装饰装修工程成品保护技术标准》JGJ/T 427—2018 中的规定："装饰装修工程施工过程中不得损坏主体结构、设备系统等其他分部分项工程成品；结构、设备系统施工不得损坏装饰装修工程成品。"安装微模块的过程中，线缆和管道可能会因为施工人员的疏忽、设备的搬运和安装时的碰撞等原因而遭受物理损伤，如被割破、压扁或拉扯断裂等。若不做好防护措施，很容易受到电磁干扰的影响，导致信号传输质量下降，甚至造成数据丢失或设备故障。

【技术措施】

使用专用的固定装置将线缆和管道稳固地固定在安装区域的指定位置，避免其因摇晃或外力作用而移动或损坏。固定时要确保线缆和管道不受拉伸或扭曲，保持其自然状态。对于暴露在外的线缆和管道部分，应使用柔韧性好、耐磨、抗老化的保护套管进行包裹，以减少外界物理因素对线缆和管道的损害。对线缆和管道进行明确的标识，记录其走向和连接关系，方便后续维护和管理。对于特殊线缆和管道，应设置醒目的警示标志，防止误操作或损坏。对于易受电磁干扰的线缆，应使用屏蔽线或屏蔽管进行包裹，减少电磁辐射对信号传输的影响。同时，应确保线缆和管道的接地良好，避免因地电位差造成的电磁干扰或电击风险。在安装过程中，应尽量将线缆和管道远离高压电源、大型电机等强电磁干扰源，降低电磁干扰的影响。

12.2.5 进出微模块的电源线、网络线、信号线、给排水管道、冷媒管道等应按设计文件和技术文件的要求进行可靠连接，并应采取密封措施。

【制定依据、目的】

依据国家标准《数据中心设计规范》GB 50174—2017 中的规定："穿过主机房的给水排水管道应暗敷或采取防漏保护的套管。管道穿过主机房墙壁和楼板处应设置套管，管道与套管之间应采取密封措施。"按照微模块产品自身技术文件，对进出微模块的相关线缆、管道做好可靠连接，做好密封保护措施，确保微模块运行过程中稳定可靠。

【技术措施】

电源线应使用专用电缆接头或端子进行连接，确保接触良好、电流传输稳定。接头应紧固，避免松动或接触不良导致的电气故障。

网络线和信号线应使用专用的适配器或端子进行连接，确保数据传输的稳定性和准确性。连接时应遵循相应的通信协议和标准。对于重要信息传输，应采用屏蔽材料或滤波器进行电磁干扰的防护。

给水排水管道应使用专用接头进行连接，确保管道连接牢固、不漏水。对于需要承受较大压力的管道，应采用金属或高强度塑料材质。管道连接处应使用密封胶或密封带进行密封处理，防止水渗漏。同时，管道外部应包裹保温材料，防止冷凝水产生。

冷媒管道的连接应使用专用的铜质或不锈钢接头，确保管道连接紧密、无泄漏。接头处应使用专用工具进行紧固，确保密封性。

所有连接件和密封材料应选用符合相关标准和规范的高质量产品，确保长期使用的稳定性和可靠性；同时，连接和密封工作应由专业的施工人员按照相关施工规范进行操作，确保施工质量符合要求。

12.2.6 微模块调试前准备工作应符合下列规定：

1 应按设计文件和技术文件的要求检查确认微模块的安装位置及设备规格型号、数量；

【制定依据、目的】

依据国家标准《数据中心设计规范》GB 50174—2017 中的规定："对单台机柜

发热量大于 4kW 的主机房，宜采用活动地板下送风（上回风）、行间制冷空调前送风（后回风）等方式，并宜采取冷热通道隔离措施。”随着服务器单位负荷量越做越大，单台机柜密度也越来越高，新建数据中心项目单台机柜发热量大于 4kW 的比比皆是，通常都会采用冷热通道隔离措施，微模块的建设方式已经成为主流。微模块的组件均是以模块化的形式，虽已在工厂完成预安装预调试，但因场地、运输等问题，是以模块组件发货到现场组装。因此，在微模块调试前，应完成对微模块安装位置、规格型号、数量、管路、天窗、端门及供电电源等相关参数的检查确认工作。

【技术措施】

根据设计文件和技术文件的指导，确保微模块的安装位置准确无误并合理利用空间。

对设备的规格、类型和数量进行逐一核对，确保与文件要求一致，没有遗漏或多余。在检查过程中，可以使用清单和标记工具，对设备进行编号和记录，以便后续管理和追踪。

2 应按设计文件和技术文件的要求检查确认已安装的管路无泄漏；

【制定依据、目的】

数据中心通常包含大量的电子设备，这些设备对运行环境有严格的要求。管路泄漏无论是水还是其他介质，都可能对这些设备造成损害，甚至引发火灾等安全事故。因此，确保管路无泄漏是保障数据中心安全运行的重要前提。

【技术措施】

对于管路系统，首先进行目视检查，观察管路连接处、阀门和接头等是否紧固，有无明显的液体或气体滴漏现象。其次，可以使用压力测试设备对管路进行压力测试，观察管路在特定压力下的表现，确保无泄漏。此外，还可以使用传感器技术或红外热成像技术来监测管路的运行状态，及时发现并处理潜在的泄漏问题。

3 应检查确认微模块天窗及端门等部件开闭顺畅；

【制定依据、目的】

微模块作为预制化产品，在运输过程中会存在一定风险的振动和磕碰，影响微模块天窗及端门等部件的正常使用，因此需在调试准备工作阶段对微模块天窗及端门等部件进行检查确认。

【技术措施】

首先，对于天窗及端门等部件，进行手动操作检查，观察其开闭是否顺畅，有无卡滞或异响。其次，可以通过启动按钮和模拟消防信号进行联动，来观察是否开闭顺畅。

4 通电前应按设计文件和技术文件的要求核查供电电源的电压、极性、相序等；

【制定依据、目的】

正确的供电电源的电压、极性、相序是确保电力系统和设备安全、稳定、高效运行的重要步骤。

【技术措施】

通过使用电压表测量供电电源的电压，确保其符合微模块的工作要求。同时检查电源的极性是否正确，避免接反导致设备损坏。对于相序的检查，可以使用电动机法或相序表法来核对相序是否一致。如果相序不同，需要调整电源接线以确保正确。

5 应逐项进行通电检查。

【制定依据、目的】

逐项进行通电检查能确保每个设备和系统的安全稳定运行，减少潜在的安全风险。在通电检查过程中，应及时发现并解决潜在的电气故障或问题，避免在正式运行后出现更严重的故障或事故。此外，逐项进行通电检查还有助于快速定位和解决故障，提高故障处理效率。

【技术措施】

在进行逐项通电检查前，应确保所有设备的安装和接线都已完成并经过初步检查。然后按照设计文件和技术文件的指导，逐一给设备通电，观察其运行状态和功能是否正常。在通电过程中，应注意观察设备的指示灯、显示屏等是否显示正常，以及是否有异常的声响或气味。对于发现的问题，应及时记录并进行处理。

12.2.7 微模块的调试与试运行应按设计文件和技术文件的要求进行并记录。

【制定依据、目的】

依据国家标准《建筑工程施工质量验收统一标准》GB 50300—2013 中的规定："建筑工程质量验收合格应符合下列规定：

（1）符合工程勘察文件、设计文件的要求；

（2）符合本标准和相关专业验收规范的规定。”

设计文件和技术文件包含了微模块设备的详细规格、参数和操作要求。按照这些要求进行调试和试运行，可以确保设备按照预定的方式运行，达到预期的性能标准，也有助于避免操作不当导致的设备损坏或人员伤害。

【技术措施】

根据设计文件和技术文件，确认微模块的接线是否正确，所有引脚都需正确连接，避免接错或短路。同时检查并确认电源供应是否稳定，选择适当的电源电压，并连接好电源线，确保微模块得到稳定的电力供应。准备必要的测试工具，如万用表、压力表等，这些工具用于观察和分析微模块的工作状态。当微模块出现故障时，可采用逐级调试的方法，逐步排查微模块内部可能存在的问题，从输入到输出，逐步验证各个功能模块的正确性；也可根据故障现象，有针对性地选择调试方法，如检查供电电源和信号线路的接触是否良好，以解决信号幅度不稳定等问题。在调试过程中，详细记录每一步的操作、观察到的现象及分析结果，这有助于后续的问题排查和性能优化。对于试运行阶段，同样需要记录设备的运行状态、性能数据及可能出现的问题，为后续的设备维护和管理提供重要依据。

12.3 施工验收

12.3.1 微模块施工验收应符合下列规定：

1 工程施工应满足设计文件和技术文件的要求；

【制定依据、目的】

设计文件和技术文件是微模块施工的指南和标准，严格按照这些文件要求进行施工，能够确保施工过程中的每一个步骤和环节都符合既定的设计和技术标准，从而保证施工质量。

【技术措施】

在施工验收阶段，必须严格遵循设计文件和技术文件中的各项规定和要求，确保施工过程中的每一个步骤都符合既定标准。验收流程应包括初步检查、详细测量、性能验证等多个环节，确保微模块施工质量的全面把控。

2 性能和功能测试应满足设计文件和技术文件的要求。

【制定依据、目的】

通过性能和功能测试，能够确保微模块的性能和功能达到设计要求，从而保证整个系统的稳定运行。如果在施工验收阶段未能严格按照设计文件和技术文件的要求进行，性能测试阶段也未能发现潜在的问题，则在后期运行过程中可能会出现各种故障和问题，导致维护成本增加。通过严格的施工验收，能够在早期发现并解决潜在问题，降低后期维护成本。

【技术措施】

根据设计文件和技术文件的要求，制订详细的性能和功能测试方案，明确测试的目的、方法、步骤和预期结果。测试方案应涵盖微模块的所有关键性能指标和功能点，确保测试的全面性和有效性。

在进行性能和功能测试时，可尽量模拟微模块在实际运行环境中的工作状态，以获取更真实、准确的测试数据。通过模拟不同的工作场景和负载情况，全面评估微模块的性能和功能表现。

对测试过程中获得的数据进行详细记录，并进行分析和比较，以判断微模块的性能和功能是否满足设计文件和技术文件的要求。对于测试中发现的问题和不足，应及时进行整改和优化，确保微模块的性能和功能达到最佳状态。

12.3.2 施工交接验收应符合本标准第 3.3.2 条的规定。

【制定依据、目的】

微模块的施工交接验收属于工程施工交接，可按工程施工交接方式进行。

【技术措施】

详见本标准第 3.3.2 条。

13 集装箱数据中心

13.1 一般规定

13.1.1 集装箱数据中心的施工及验收应包括箱体安装、调试及验收。

【制定依据、目的】

集装箱数据中心作为预制化产品，由于在缩短施工工期、提高工程质量、简化项目管理等方面相对传统施工方式更有优势，在越来越多的项目中得到应用。集装箱数据中心以产品的形式整体交货，运至项目现场后，施工内容主要包括箱体的就位与固定及外部引入或箱体之间的电气、网络、信号、接地、给排水、冷媒等接口的连接；安装完成后对各系统间的联合调试与项目验收；箱体内设备的安装质量、调试都在工厂内完成，对集装箱数据中心箱体的验收工作也可以通过厂验方式完成。

13.1.2 集装箱数据中心的规格型号、数量应按设计文件和技术文件的要求检查确认，拆包后应及时检查确认内部配置是否符合要求。

【制定依据、目的】

集装箱数据中心作为项目的组成部分，到货后需要检查确认产品的尺寸、与安装基础的固定方式、箱体的固定方向等是否符合设计文件中的要求，还需要检查确认电气、网络、信号、接地、给排水、冷媒等接口是否符合各系统间的技术要求；拆包后需要复核内部的供配电、制冷、安防监控、综合布线、防雷接地等系统及机柜、UPS、精密空调等设备数量是否符合设计和技术文件的要求。

13.1.3 集装箱数据中心安装场地应满足设计文件和技术文件要求。

【制定依据、目的】

设计文件和技术文件是衔接集装箱数据中心与安装条件的关键。集装箱数据中心与安装场地条件都满足设计文件及技术文件的条件，才能确保尺寸适配、承重达标、门向合理，并实现各系统接口的无缝对接，达成项目实施目标。因此，安装前需全面复核场地的尺寸、承重、接口布局等条件。

【技术措施】

测量集装箱的高、宽、深，并核对尺寸是否与设计图纸一致；测量集装箱对角线尺寸是否在偏差控制范围内。

核对基础的设计和施工文件，是否与设计文件一致并能满足设备承重要求。

门的开启方向主要影响维护的便利性，需要确认门的开启方向及门外的空间是否满足维护的要求。

核对供电、监控、综合布线、空调、通风、给水排水的接口与设计文件及现场各系统的接驳位置是否对应并能实现对接。

13.2 安　　装

13.2.1 集装箱数据中心安装前施工场地应符合下列规定：

1 安装基础平面平整度不应大于 0.5%，宜高出周围地面 25cm 以上；

【制定依据、目的】

为满足集装箱数据中心内设备的运行条件，作为载体的集装箱要符合水平条件，安装基础的平整度偏差太大将会影响集装箱的调平及与基础的连接强度；为防止水进入集装箱数据中心及集装箱数据中心排水的需要，需要基础高度高出周围地面。现行国家标准《集装箱式数据中心机房通用规范》GB/T 36448 中对使用场地的要求如下：

（1）安装基础平面平整度应不大于 0.5%；

（2）安装基础平面宜高出周围地面 25cm 以上。

【技术措施】

集装箱数据中心的安装基础一般采用钢筋混凝土制作的条形基础与钢结构焊接基础两种（图 1-13-1、图 1-13-2），钢结构比较容易达到平整度要求，混凝土基础的平整度稍差，但基础尺寸小，平整度控制在 0.5% 以内也比较容易。集装箱数据中心安装前，使用水平仪或水平尺检测平整度；箱体就位后可通过垫铁调平。

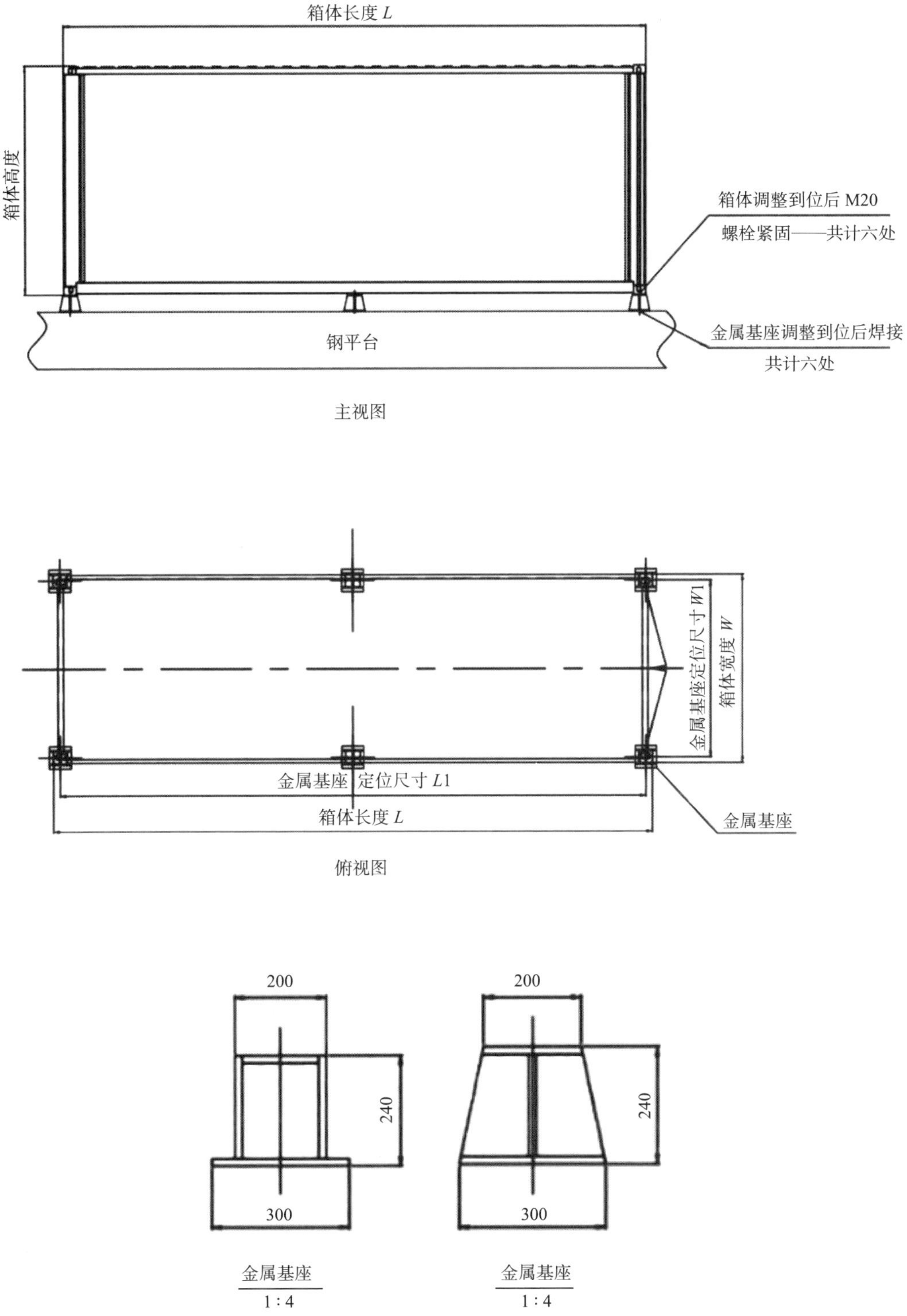

图 1-13-1　钢平台基础方案示例

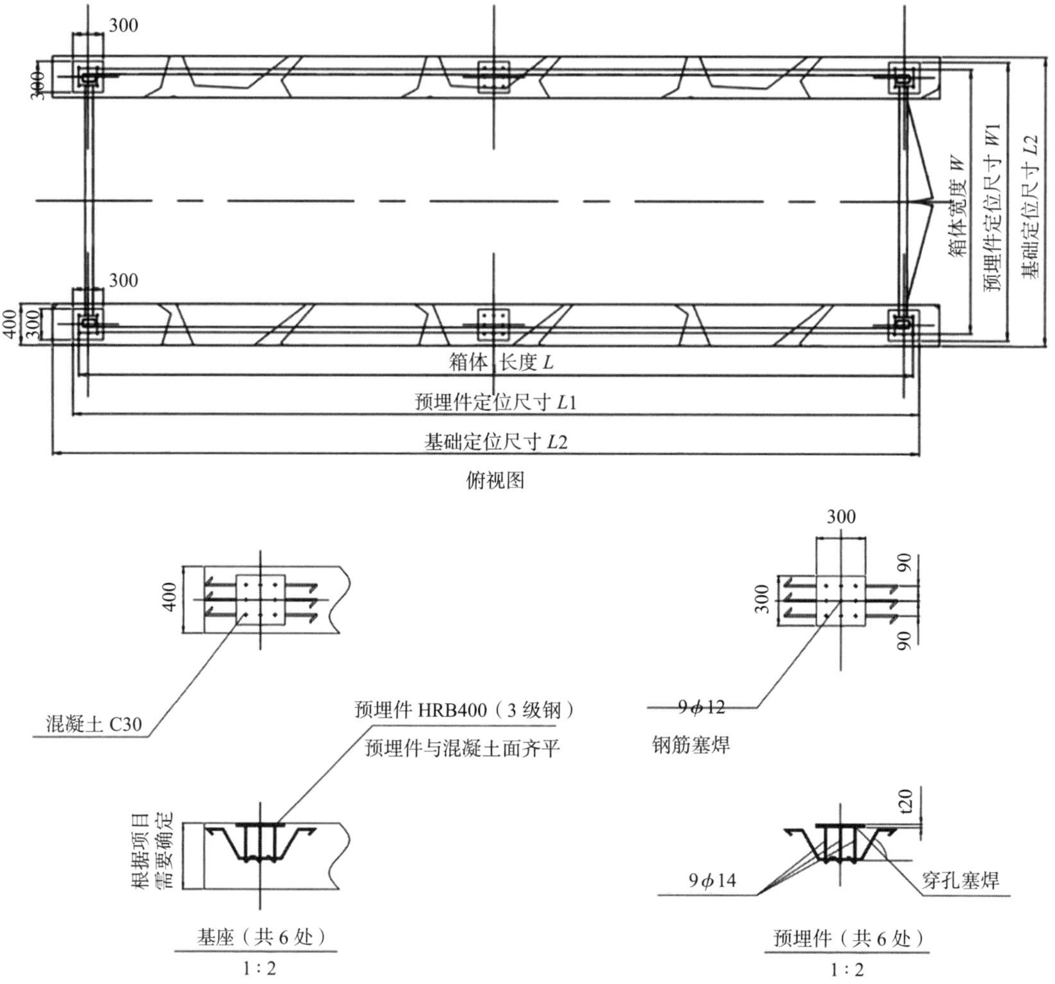

图 1-13-2　混凝土基础方案示例

2　户外供电线路宜采用地埋方式敷设；

【制定依据、目的】

户外引入到集装箱数据中心的供电线路，地埋方式比架空方式的安全性更高，因此在有条件的情况下采用地埋方式敷设。

【技术措施】

电缆应使用铠装电缆，且铠装电缆的金属外皮要可靠接地，接地电阻不得大于 10Ω，以确保电缆的安全运行。

挖沟的深度应使电缆埋置后的电缆外表面距地面的距离不得小于 0.7m；当位于行车道或耕地下时，应适当加深，且不宜小于 1m。这是为保护电缆免受外界机械损伤。

直埋电缆上、下应铺垫不小于100mm厚的砂或软土，且盖以混凝土板或砖，覆盖宽度应超出电缆两侧各50mm。这样可以保证电缆的稳定性和散热性能。

在电缆直线段每隔50m～100m处、电缆接头处、转弯处、进入箱体处，应设置明显的方位标志或标桩，以便于电缆的维护和检修。

电缆与其他地下管道、道路、构筑物等之间的容许最小距离应满足相关规定，禁止电缆在其他地下管道正上方或正下方平行敷设，以避免相互干扰和损伤。

当电缆穿越道路、铁路、排水沟等时，应穿在保护管内，保护管的长度应超出路基每侧各1m，超出排水沟底面0.5m，以保护电缆免受外界环境的损害。

在冻土地区直埋敷设电缆时，应将电缆敷设在冻土层以下或采取相应保护措施，以避免电缆因冻胀而受损。

此外，电缆敷设过程中还应注意防止电缆扭伤和过分弯曲，电缆弯曲半径与电缆外径的比值应符合相关规定，以保证电缆的性能和使用寿命。同时，敷设前应对电缆进行绝缘电阻测试，确保电缆的绝缘性能良好。

3 场地空间应符合集装箱数据中心的运输和安装就位要求；

【制定依据、目的】

集装箱数据中心尺寸及重量较大，现场吊装就位时需要满足运输车辆停靠，有吊装机械开展吊装作业的场地和空间。

【技术措施】

根据现场情况制定专项吊装方案，方案至少应包括集装箱数据中心运输通道，起重设备的选型、固定、臂展、旋转范围等计算。

通过对安装现场测量后，利用BIM建模仿真设备吊装过程，检查运输和安装空间是否满足要求。

4 场地空间应具备可靠的等电位连接点，接地电阻值应符合技术要求；多箱体的集装箱数据中心应做等电位连接带；

【制定依据、目的】

集装箱数据中心应满足电子信息设备对接地的要求。

【技术措施】

集装箱数据中心可能安装于不同地区：当处于电阻率较低、易于制作低阻值等电位体的环境，或作为大型建筑的一部分时，建议按照较低阻值执行；对于小型集装箱数据中心，若安装于电阻率较高的地区，也没有大型建筑引出等电位体时，可以按照满足电子信息设备运行要求的最高阻值执行。多个箱体组成的集装箱数据中心，为保证整体的等电位，需要做等电位连接带将各箱体可靠连接。

5 场地应符合现行国家标准《建筑物电子信息系统防雷技术规范》GB 50343 的有关规定。

【制定依据、目的】

集装箱数据中心可能独立安装在空旷或地势较高的位置，为防护集装箱数据中心内设备的安全，需要单独制作直击雷防护装置，相应指标需要符合现行国家标准《建筑物电子信息系统防雷技术规范》GB 50343 的有关规定。

【技术措施】

集装箱数据中心作为建筑的一部分时，等电位体可以引自建筑的等电位；集装箱数据中心独立于其他建筑时，需要单独做等电位体，阻值应满足设备安全运行的需要。如果所在地区电阻率较高，可使用降阻泥，增加电极深度、密度和数量等措施。多个箱体组成的集装箱数据中心，可采用镀锌扁钢绕集装箱一周，做等电位连接带，再从每个集装箱上至少引两点与等电位带连接。

13.2.2 集装箱数据中心的吊装及就位应符合下列规定：

1 吊装过程应保持平衡，宜做影像记录；

【制定依据、目的】

吊装及就位是集装箱数据中心的安装的重要环节，影像记录可以作为工程交付过程资料的一部分。

【技术措施】

吊装前准备好摄像设备，在吊装关键位置和时刻拍照、录像；有条件的可采用无人机从高处对关键位置录像。

2 安装及就位应避免对集装箱数据中心造成损伤；

【制定依据、目的】

吊装过程中产生过度倾斜或碰撞可能造成内部的空调、UPS 等设备的损坏，不按设备说明起吊可能造成箱体的变形超过允许范围，以及箱体或内部设备及连接件的损坏。

【技术措施】

应按照集装箱数据中心产品吊装说明设置吊点；正式吊装前，先起吊测试（见图 1-13-3），将集装箱全部吊起，观察箱体是否平衡并拍照或录像记录。提前查看天气预报，避免在大风天气进行吊装，六级以上强风天气停止吊装作业；吊装线路上与其他物体保持安全距离，接近安装基础时，需用缆风绳牵引缓慢下降就位。

图 1-13-3 试吊检查

3 不间断电源系统的后备电池无固定措施时，不应与集装箱一起吊装。

【制定依据、目的】

不间断电源系统的后备电池在无固定措施时，吊装过程可能造成电池的移位甚至碰撞造成连接件损坏、电池损坏、漏液等事故。

【技术措施】

不间断电源后备电池无固定措施时，需要将电池拆下，将箱体吊装就位后，再安装电池。

13.2.3 集装箱数据中心安装应牢固可靠，并应采取抗震、降噪减振措施。

【制定依据、目的】

依据国家标准《建筑抗震设计标准》GB/T 50011—2010（2024 年版）中的规定：“非结构构件，包括建筑非结构构件和建筑附属机电设备，自身及其与结构主体的连接，应进行抗震设计。”集装箱数据中心中包含大量的机电设备，并与网络设备形成一个模块化整体，所以在采取抗震措施时，应将集装箱数据中心应当做一个整体，进行整体抗震设计。

同时，集装箱数据中心中的空调与制冷系统、服务器产生的振动和噪声长期运行，会严重影响工作人员的身体健康。为解决振动和噪声问题，本条规定在保证抗震性能的前提下，对集装箱数据中心采取减振降噪措施。

【技术措施】

对于集装箱数据中心中需要做抗震及减振降噪的设施设备范围，一般包括集装箱数据中心中的精密空调、运行时噪声较大的服务器机柜、空调主机等。这三类需根据实际情况制订不同的抗震及减振降噪方案。

（1）空调和服务器抗震减振措施：

1）通过增加橡胶垫的方式即可解决振动噪声问题，同时需要采用传统的固接方式对机柜进行锚固，其原理为避开振源的振动频率。

2）可在集装箱设置隔震装置，实现隔震和减振的一体化功能。其原理为隔震装置本身的隔震措施属于一种柔性抗震，与基础没有形成锚固固接联系，振动的传递减小从而达到隔震和减振的双层功能。

（2）空调主机减振降噪措施：减振原理为避开振源的振动频率、切断振动机噪声路径。采用的方式为：

1）可以直接采用橡胶垫，同时需要采用传统的固接方式对集装箱进行锚固。

2）根据集装箱重量，在集装箱底部安装抗震减振器。

13.2.4 集装箱数据中心的每个箱体的接地点不应少于 2 个。

【制定依据、目的】

依据现行国家标准《电气装置安装工程接地装置施工及验收规范》GB 50169，集装箱数据中心一般安装在露天场地，设置两个接地点可以保证接地的可靠性，当一条接地线断开后仍然有可靠的接地连接。

【技术措施】

在集装箱数据中心箱体对角线各设置一个接地点，箱体内部通过等电位带连接。

13.2.5 进入集装箱箱体的电源线、网络线、信号线、给排水管道、冷媒管道等接口应按设计文件和技术文件的要求进行可靠连接，并应采取密封措施，排水口应设有防虫鼠装置。

【制定依据、目的】

连接可靠性是保障电气、管道、网络等系统稳定运行的核心要素，其性能直接影响系统的安全性、稳定性及运行效率。需通过标准化连接工艺（如电气端子压接、管道焊接密封）、冗余设计及定期检测，确保组件间连接稳固且具备抗环境干扰能力。

集装箱数据中心一般安装在露天场地，电源线、网络线、信号线、给水排水管道、冷媒管道等接口都暴露在户外条件，需要在防水、防虫鼠、防泄漏等方面做好防护。

【技术措施】

优质材料：使用高质量的连接器和线材是确保连接可靠性的基础。这些材料应具有良好的导电性、耐腐蚀性和机械强度，以承受各种环境条件和运行负荷。

正确安装：遵循制造商的安装说明和行业标准，确保连接器、接线端子等被正确、牢固地安装。这包括使用适当的工具、保持正确的紧固力矩、避免安装过程中的损坏或污染。

防护措施：对连接部位采取必要的防护措施，如使用防水接头、防尘罩、绝缘套管等，以保护连接免受外部环境（如水浸、虫鼠等）的影响。

13.2.6 进入集装箱的网络及信号传输线缆应做好防雷措施。

【制定依据、目的】

集装箱数据中心一般安装在露天场地，网络线及信号传输线缆应按照进出建筑的要求做防雷措施。具体需根据集装箱数据中心的安装位置，按照现行国家标准《建筑物防雷设计规范》GB 50057 确定防雷类别及防雷措施。

【技术措施】

在网络线及信号传输线进出位置安装防雷模块。具体可参照国家标准《建筑物防雷设计规范》GB 50057—2010 第 6.4 节“安装和选择电涌保护器的要求”执行。

13.2.7 采用多个集装箱拼接组成的数据中心应符合下列规定：

1 箱体连接应牢固可靠，不应出现影响使用的永久性变形或异状；

【制定依据、目的】

采用多个集装箱拼接组成的数据中心，是将集装箱在工厂组装后运至现场，再通过连接件将多个箱体连接为一个整体。若连接后的整体出现永久性变形或异状，会造成内部设备变形或产生应力。

【技术措施】

在进行箱体连接前，应调整箱体平整度和位置，使连接孔基本对齐，不应通过连接螺栓或连接件强行拉正对齐；箱体连接后，整体对角线偏差不应超过产品允许范围，箱体及内部设备的门窗开合自由顺畅。

2 连接处应做防水处理和保温处理。

【制定依据、目的】

采用多个集装箱拼接组成的数据中心，拼接的箱体的连接处是防水和保温的最薄弱处，需要做特殊处理。

【技术措施】

连接处安装密封条，外部加防水盖板，箱体顶部设置排水孔防止积水；连接处内部增加保温棉；连接后做淋水试验。

13.3 调　　试

13.3.1 集装箱数据中心调试前准备工作应符合下列规定：

1 应按设计文件和技术文件的要求检查确认安装位置、箱体尺寸及设备规格型号、数量；

【制定依据、目的】

集装箱数据中心是整体项目的一部分，其安装位置、箱体尺寸及设备规格型号、数量需要符合项目整体的设计。

【技术措施】

根据设计图纸和技术文件对电气系统、制冷系统、通风系统、监控系统、给排水系统、消防系统等逐项复核。

2 应按设计文件和技术文件的要求检查确认已安装的管路无泄漏；

【制定依据、目的】

制冷、给排水、消防等管路的泄漏会对集装箱数据中心造成重大影响，调试前需要对这些管路进行检查，并保证无泄漏。

【技术措施】

制冷、消防等有压管路可采用气压或水压进行测试。

排水管等无压管路，可做最大排水量试验，并检查管道及接口有无漏水现象。

3 多箱体拼接的集装箱数据中心应提供水密试验记录；

【制定依据、目的】

水密试验是一种对集装箱数据中心防水性能进行检测的重要方法。这种试验通常是为验证集装箱在恶劣天气条件下，如暴雨、洪水等环境中的密封性和防水能力。通过模拟这些条件，可以评估集装箱是否能够在实际使用中保护内部设备免受水分损害。

多箱体拼接的接缝处是防水处理的薄弱环节，需要进行重点关注。

【技术措施】

对检查水密试验记录文件逐项检查，并重点关注箱体拼接处的情况。

4 应检查确认箱体结构无塑性变形、门窗等部件开启顺畅；

【制定依据、目的】

集装箱结构无塑性变形是确保结构完整性及设备运行安全的关键；若发生塑性变形，可能导致内部设备产生应力，进而引发运行异常或增加后期维护难度。

【技术措施】

首先进行外观检查，以快速查看集装箱是否有明显的变形、破损、生锈等问题。检查时应注意集装箱表面是否有严重的腐蚀、锈蚀、裂纹或孔洞，这些都可能是变形的迹象。同时，还要检查集装箱的门锁结构是否完好无损，门缝隙是否均匀。

梁结构是支撑集装箱重量的关键部位，因此需要检查梁和底板是否有明显的稳定性问题。在检查时，应注意梁上是否有凹陷、裂纹或变形，还要检查梁与底板的连接是否松动或失效。

除了外观和梁结构检查外，还需要进行内部检查以确认集装箱内部的状况。这包括检查地板、壁板和顶棚是否完好，核对壁板上的信息是否与实际情况相符。同时，还要检查集装箱内部是否有残留物，如泥土、水分或其他污染物质等。

如果发现这些问题，应及时进行修补或更换。

5 通电前应按设计文件和技术文件的要求核查供电电源的电压、极性、相序等；

【制定依据、目的】

供电电源的电压、极性、相序这些参数对于电气设备的正常运行至关重要。如果不符合设计要求，可能会导致设备损坏、性能下降或者安全隐患。因此，需要在通电前仔细核查这些参数。

【技术措施】

使用万用表或电压表来测量供电电源的电压。将万用表或电压表设置在正确的电压档位上，并确保量程合适，以避免损坏测量仪器。观察测量仪器显示的电压值，并与设计文件或技术文件中规定的电压值进行比对，确认实际电压是否符合要求。

对于直流电源：使用万用表或直流电源极性检测器来检查直流电源的极性。

将万用表或检测器的正负极分别连接到直流电源的正负极上。观察万用表或检测器的指示，如果显示正极性，则说明直流电源极性正确；如果显示负极性，则说明直流电源极性错误，需要调整接线。

使用相序检测器或示波器来检查三相交流电源的相序。将相序检测器或示波器的接线分别连接到三相交流电源的 A、B、C 三相上。开启电源，观察相序检测器或示波器的显示或波形。如果相序检测器显示正确的相序或示波器显示的波形符合规定的相序关系，则说明三相交流电源的相序正确；否则，需要调整接线以纠正相序错误。

6 应逐项进行通电检查。

【制定依据、目的】

通电检查是在电气设备或电路安装完成后进行的一项重要工作，旨在通过检测设备接线、绝缘性能及参数匹配度，确保其在通电后能安全、稳定运行，规避短路、漏电等风险。

【技术措施】

（1）准备工作。

确保所有相关的安全措施已经到位，例如关闭电源开关、确保工作区域无人员等。准备必要的测试仪器和工具，如电压表、电流表、绝缘测试仪等，并确保它们处于良好的工作状态。

（2）初步检查。

在进行通电之前，对电气设备和电路进行初步的外观检查，查看是否有明显的损坏或异常情况，如电线破损、元器件松动等。

（3）电压和电流检查。

使用电压表和电流表检查电源的电压和电流是否符合设备或电路的要求。确保电压和电流值在正常范围内，以避免因过高或过低的电压 / 电流导致设备损坏或不正常运行。

（4）功能测试。

逐个开启电气设备或电路的各个部分，观察其是否正常工作。例如，对于空调设备，可以检查其是否能够正常启动、运转平稳且无异响。对于控制电路，可以检查其是否能够准确地控制设备的启动、停止和调节等功能。

（5）绝缘测试。

使用绝缘测试仪检查电气设备和电路的绝缘性能。良好的绝缘性能是电气设备安全运行的关键，可以防止电击和电气火灾等危险情况的发生。

（6）记录与报告。

详细记录通电检查的过程和结果，包括检查的时间、地点、人员、设备或电路的编号、检查的项目、发现的问题及采取的解决措施等。

13.3.2 集装箱数据中心的调试与试运行应按设计文件和技术文件的要求进行并记录。

【制定依据、目的】

调试与试运行是确保设备或系统能够正常、安全地投入使用的关键步骤。在进行这些操作时，必须严格遵循设计文件和技术文件的要求，并记录所有相关的信息和数据。这样做不仅可以确保设备或系统能够正常、安全地投入使用，还可以为后续的维护和改进提供有力的支持。

13.4 施工验收

13.4.1 集装箱数据中心验收应符合下列规定：

1 工程施工应满足设计文件和技术文件的要求；

【制定依据、目的】

工程施工满足设计文件和技术文件的要求是确保工程质量和安全性的基础。这些文件是工程施工的指导和依据，其中详细规定了工程的规格、材料、施工方法、验收标准等关键信息。满足这些要求意味着工程将按照既定的设计和技术标准进行建设，从而达到预期的功能和性能。

2 性能和功能测试应满足设计文件和技术文件的要求。

【制定依据、目的】

性能和功能测试是验证工程或产品是否满足设计文件和技术文件要求的关键环节。这些测试旨在确保工程或产品在实际应用中能够达到预期的性能水平和功能效果。

在进行性能和功能测试时，必须严格遵循设计文件和技术文件的规定。这些文件详细描述了测试的目的、方法、步骤、条件及评判标准等。通过按照这些要求进行测试，可以全面评估工程或产品的各项性能指标和功能实现情况。

13.4.2 施工交接验收应符合本标准第 3.3.2 条的规定。

【制定依据、目的】

本条规定了各专业施工验收时，施工单位代表、监理单位代表或建设单位代表共同参加，并在验收记录上签字，保证竣工验收时交接资料的权威性。

【技术措施】

施工交接验收各方复检或抽检确认符合要求后，可办理正式验收交接手续。竣工验收各方要审查竣工验收报告，并在验收证书上签字，完成正式验收工作。

各专业施工验收应由施工单位、建设单位或监理单位共同进行，并应在验收记录上签字。

14 综合测试

14.1 一般规定

14.1.1 数据中心基础设施工程综合测试条件应符合下列规定：

1 测试区域所含分部、分项工程的质量均应自检合格；

【制定依据、目的】

数据中心基础设施工程是由各分部、分项工程组成的。及时了解分部、分项工程设备是否符合验收质量标准要求，是否偏离标准，目的是保证工程质量指标达到相关标准和规定要求，保证工程质量合格。

【技术措施】

开展数据中心基础设施综合测试前，需依据行业标准规范要求，结合数据中心工程现状，制订详细的测试前置条件，旨在涵盖行业标准规范要求的全部条款，从而保证综合测试顺利开展，并确保测试数据的准确性。在数据中心基础设施工程竣工阶段，依据初期制订的综合测试前置条件逐条进行现场核对，前置条件全部满足后方可开展综合测试。在施工完成后，各系统施工方需提供相关材料，这些材料包含产品合格证、型式试验报告、开机调试报告等，以确保分部、分项工程自检合格。

2 测试前应对整个测试区域和空调系统进行清洁处理，空调系统连续运行不应少于48h；

【制定依据、目的】

实践证明空调系统连续运行48h后，才能使室内环境达到动态稳定，测试的数据才会真实、可靠。

3 综合测试宜在空态条件下进行；

【制定依据、目的】

数据中心基础设施综合测试主要包含三个层面：

（1）数据中心基础设施工程施工工艺及各系统设备安装质量检查。

（2）数据中心综合环境测试、各系统设备性能指标参数测试和系统功能测试。

（3）数据中心设计负荷测试及系统联合调试。

因综合测试的目的是确定数据中心基础设施是否能够正常投用，所以对综合测试的条件做出了相应规定。综合测试的核心在于验证数据中心基础设施整体功能性是否满足设计和行业相关标准要求，是否满足数据中心内信息设备安全、稳定运行要求，故在施工完成后、IT 设备投产前进行综合测试是非常必要的。为避免因建设单位的电子信息设备安装和调试拖延，从而影响数据中心工程竣工验收与交接的情况发生。

空态条件是指数据中心设施已全部建成，其服务动力公用设施区接通并运行，但是在无生产设备、材料及人员的状态下。

因此，为完成上述测试内容，数据中心需满足相应的测试条件，也就是我们所指的“空态”。

【技术措施】

目前，综合测试已成为数据中心工程竣工验收前不可缺少的一项工作，预留出满足空态条件的综合测试周期是十分必要的。数据中心一旦投入使用后，再进行综合测试对计算机设备运行有一定风险隐患，在无生产设备、材料及人员的空态条件下，宜使用机架式假负载按设计容量进行各系统带载测试。

4 主机房及气体保护区的气密性测试应在综合测试之前完成；

【制定依据、目的】

建筑气密性是影响建筑能耗的重要因素，气密性差的建筑空气渗透量大；建筑的空气渗透主要来自门窗、围护结构不严密的洞口及缝隙。由于机房内外温差，空气渗透将增加空调冷量损耗，致使电能利用效率降低。所以，为保障综合测试数据的有效性，在综合测试前应完成气密性测试。

【技术措施】

数据中心建筑气密性被许多用户所忽略，但气密性的好坏会直接影响数据中心的节能和气体灭火系统的有效性。国际上最常用的气体灭火防护区气密性测试及建筑节能的气密性测试方法为门风扇或鼓风机门（Doorfan 或 Blower Door）测试。门风扇测试是先将被测房间所有认为可见通风口封堵，然后将鼓风机安装在密封门上。通过鼓风机对房间增压或减压，造成房间内外的空气压力差异，产生空气流动。通过测量鼓风机风量数值对室内压力的改变量，根据公式推算出泄漏面积及浸渍时间，从而评估出房间的气密性。数据中心的建设单位应在综合测试之前进行气密性测试，测试的范围包括气体灭火防护区、其他采用精密空调制冷的房间等。

5 不间断电源系统蓄电池在测试之前应完成充电。

【制定依据、目的】

现行国家标准《数据中心设计规范》GB 50174 中要求测试蓄电池放电时长及容量是否满足标准或设计要求，因此蓄电池在测试之前应完成充电。

14.1.2 综合测试应组织施工、监理等单位进行。

【制定依据、目的】

综合测试主要对象为数据中心全部基础设施。设计、施工等单位作为数据中心基础设施工程建设的主要参建方，需在测试过程中配合综合测试单位进行设备操作及不符合项整改工作。监理单位作为整个数据中心基础设施实施的监督方，需在测试过程中配合综合测试单位进行测试的协调及监督工作。

【技术措施】

在综合测试开展前，由建设单位牵头，组建由综合测试单位、设计单位、施工单位、监理单位、关键设备厂家等为核心的综合测试项目组。由项目组共同制订测试方案、测试计划并明确各方在综合测试过程中的职责与分工，旨在保证数据中心基础设施测试验证工作顺利完成，确保数据中心投产后安全稳定运行。

14.1.3 数据中心基础设施综合测试应按设计文件要求进行，宜包括场地环境测试、系统功能测试和设计负荷测试。综合测试应按本标准附录H的要求进行和记录。

【制定依据、目的】

数据中心基础设施需严格按照国家标准要求及建设单位需求进行设计，施工单位需严格按照设计文件进行施工，故数据中心基础设施综合测试需按设计文件要求进行。

【技术措施】

综合测试需包含图纸审核、施工一致性检查、设备安装及施工工艺质量检查、环境测试、系统功能测试、设计负荷测试。图纸审核内容：审核图纸是否满足国家标准要求及建设单位需求。施工一致性检查内容：现场施工与竣工图纸的一致性核对。

设备安装及施工工艺质量检查内容：关键设备安装及施工质量满足相关标准规范要求。系统功能测试内容：数据中心基础设施的建筑与结构系统、空气调节系统、电气系统、电磁屏蔽系统、网络与布线系统、智能化系统、给水排水系统、消防与安全系统的功能与逻辑需符合设计文件要求。设计负荷测试内容：利用假负载模拟设计负荷满载状态下数据中心运行场景，验证各系统的承载能力应符合设计文件要求。

14.2 温度、相对湿度

14.2.1 测试温度、相对湿度的仪表准确度等级不应低于 2 级。

【制定依据、目的】

依据现行国家标准《公共场所卫生检验方法 第 1 部分：物理因素》GB/T 18204.1 中“温度计测量精度 ±0.5℃”的要求，测量的机房冷通道温度范围为 18℃～27℃，则测试仪表的准确度等级取整后为 2 级；依据国家标准《湿度测量方法》GB/T 11605—2005 中“通风干湿表计器最大允许误差应不超过 ±2%*RH*”，则对应的仪表准确度等级为 2 级。

14.2.2 温度、相对湿度测试方法应符合下列规定：

1 选取冷通道内两排机柜的中间面为检测面，沿机柜排列方向选取不应少于 3 个检测点，沿机柜垂直方向宜选取 3 个检测点；

【制定依据、目的】

本款明确了冷通道内温湿度测量点位的位置为通道中间，水平方向最少取 3 个检测点，垂直方向宜为 3 个测试点。本款的目的在于避免因测量点位置不一致导致测量数据偏差较大。

2 沿机柜排列方向选取的第一个检测点距第一个机柜外边线宜为 300mm，检测点间距可根据机柜排列数量，选取 0.6m、1.2m、1.8m 三种间距之一进行测量；

【制定依据、目的】

本款主要根据成排的600mm宽标准机柜确定的检测点间距，检测点一般取在机柜中线位置，根据成列机柜数量的不同可以选择不同的间距。

3 垂直方向检测点可分别选取距地板面0.2m、1.1m、2.0m三个高度进行检测。

【制定依据、目的】

本款主要根据47U标准机柜确定的检测点高度。一般检测点选取可按最低点高于机柜或机架底面0.2m，最高点低于机柜或机架顶面0.2m，选取最高点和最低点的中间点作为中间检测点。

【技术措施】

本条对机柜或机架采用冷热通道分离方式布置或未采用冷热通道分离方式布置均适用，检测点选取位置宜为冷通道或机柜计算机设备进风侧。对于辅助区域或未布置机柜的区域，检测方法依据现行国家标准《计算机场地通用规范》GB/T 2887中的规定执行。测试温度、相对湿度前，所有被测区域的门均要关闭，机柜内假负载按照设计容量开启，冗余的空调设备设置为热备状态。

测试温度、相对湿度期间，被测区域内除测试工程师外，尽量不要有其他人员在场，空调设备不能做任何调试工作。

14.3 空气尘埃粒子浓度

14.3.1 测试仪器宜使用光散射粒子计数器，采样速率宜大于1L/min。

【制定依据、目的】

依据现行国家标准《通风与空调工程施工质量验收规范》GB 50243中的高效过滤器的检漏，应使用采样速率大于1L/min的光学（离散）粒子计数器。D类高效过滤器的检测应采用激光粒子计数器或凝结核粒子计数器，且洁净度级别越高，要求的最小采样量越大。

14.3.2 空气尘埃粒子浓度测试方法应符合下列规定：

1 检测点应均匀分布于冷通道内；

【制定依据、目的】

考虑到设备进风面位于冷通道，且空调系统具备灰尘过滤功能（可减少外部杂质干扰），为避免设备进风异常导致损坏，故选择在冷通道内进行测试。

2 检测点净高应控制在 0.8m ~ 1.1m 的范围内；

【制定依据、目的】

因数据中心大部分服务器会安装在机柜中部，所以检测点控制在同一高度。

3 检测区域内，检测点的数量不应少于 10 个。当检测区域面积大于 100m^2 时，最少检测点应按下式计算：

$$N_L = \sqrt{A} \tag{14.3.2}$$

式中：N_L——最少检测点，四舍五入取整数；

A——冷通道的面积（m^2）。

【制定依据、目的】

本款进一步明确了含尘测试点位置的选取方法。

14.3.3 每个检测点应采样 3 次，每次采样时间不应少于 1min，每次采样量不应少于 2L。

【制定依据、目的】

本条目的是提高数据准确性，因此明确了每个测试点的采样次数、采集时长及采样量。

14.3.4 计数器采样管口应位于气流中，并应对着气流方向。

【制定依据、目的】

测量洁净度是为保护 IT 设备，气流方向为 IT 设备进风方向，所有采样口应对着气流方向。

14.3.5 采样管应清洁干净，连接处不得有渗漏。采样管的长度不宜大于 1.5m。

【制定依据、目的】

本条目的是保证数据的准确性，因此要求采样管须干净且不宜过长导致阻力过大而影响采样量。

14.3.6 检测人员在检测时不应站在采样口的上风侧，并应减少活动。

【制定依据、目的】

本条目的是保证数据的准确性，人员在测试过程中不应站在采样口的上风侧而影响气流。

【技术措施】

测试点均匀分布于冷通道内，没有设置冷通道的机房区域，测试点选在机柜 IT 设备进风侧。空气尘埃粒子浓度测试前，应按照本标准第 14.3.2 条 ~ 第 14.3.5 条制订检测计划，包括测量状态、测点位置、判定准则和使用的设备清单。测试空气尘埃粒子浓度期间，被测区域的门要紧闭，空调设备已连续运行，区域内除测试工程师外，不得有其他人员在场。

14.4 照　　度

14.4.1 测试仪器应采用照度计，准确度等级不应低于 3 级。

【制定依据、目的】

依据现行国家标准《公共场所卫生检验方法　第 1 部分：物理因素》GB/T 18204.1 中的要求，误差值不超满量程的 ±8%，且照射 10min 内的变化率不得超过 ±3%，因此照度计选择准确度等级不应低于 3 级的仪器。

14.4.2 照度测试方法应符合下列规定：

1 机柜或设备成行排列的主机房，照度检测点应设置在两列机柜或设备之间的通道内。在通道的中心线上应每隔 1.0m 选择一个检测点，检测点距地面高度应为 0.75m，距通道一端应 0.5m；

【制定依据、目的】

国家标准《数据中心设计规范》GB 50174—2017 中规定，主机房照度标准值是指两列机柜或设备之间通道内的维持平均照度，参考平面为 0.75m 水平面。

本款明确了照度的测量方法，目的在于得出的测量结果满足现行国家标准《数据中心设计规范》GB 50174 中的平均照度值，避免因测量点位置不一致导致测量数据偏差较大。

2 其他房间的照度检测应将测量区域划分成 1.0m×1.0m 的正方形网格，在正方形网格的中心点测量照度，检测点距地面高度应为 0.75m。

【制定依据、目的】

依据国家标准《数据中心设计规范》GB 50174—2017 中的规定：“主机房和辅助区一般照明的照度标准值应按照 300 lx ～ 500 lx 设计，一般显色指数不宜小于 80。支持区和行政管理区的照度标准值应按现行国家标准《建筑照明设计标准》GB/T 50034 的有关规定执行”，提出了限值要求。

现行国家标准《建筑照明设计标准》GB/T 50034 对照度要求进行了规定，《通风与空调工程施工质量验收规范》GB 50243、《洁净室施工及验收规范》GB 50591、《洁净厂房施工及质量验收规范》GB 51110 等标准对照度测量方法、测量频率、检测条件、检测程序及检测报告进行了详细规定。

【技术措施】

各测试项目测试仪器仪表的精度是根据多年来的实践经验和机房性能指标的要求，并参考国家电子计算机质量监督检验中心机房测试的实际情况提出来的。照度测试前，应按照本标准第 14.4.2 条制订检测计划，包括测量状态、测点位置、判定准则和使用的设备清单。除主机房外的其他房间，照度检测点应设置在基础设施设备操作侧，每 $50m^2$ 选取不少于 5 个测试点。测试点定位在所在测量区域划分出的 1.0m × 1.0m 的正方形网格的中心点，检测点距地面高度应为 0.75m。

14.5 噪　　声

14.5.1 测试仪器应采用声级计，准确度等级不应低于 2 级。

【制定依据、目的】

依据国家标准《民用建筑隔声设计规范》GB 50118—2010 附录 A 中要求：“测量仪器应采用符合现行国家标准《电声学　声级计　第 1 部分：规范》GB/T 3785.1 和《积分平均声级计》GB/T 17181 中规定的 1 型或性能优于 1 型的积分声级计”；同时本标准规定了最大噪声限值为 75dB。在现行国家标准《电声学　声级计　第 1 部分：规范》GB/T 3785.1 中，1 级声级计在 20Hz ～ 20 000Hz 的测量范围内的允差中扣除最大允许的测量扩展不确定度后得出的仪器允差值基本为 1dB ~ 1.5dB，对应的仪器准确度等级为 2 级。

14.5.2 测试仪器距地面应为 1.2m ~ 1.5m，应在主操作员的位置进行测试。

【制定依据、目的】

现行国家标准《数据中心设计规范》GB 50174 中规定了噪声的测试方法，判断环境噪声是否对主操作人员健康造成影响。

14.5.3 测量方法应按照现行国家标准《民用建筑隔声设计规范》GB 50118 附录 A“室内噪声级测量方法”执行。

【制定依据、目的】

国家标准《民用建筑隔声设计规范》GB 50118—2010 附录 A 中给出了明确的室内噪声测量方法，数据中心内的噪声测量方法应按此规范执行。

【技术措施】

检测方法：测试仪器距地面应为 1.2m ~ 1.5m，在主操作员的位置进行测试。依据现行国家标准《民用建筑隔声设计规范》GB 50118 附录 A“室内噪声级测量方法”，被测房间面积小于 $30m^2$，测试 1 个点；被测房间面积大于或等于 $30m^2$，小于 $100m^2$ 的，测试 3 个点；被测房间面积大于等于 $100m^2$，根据操作人员工位布置情况选取能代表工作区域噪声水平的测点及测点数量。每个点测试三次，测量 5s ~ 10s 的等效测试［连续 A 计权］声级，三次测试值的算术平均值为该点的实测值。

14.6 电磁屏蔽

14.6.1 电磁屏蔽效能检测应在屏蔽室内相关专业施工完毕并自检合格后进行。

【制定依据、目的】

依据国家标准《数据中心设计规范》GB 50174—2017 中的规定：“电磁屏蔽室的性能指标应按国家现行有关标准执行”。屏蔽室内相关专业施工时可能对屏蔽室结构会产生一定影响，部分甚至破坏屏蔽效能，因此需要确定进行屏蔽效能检测的时机，减少相关专业施工造成的影响。

【技术措施】

按照国家标准及项目建设进度要求，编制相应测试大纲，明确测试要求，测试设备、测试布置、测试时间安排等内容。

14.6.2 屏蔽室屏蔽效能的检测方法应符合现行国家标准《电磁屏蔽室屏蔽效能的测量方法》GB/T 12190 的有关规定。

【制定依据、目的】

现行国家标准《电磁屏蔽室屏蔽效能的测量方法》GB/T 12190 中对电磁屏蔽室屏蔽效能的测量方法、测量频率均进行了详细规定，同时明确了初测程序、详细测量程序、试验报告等规定，能准确地测量出屏蔽室在 9kHz ~ 18GHz 频率范围内的屏蔽效能，并按照测试计划进行合格评定。

【技术措施】

按照现行国家标准《电磁屏蔽室屏蔽效能的测量方法》GB/T 12190，可以制订测试计划，标准对测量频点、测量部位、判定准则和使用的设备清单，均进行了详细规定；对动态范围、测量不确定度、计算方法及限值进行了详细规定和解释。

14.7 接地电阻

14.7.1 测试仪器应采用接地电阻测试仪，分辨率应大于 0.001Ω。

【制定依据、目的】

依据国家标准《建筑物雷电防护装置检测技术规范》GB/T 21431—2023 中的规定，测量接地装置时，应“用毫欧表检测两相邻接地装置的电气连接”；同时，本标准第 14.7.2 条要求测量辅助线缆阻值 R_0。因需精确测量毫欧级阻值，仪表分辨率应小于或等于 0.001 Ω。

14.7.2 接地电阻测试方法应符合下列规定：

1 应采用截面面积不小于 2.5mm² 的铜芯软电线或电缆作为辅助线缆，并使用接地电阻测试仪测试辅助线的电阻值 R_0；

【制定依据、目的】

依据现行国家标准《数据中心设计规范》GB 50174 要求，需用截面积大于

2.5mm² 的线缆作为辅助线，且需测量辅助线缆的阻值。

2 应以局部等电位联结箱作为参考点，辅助线缆一端连接参考点，辅助线另一端与被测点分别连接接地电阻测试仪，应连续测试三次取平均值 R_1；

【制定依据、目的】

本款明确了测试的参考点，为保证数据的准确性明确了取值方法。

3 局部等电位联结箱与被测点之间的电阻值 R 应按下式计算：

$$R = R_1 - R_0 \tag{14.7.2}$$

【制定依据、目的】

电阻值等于三次测试平均值减去辅助线的电阻值。

【技术措施】

检测方法：现场考察被测点、楼层总等电位联结端子箱、机房分等电位联结箱。

测试布置：按现场实际情况从大楼地网测试点引 2.5mm² 的测试辅助线到被测接地点（如配电柜 PE 排、金属桥架、机柜接地端子、裸露金属体表面等）。每个点连续测试 3 次，取平均值 R_1。使用接地电阻测试仪测试辅助线的电阻 R_0。计算得出局部等电位联结箱与被测点之间的电阻值 $R = R_1 - R_0$。

14.8 供电电源质量

14.8.1 测试仪器准确度等级应符合下列规定：

1 测试电压、零地电压、频率的仪器准确度等级不应低于 0.5 级；

【制定依据、目的】

国家标准《数据中心设计规范》GB 50174—2017 中明确了稳态电压偏移范围 −10% ~ +7%、稳态频率偏移范围 ±0.5Hz，所以应选择仪器准确度等级不应低于 0.5 级。

2 测试波形畸变率的仪器准确度等级不应低于 2.5 级。

【制定依据、目的】

国家标准《数据中心设计规范》GB 50174—2017 中明确输入电压波形失真度

小于或等于 5%，根据以上数据偏移范围指标，所以应选择仪器准确度等级不应低于 2.5 级。

14.8.2 电压 / 频率 / 电压谐波含量和零地电压应在 UPS 电源输出末端进行检测。

【制定依据、目的】

国家标准《数据中心设计规范》GB 50174—2017 中第 14.8.2 条对电压 / 频率 / 电压谐波含量和零地电压等参数做出了规定，以保障电子信息设备稳定运行。故应将测量点尽量靠近电子信息设备，在 UPS 电源输出末端进行测量能最大程度地避免因线路原因带来的数值偏差。

14.8.3 测试电压和频率时，测量仪器的测试棒应并接在 UPS 电源输出末端的相线（L）与中性线（N）之间。

【制定依据、目的】

同第 14.8.2 条。

14.8.4 测试零地电压时，测量仪器的测试棒应并接在 UPS 电源输出末端的中性线（N）与保护线（PE）之间。

【制定依据、目的】

同第 14.8.2 条。

14.8.5 测试电压谐波含量时，测量仪器的测试棒应并接在 UPS 电源输出末端的相线 L1、L2、L3 之间（图 14.8.5）。

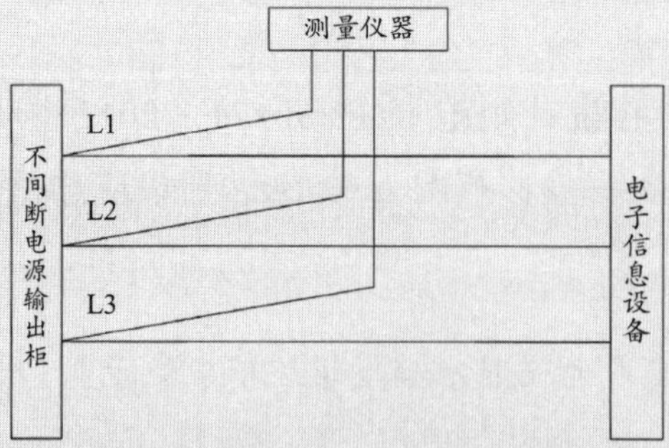

图 14.8.5　电压谐波含量测试

【制定依据、目的】

同第 14.8.2 条。

【技术措施】

检测方法：电压 / 频率 / 电压谐波含量和零地电压应在 UPS 电源输出末端进行检测，一般选择在 UPS 电源输出柜或 IT 机柜末端 PDU（电源分配单元）进行检测。对于 UPS 电源输出柜，电能质量分析仪接线布置如图 1–14–1 所示。

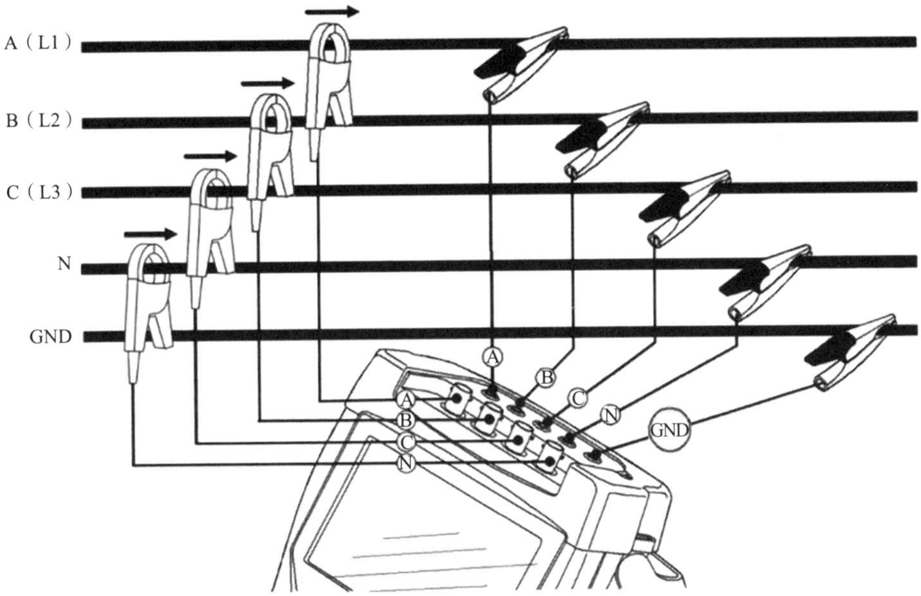

图 1–14–1　供电电源质量检测布置图

读取电能质量分析仪示值数据即为实测数据。如在末端 PDU（双路电源分别测试 A、B、C 相对应的单相 PDU）位置进行测量时，一般选择相邻三个机柜的 PDU 进行检测，从而覆盖供电电源的 A、B、C 三相。

14.9　无线电骚扰环境场强和工频磁场场强

14.9.1　测试仪器宜为无线电场强仪、测量天线、工频磁场仪，并应符合下列规定：

1　无线电场强仪的频率范围应为 80MHz ~ 2000MHz，带宽应为 6dB，正弦波电压的测量准确度应为 ±2dB；

【制定依据、目的】

国家计量技术规范《电磁骚扰测量接收机校准规范》JJF 1144—2006 第 5 章计量特性规定了场强仪的主要技术指标：

条款 5.2.2：最大允许误差：±2dB；

条款 5.3：整机通频带为 6dB。

同时场强仪一定要进行周期计量或与经过计量的场强仪进行对比校验，以免因仪器不准确导致误判。

2 测量天线的频率范围应为 80MHz ~ 2000MHz；

【制定依据、目的】

依据国家标准《数据中心设计规范》GB 50174—2017 中要求，主机房和辅助区内的无线电骚扰环境场强在 80MHz ~ 1 000MHz 和 1 400MHz ~ 2 000MHz 频段范围内不应大于 130dB（μV/m），测量天线的频率范围应为 80MHz ~ 2 000MHz，以满足规范要求。

3 工频磁场测试仪的测量范围应为 0 ~ 50A/m，准确度等级不应低于 5 级。

【制定依据、目的】

数据中心信息设备的工频磁场抗扰度测试需采用符合严苛工业环境要求的等级 5，即稳定持续工频磁场抗扰度试验要求为 50A/m，避免因工频磁场采取屏蔽措施，可节省巨额费用。同时，现行国家标准《电磁兼容试验和测量技术工频磁场抗扰度试验》GB/T 17626.8 试验等级根据试验环境分为 6 级。等级 5 表示严酷的工业环境：旁边有载流达到数十 kA 电流的线路通过，近处有保护接地系统。

【技术措施】

现行国家标准《电磁兼容试验和测量技术工频磁场抗扰度试验》GB/T 17626.8 对试验方法进行了详细规定。采用此标准可制定试验计划，包括测量部位、判定准则和使用的设备清单。

14.9.2 无线电骚扰环境场强测量点应选择在机房内距专用空调、UPS 主机及电池、新风机、机房动力配电柜等机房专用辅助设备 0.6m 外任意一点，并应在 80MHz ~ 1 000MHz、1 400MHz ~ 2 000MHz 频率范围内进行扫描，由大到小选取不少于 10 个场强值进行记录。

【制定依据、目的】

现行国家标准《计算机场地通用规范》GB/T 2887 中对无线电干扰环境测试及对磁场干扰场强的测试设备、测试方法、测试数据要求进行了规范。机房内的专用空调、UPS 主机及电池、新风机、机房动力配电柜等机房专用辅助设备是产生无线电干扰和工频磁场的主要来源，因此，本标准针对设备与测试点的距离及数据记录提出了具体要求。

【技术措施】

按照现行国家标准《计算机场地通用规范》GB/T 2887，对测试要求进行了详细规定。采用此标准可以制订出实验计划，包括测量频点、测量部位、判定准则和使用的设备清单。

14.9.3 工频磁场场强测量点应选择在距专用空调、UPS 主机及电池、新风机、机房动力配电柜、带隔离变压器的 UPS 列头柜等机房专用设备 0.6m 外，电子信息系统设备摆放位置每 $50m^2$ 布置不宜少于 5 个测量点。

【制定依据、目的】

现行国家标准《计算机场地通用规范》GB/T 2887 中对无线电干扰环境测试及对磁场干扰场强，规定了所需的测试设备、测试方法、测试数据要求进行规范。机房内专用空调、UPS 主机及电池、新风机、机房动力配电柜等机房专用辅助设备是产生无线电干扰和工频磁场的主要来源，因此规定了具体的距离和数据记录要求。

【技术措施】

现行国家标准《计算机场地通用规范》GB/T 2887 对测试要求进行了详细规定，采用此标准可制订实验计划，包括测量频点、测量部位、判定准则和使用的设备清单。

14.10 综合布线系统

14.10.1 测试仪器应为数字线缆分析仪，功能应符合现行国家标准《综合布线系统工程验收规范》GB/T 50312 的有关规定。

【制定依据、目的】

国家标准《综合布线系统工程验收规范》GB/T 50312—2016 中第 8.0.6 条规定，

布线系统现场测试仪功能应符合下列规定：

（1）测试仪精度应定期检测，每次现场测试前仪表厂家应出示测试仪的精度有效期限证明；

（2）电缆及光纤布线系统的现场测试仪表应符合国家标准《综合布线系统工程验收规范》GB/T 50312—2016 第 4.0.6 条的规定，仪表的精度应符合国家标准《综合布线系统工程验收规范》GB/T 50312—2016 表 8.0.6 的规定并能向下兼容。

14.10.2 综合布线系统的检测方法应按现行国家标准《综合布线系统工程验收规范》GB/T 50312 的有关规定执行。

【制定依据、目的】

综合布线工程施工及验收涉及较多的工程技术，本标准未能包括全部的技术要求及质量验收规定。为满足和完善工程的验收标准，除应执行本标准的规定外，尚应符合现行国家标准《综合布线系统工程验收规范》GB/T 50312 的规定。

【技术措施】

（1）测试仪器要求：

支持外部串扰和不平衡参数的铜缆测试、OM4 高精度 EF 环通量模式一级认证测试和具备数据中心测试模式的光纤 OTDR 测试。测量精度：精度在 Level V 以上。

可测试电缆种类：FTP/UTP：Cat 5e、6、6A 或 Class FA、OM4 多模光纤、OS2 单模光纤。测试仪与测试模块都在校准期内，并且提供仪表校准检测报告，保障测试结果准确。支持常用国际标准和中国标准，如 TIA/ISO/EN/GB。预先内置元件级 / 链路级 / 应用级现场认证测试标准。支持 EF 光源：满足 OM4 光纤测试损耗测试需求。需使用专用测试跳线（含 EF 环通量模块及标配的 LC/MPO 等专用测试跳线）。

铜缆测试指标主要包括回波损耗（Return Loss），插入损耗（Insert Loss），近端串音（Next），近端串音功率（PS Next），远端串音与衰减差（ACR-F），ACR-F 功率和（PS ACR-F），横向转换损耗（TCL），等电平横向转换损耗（ELTCTL），传播时延（Propagation Delay）等。在通用测试通过后再分别按总工程量的 1% 抽取 10 条插入损耗最大的链路（最长链路），10 条插入损耗最小的链路（最短链路）以及 10 条插入损耗居中的链路（中等长度链路）作为被干扰链路（受害链路）进行外部近端和远端串音测试，测试指标为外部近端串音损耗功率（PSANEXT Loss），外部远端串音损耗功率（PSAACRF）。

对于光纤，主要测试多模预连接光纤线路、多模熔接光纤线路、单模预连接光纤线路及相关连接件，指标包括长度、衰减。

应事先对工程中需要使用的仪表和工具进行测试或检查，线缆测试仪表应附有相应检测机构的证明文件。

综合布线系统的测试仪表应能测试相应类别工程的各种电气性能及传输特性，其精度符合相应要求。测试仪表的精度应按相应的检定规程和校准方法进行定期检查和校准，经过相应计量部门校验取得合格证后，方可在有效期内使用。

（2）测试方法：

对绞电缆布线全部检测时，无法修复的链路、信道或不合格线对数量有一项超过被测总数的 1%，则判定为不合格。光缆布线检测时，如果系统中有一条光纤信道无法修复，则判为不合格。

对绞电缆布线抽样检测时，被抽样检测点（线对）不合格比例不大于被检测总数的 1%，则视为抽样检测通过，不合格点（线对）应予以修复并复检。被抽样检测点（线对）不合格比例如果大于 1%，则视为一次抽样检测未通过，应进行加倍抽样，加倍抽样不合格比例不大于 1%，则视为抽样检测通过。若不合格比例仍大于 1%，则视为抽样检测不通过，应进行全部检测，并按全部检测要求进行判定。

14.11 静电防护

14.11.1 静电防护测试应包含机房及辅助区内设备静电电位测试和防静电系统电阻测试，测试仪器准确度等级不应低于 5 级。

【制定依据、目的】

因测量误差或仪器不确定度保持在规定极限内的测量仪器，为提高数据的准确性测试仪器准确度等级应不低于 5 级。

14.11.2 静电防护的测试应符合下列规定：

1 静电电位的测试应在机房和辅助区内分别选取不少于 5 个检测点；

【制定依据、目的】

本款进一步明确了机房和辅助区内测试点位置的选取方法。

2 防静电系统电阻测试在房间内选取不少于 5 个检测点，测点应均匀分布，主机房测试点选取位置应在通道区域内；

【制定依据、目的】

本款明确了检查机房整体防静电系统电阻测试点位，机房内选取不少于 5 个检测点，检测点应均匀分布。因考虑 IT 设备运行或人为产生的摩擦静电主要在设备操作区，所以主机房测试点选取位置应在通道区域内。

3 测试防静电系统电阻时，防静电系统电阻的测试电压不应小于 100V。每测试点测试设备（图 14.11.2）连接仪器测试线和测试电极，电极距被测防静电平面边缘应大于 10cm。

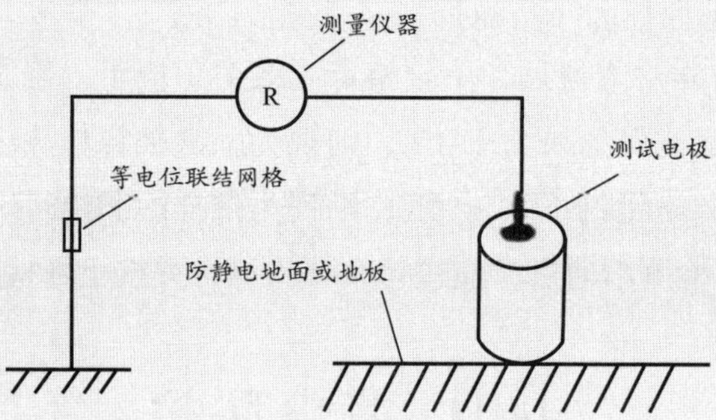

图 14.11.2 系统电阻测试

【制定依据、目的】

国家标准《数据中心设计规范》GB 50174—2017 中规定："主机房和辅助区内绝缘体的静电电压绝对值不应大于 1kV。"；还规定："主机房和安装有电子信息设备的辅助区，地板或地面应有静电泄放措施和接地构造，防静电地板、地面的表面电阻或体积电阻值应为 $2.5\times10^{4}\Omega$ ~ $1.0\times10^{9}\Omega$，并应具有防火、环保、耐污耐磨性能。"

【技术措施】

检测方法：静电电位的测试应在机房和辅助区内分别选取不少于 5 个检测点。防静电系统电阻测试在房间内选取不少于 5 个检测点，测点应均匀分布；主机房测试点选取位置应在通道区域内。测试防静电系统电阻时，防静电系统电阻的测试电压不应小于 100V。每测试点测试设备连接仪器测试线和测试电极，电极距被测防静电平面边缘应大于 10cm。

14.12 系统功能测试

14.12.1 数据中心基础设施系统功能测试应包括手自动控制功能测试、保护功能测试、监视及测量功能测试。

【制定依据、目的】

数据中心基础设施包含了供配电系统、暖通系统、弱电系统等，旨在为数据中心提供持续安全稳定运行的环境。上述各系统是通过对整个数据中心基础设施的控制、保护、监视及测量等功能的实现来达成目标。因此，数据中心基础设施综合验收应包含上述各系统功能的验证测试工作。

【技术措施】

（1）供配电系统功能测试应包含：

1）中低压变配电系统（含中压配电柜、变压器、低压配电柜、精密列头柜、PDU 等）投切控制功能测试，保护功能测试，关键运行参数及报警信息的核对。

2）柴油发电机系统启停逻辑功能测试、并机逻辑测试（含加减机逻辑）、保护功能测试、油路控制逻辑、关键运行参数及报警信息的核对。

3）不间断电源系统并机运行逻辑测试，切换保护逻辑测试，充放电功能测试，关键运行参数及报警信息的核对。

4）末端投切设备的主备电源切换逻辑测试、保护功能测试、关键运行参数及报警信息的核对。

（2）暖通系统功能测试应包含：

1）冷源系统（含制冷设备、循环水泵、冷却塔、水处理设备、阀门等）启停逻辑功能测试、轮巡功能测试（含加减机）、变频控制逻辑测试、切换保护逻辑测试、充放冷功能测试、关键运行参数及报警信息的核对。

2）末端供冷设备（精密空调、AHU、间接蒸发冷却空调等）启停逻辑功能测试、轮巡功能测试、变频控制逻辑测试、切换保护逻辑测试、关键运行参数及报警信息的核对。

（3）弱电系统功能测试应包含：

1）动环监控系统对数据中心基础设施所涉及设备的监视功能测试、报警功能测试、报表功能测试；动环监控系统主备服务器切换功能测试；采集设备功能测试。

2）BA 系统对数据中心基础设施所涉及设备的群控逻辑功能测试、监视功能测试、报警功能测试、报表功能测试。

3）安防监控系统对数据中心各功能区域视频监控功能测试、门禁控制功能测试、入侵功能测试、联动报警功能测试、存储报表功能测试。

14.12.2　数据中心基础设施应进行故障模拟验证测试。

【制定依据、目的】

故障模拟验证测试是为验证数据中心基础设施各系统的容灾能力和应急响应功能是否符合设计文件和技术文件要求。

数据中心基础设施应对可预见的故障进行模拟，包括单路市电中断、双路市电中断、变压器故障、发电机故障、空调系统故障、火灾等。

国家标准《数据中心设计规范》GB 50174—2017 中规定：“A 级数据中心的基础设施宜按容错系统配置，在电子信息系统运行期间，基础设施应在一次意外事故后或单系统设备维护或检修时仍能保证电子信息系统正常运行。”

意外事故包括操作失误、设备故障、正常电源中断等，A 级数据中心一般按照发生一次意外事故做设计，不考虑多个意外事故同时发生。设备维护或检修也只考虑同时维修一个系统的设备，不考虑多系统的设备同时维修。在一次意外事故发生后或单系统设备维护或检修时，基础设施能够满足电子信息设备的基本运行需求。

本条指的是单一故障的模拟验证测试。

【技术措施】

供配电系统故障模拟验证测试需包含：单路市电中断故障、双路市电中断故障、变压器故障、柴油发电机故障、油路系统故障、UPS 单机故障、UPS 系统故障、断路器开关故障、控制系统故障等。

暖通系统故障模拟验证测试需包含：冷源故障（制冷单元、散热单元、换热单元）、循环系统故障（循环水泵、管路、阀门等）、控制系统故障、末端制冷设备故障、市政供水中断故障、辅助装置故障（定压补水装置、自动加药装置、软水装置等）。

14.13 设计负荷测试

14.13.1 设计负荷测试宜包括持续负荷运行测试和温升测试。

【制定依据、目的】

数据中心基础设施综合测试的核心工作之一是各系统设备的性能测试。各类设备在不同负荷率下的性能状态均有所差异，因此验证数据中心在设计负荷状态下持续运行时，电气设备的承载能力及暖通设备的制冷能力是否满足需求，尤为重要。

设计负荷测试包含供配电设备承载能力测试、空调系统制冷能力测试；温升测试包含配电线路温升测试、主机房及辅助区环境温升测试等。

数据中心主机房环境温度、配电链路的线缆温度是保证 IT 设备持续安全稳定运行的重要因素，因此在设计负荷持续运行时，主机房环境温升、配电链路线缆温升是数据中心基础设施综合验证测试的主要指标。

【技术措施】

数据中心基础设施综合验证测试需在竣工验收前利用各类负载模拟设计负荷，对关键系统及设备进行压力、温升测试。

14.13.2 设计负荷测试宜与系统功能测试同步进行。

【制定依据、目的】

数据中心基础设施各系统及设备的承载能力会直接影响其性能与功能，因此在达到设计负荷的条件下进行系统功能测试，能更好地反映出系统在极端工况下的容错能力。

【技术措施】

数据中心基础设施设计负荷测试工况的选择可按照数据中心的发展规划灵活选取，常规上包括 50% 设计负荷和 100% 设计负荷两种工况。在两种工况下完成各系统功能测试指标可以作为数据中心基础设施竣工投产运行后的参考。

15 竣工验收

15.1 一般规定

15.1.1 数据中心基础设施工程完工后，建设单位应及时组织办理工程项目的竣工验收。

【制定依据、目的】

依据现行国家标准《建筑工程施工质量验收统一标准》GB 50300，建设单位收到工程竣工报告后，应由建设单位项目负责人组织监理、施工、设计、勘察等项目负责人进行单位工程验收；本条明确组织单位竣工验收主体是建设单位，同时明确了参与竣工验收的责任单位及参与竣工的人员资格。

《中华人民共和国民法典》中规定，建设工程竣工后，发包人应当根据施工图纸及说明书、国家颁发的施工验收规范和质量检验标准及时进行验收；验收合格的，发包人应当按照约定支付价款，并接收该建设工程。

【技术措施】

在单位工程完工后，督促施工单位组织有关人员进行自检，在自检合格后上报竣工验收申请。建设单位组织相关专业的人员对工程质量进行验收（竣工资料）；委托工程监理的，由总监理工程师组织各专业监理工程师对工程质量进行竣工预验收。存在施工质量问题时，督促施工单位整改；整改完毕后，由施工单位向建设单位提交竣工报告，申请竣工验收。

15.1.2 数据中心基础设施工程的竣工验收，应符合现行国家标准《建筑工程施工质量验收统一标准》GB 50300 的有关规定，其中，各分项工程的质量验收均应合格，质量控制资料、有关安全和功能的检测资料应完整。

【制定依据、目的】

本条主要提出了竣工验收的质量验收基本要求，现行国家标准《建筑工程施工质量验收统一标准》GB 50300 对建筑工程质量验收划分明确规定：建筑施工质量验收应划分为单位工程、分部工程、分项工程和检验批，分部、分项工程划分宜按现行国家标准《建筑工程施工质量验收统一标准》GB 50300—2013 附录 B 执行。

建筑工程施工验收记录宜按国家标准《建筑工程施工质量验收统一标准》GB 50300—2013 附录执行：检验批按附录 E 执行，分项工程按附录 F 执行，分部工程按附录 G 执行，单位工程按附录 H 执行。因此，在施工过程中要严格对检验批及分项工程质量，落实各方责任。

若建设项目所在地城乡建设主管部门有质量验收规程要求，应按项目所在地规程要求执行。

【技术措施】

督促施工现场建立健全的质量管理体系、相应的施工技术标准、施工质量检验制度和综合施工质量水平评定考核制度。要求施工单位资料、质量专人管理，责任到人。对施工过程资料、质量及时督查，及时验收。质量验收区域划分业主、监理、施工单位按现行国家标准《建筑工程施工质量验收统一标准》GB 50300 规定共同确认。

15.1.3 数据中心基础设施工程文件的整理归档和验收移交应符合现行国家标准《建设工程文件归档规范》GB/T 50328 的有关规定。

【制定依据、目的】

现行国家标准《建设工程文件归档规范》GB/T 50328 详细明确了建设工程文件归档范围、质量要求、立卷原则、尺寸、装订等规定，并明确要求建设、勘察、设计、施工、监理单位等在工程建设过程中形成的文件向档案管理机构移交；移交档案资料为一套纸质档案（原件）与一套电子档案，电子档案归档按《建设电子档案元数据标准》CJJ/T 187—2012 执行，若有声像资料归档按《城建档案业务管理规范》CJJ/T 158—2011 的要求执行；同时明确资料建筑工程文件归档按《建设工程文件归档规范》GB/T 50328 附录 A 执行，市政工程文件归档按《建设工程文件归档规范》GB/T 50328 附录 B 执行；按本标准施工的数据中心基础设施工程其资料归档按参照附录 A 执行；工程竣工资料归档的主要目的是为维护工程资料的完整性，确保工程信息的连续性和可追溯性；此外，归档还可以对工程质量进行全面的评估和检查，及时发现和纠正质量问题，以保证工程质量和可靠性的稳定；归档还促进了工程管理的有效性，为工程设计、施工、验收等方面提供了有效的管理依据和支持，提高了工程管理的效率和效果。

【技术措施】

为确保数据中心基础设施工程文件的整理归档和验收移交，应做好以下工作。

（1）做好事前策划工作，在收到施工图纸后，根据工程的专业、规模、划分单位工程，对每个工程中所包含的分部工程、分项工程、检验批进行划分，明确资料的收集范围。

（2）参与过程监控，为保证资料收集及时，数据真实准确，做好资料与实体同步，分别对不同阶段项目的资料收集情况进行评价。

（3）加强对施工单位和监理单位的业务指导；从源头入手，督促施工单位和监理单位建立完整的质量管理体系，配备专职质量及资料管理人员，有专门存放资料的场所，提出归档要求，定期进行培训、检查、督促、完善。

15.2 竣工验收条件

15.2.1 工程施工应符合设计文件和技术文件的要求，施工质量应达到本标准的规定。

【制定依据、目的】

本条明确要求施工质量应达到本标准规定，工程施工质量应符合设计文件和技术文件的要求。

一是依据现行国家标准《建设工程监理规范》GB/T 50319，该标准适用于新建、改建、扩建建设工程监理与相关服务，实施建设工程监理的应遵循下列主要依据：

1）法律法规及工程建设标准。

2）建设工程勘察设计文件。

3）建设工程监理合同及其合同文件。

二是在现行国家标准《建筑工程施工质量验收统一标准》GB 50300 中也明确了工程施工质量控制规定。此外，还规定未实行工程监理的建筑工程，建设单位相关人员履行本标准涉及的监理职责。

因此，在数据中心基础设施工程的新建、改建、扩建数据中心基础设施施工时，按照设计文件、技术文件要求施工是基本要求，同时施工质量应达到本标准要求。

【技术措施】

对合同熟悉，明确合同中施工、监理依据与质量要求。设计文件及技术文件由建设单位下发，并签字、记录归档。过程施工质量控制按业主下发的设计文件、技术文件作业、验收。

15.2.2 各系统的技术指标及性能和功能的测试应满足设计文件、技术文件和本标准的要求，并应按本标准附录J的要求进行和记录。

【制定依据、目的】

本标准表J是工程符合性验收表，建设单位、施工单位、设计单位、监理单位按照工程实际情况对各检查项目进行检查，并记录工程是否符合本标准的对应要求，同时对符合性进行逐项认定，并做出符合性验收结论。

【技术措施】

根据设计图纸设计要求，按各专业系统规定的规范、标准要求对规定的测试项目进行统计，并按各标准要求进行测试；对测试结果与设计文件、技术文件及本标准核对，是否满足相应规定。委托满足测试要求与资质能力的检测机构进行检测，提供测试报告。测试时全过程监督，按照检测的实际情况给予记录备案。建设单位、施工单位、设计单位、监理单位进行审核，按检测实际情况对是否满足设计文件 、技术文件和本标准给予确认。

15.2.3 数据中心竣工验收应按设计等级进行符合性验收。

【制定依据、目的】

依据现行国家标准《数据中心设计规范》GB 50174，数据中心按其使用性能，以及数据丢失或网络中断在经济或社会上造成的损失或影响程度，确定所属级别，分为A级B级C级。在数据中心基础设施各组成部分宜按照相同等级的技术要求进行设计，也可按照不同等级的技术要求进行设计。当按照不同等级的技术要求进行设计时，数据中心等级应按照其中最低等级部分确定；同域或异地建立的灾备数据中心，设计宜与主用数据中心等级相同。

而此三级的技术性能要求不同，安全等级不同，建设投资不同：A级为“容错”系统，可靠性和可用性等级最高；B级“冗余”可靠性和可用性等级居中；C级为满足基本需要可靠性和可用性等级最低。因此，数据中心竣工验收时，应依据设计等级要求开展符合性验收，并根据实际检查情况确认是否满足设计要求。

【技术措施】

明确数据中心项目的设计级别，依据对应级别制订设计方案。施工单位需依照设计图纸，合理组织施工。监理单位按照设计文件，对施工质量开展监督与验收工作。委托具备相应能力和资质的专业机构，依据设计文件要求，对各专业项目进行检测。最后，参照设计文件规定的等级要求，组织项目验收。

15.2.4 项目竣工验收前应完成综合测试，综合测试报告应符合设计文件的要求。

【制定依据、目的】

依据《建设工程质量管理条例》，工程竣工验收需满足下列条件：

（1）完成建设工程设计和合同约定的各项内容。

（2）有完整的技术档案和施工管理资料。

依据现行国家标准《建筑工程施工质量验收统一标准》GB 50300，建筑工程质量验收合格应符合下列规定：

（1）符合工程勘察文件、设计文件的要求。

（2）符合本标准和相关专业验收规范的规定。

《中华人民共和国建筑法》规定：交付竣工验收的建筑工程，必须符合规定的建筑工程质量标准，具备完整的工程技术经济资料、经签署的工程保修书，以及国家规定的其他竣工条件。

设计文件要求的综合测试内容包括气密性、温度、相对湿度、空气中尘埃粒子浓度、照度、电磁屏蔽效能、接地电阻等。各系统测试内容的技术指标与检测数据，属于重要的工程技术资料，需收集归档作为竣工验收资料。只有测试报告结论合格，才能满足设计文件要求。施工质量合格是竣工验收的必要条件之一。由于测试系统所用设备和方法存在差异，测试组织需要一定时间。竣工验收时，部分系统的测试结果可在相应系统表记中直接查看，而大部分系统的测试结果，需通过系统测试记录文件反馈。

因此，各设备、系统的调试和测试工作，应在施工安装过程中开展。相应系统工程量完成且自检合格后，施工单位需上报监理单位（建设单位），由其进行现场测试监督见证。监理单位（建设单位）对测试合格的系统进行确认和记录，测试单位需提供测试报告。

【技术措施】

按专业系统确认本次需测试的内容。安排专人如实记录测试数据及技术指标。测试时全过程监督，按方案执行测试。对测试结果进行审核并给出结论。

15.2.5 电磁屏蔽工程应验收完毕并合格。

【制定依据、目的】

本条依据与本标准第 15.2.4 条基本相同。电磁屏蔽系统能保护重要信息数据的真实性与可靠性，防护原始重要数据，同时降低对区域内工作人员身体健康的损害。数据中心的使用安全，涉及防泄密信息安全和人员健康安全两大方面。因此，电磁屏蔽工程验收合格，是施工质量控制的关键环节，其技术指标测试数据，也是施工过程中需收集的重要工程技术资料。

依据现行国家标准《数据中心设计规范》GB 50174，针对涉及国家秘密，或企业对商业信息有保密要求的数据中心，应设置电磁屏蔽室，或采取其他电磁泄漏防护措施。当数据中心电磁环境无法满足以下要求时，应采取电磁屏蔽措施：主机房和辅助区内的无线电骚扰环境场强在 80MHz ~ 1 000MHz 和 1 400MHz ~ 2 000MHz 频段范围内不应大于 130db（μV/m），工频磁场场强不应大于 30A/m。

【技术措施】

对屏蔽工程制订专项方案并经审核确认，同时对参与人员进行技术安全交底，且相关特种工种人员持证作业。严格按设计文件要求进场原材料与设施，并经验收合格。严格按设计文件要求进行作业，焊接作业持证操作，且应满焊；焊接质量应按设计要求验收合格，并经检测合格。屏蔽工程过程验收应由建设单位、验收单位、监理单位共同验收，确认验收结论；对门、窗、线缆进线口、接地等位置重点控制、检查。对电磁屏蔽效能，有专业机构进行测试；使用的测试设施年检合格，人员培训合格；提供符合项目屏蔽工程量的检测方案，按方案严格执行，且出具检测报告。

15.2.6 隔震装置的施工应验收完毕并合格。

【制定依据、目的】

本条依据同本标准第 15.2.4 条基本相同。数据中心设施的抗震设防将直接影响其使用安全与运行可靠，可减少经济及人员伤害。因此，隔震装置的施工质量应在安装过程中高度关注，应满足设计要求，其形成的过程资料也是工程档案资料应收集的技术文件。

数据中心的振动源主要包括自然地震冲击及设备运行产生的振动。

依据现行国家标准《建筑机电工程抗震设计规范》GB 50981、《建筑抗震设计标准》GB/T 50011，抗震设防烈度为 6 度及 6 度以上地区的建筑机电工程必须进行抗震设计。

依据现行国家标准《互联网数据中心工程技术规范》GB 51195，在我国抗震设防烈度 7 度以上（含 7 度）地区，数据中心工程中使用的主要电信设备必须经电信抗震性能检测合格。

依据现行国家标准《数据中心设计规范》GB 50174，在电子信息设备停机条件下，主机房地板表面垂直及水平向的振动加速度不应大于 500mm/s^2。

而不论何种冲击与振动，都因产生的烈度不同对数据中心建筑设施、设备造成不同程度的影响，甚至引发严重灾难。因此，数据中心项目应按抗震要求进行抗震设计，并对隔震装置的施工验收合格且满足设计要求，为数据中心安全稳定运行提供基础保证。

【技术措施】

正确设计与选型，如机柜采用弹力式机架，构成减震结构，柜体安装与机构连接加弹垫片相关的设备机组，采用设备配套的减震装置（如柴油发电机组，应采用发电机组原厂弹簧减震器，减震效率可大于 95%）；编制专项方案并严格执行，同时对参建人员进行技术交底；对进场材料、设备按照设计要求验收，把好进场关；加强施工过程质量巡查与验收，把好验收关；相关的设备必须经电信抗震性能检测合格，设备应能承受设计指定级别的地震运动的作用，即当发生设计指定级别的地震时设备装置仍保持原位无部件脱离，能安全正常工作；对相关的测试现场全程监督，按检测方案执行，把好检测关等。

15.2.7 工程施工的技术资料应完整且应包括综合测试及符合性验收资料。

【制定依据、目的】

现行国家标准《建设工程文件归档规范》GB/T 50328，首先解释了“建设工程文件”是在工程建设过程中形成的各种形式的信息记录，包括工程准备阶段文件、监理文件、施工文件、竣工图和竣工验收文件。说明了归档文件范围：对与工程建设有关的重要活动、记载工程建设主要过程和现状、具有保存价值的各种载体的文件，均应收集齐全、整理立卷后归档。同时，要求工程文件的具体归档范围应符合其规范附录 A、附录 B 的要求。

因此，数据中心项目在执行本标准时，应参照现行国家标准《建设工程文件归档规范》GB/T 50328 的归档要求，且综合测试、符合性验收资料皆是施工过程形成的能真实体现施工质量的技术资料，应在资料清单中。

【技术措施】

项目开工后明确项目建设过程中资料收集的范围与归档参照规范；若需要在建设区域内备案项目，应与项目建设区域城乡建设主管部门咨询建设项目资料归档规定，进行资料收集、归档。熟悉合同，明确建设方建设项目工程资料收集、归档要求，进行资料收集。各单位组织专人管理建设工程过程中的资料收集、归档。建设过程中对建设过程资料进行不定期检查，督促过程资料及时收集、归档。工程施工技术资料主要是项目施工过程中形成的技术、管理资料，而综合测试资料、符合性验收资料是系统工程量完成后的，对系统是否满足设计文件、技术文件进行的测试记录资料，是原始记录资料，直接反映出施工安装质量，是质量控制的方法，在后期运维中能够提供帮助，是应归档资料的一部分。

15.3 竣工验收程序

15.3.1 工程项目具备竣工验收条件后，施工单位应向建设单位提交竣工验收申请报告。

【制定依据、目的】

本条明确了竣工验收程序：当工程具备验收条件时，施工单位需向建设单位提交竣工验收申请报告。现行国家标准《建筑工程施工质量验收统一标准》GB 50300 明确规定："单位工程完工后，施工单位应组织有关人员进行自检。总监理工程师应组织各专业工程师对工程质量进行预验收；若存在施工质量问题，施工单位需限期整改。整改完毕后，由施工单位向建设单位提交施工竣工报告，申请工程竣工验收。"

【技术措施】

检查施工单位是否按合同要求完成建设项目工程量，施工质量是否满足设计文件要求等。检查竣工资料是否满足归档要求与建设单位归档资料要求。经检查满足竣工验收条件后，督促施工单位按相应规范或合同竣工验收要求书面上报竣工验收申请报告。

15.3.2 建设单位收到竣工验收申请报告后，应组织设计单位、施工单位、监理单位等及时办理竣工验收。

【制定依据、目的】

国家标准《建筑工程施工质量验收统一标准》GB 50300—2013 中明确规定："建设单位收到竣工报告后，应由建设单位项目负责人组织监理、施工、设计、勘察等单位负责人进行单位工程验收。"

本条明确了竣工验收组织架构，由五方责任主体中建设单位组织竣工验收，建设单位是组织者，设计、勘察、施工、监理等责任单位应按要求参加建设单位组织的验收。

【技术措施】

对竣工验收申请报告进行审核，明确申请是否符合验收条件。由建设单位进行竣工验收策划，按合同要求确定竣工验收时间、地点与程序及参加竣工要求事项，并以书面或电子邮件形式通知设计、勘察、监理、施工单位等参加；备案的建设项目上报区域城乡建设主管部门适时参与监督竣工验收的合法性。建设单位及时组织竣工验收。

15.3.3 参加验收的单位应对工程做出公正、客观的评价并签署验收结论，并应按本标准附录 K 的要求进行和记录。

【制定依据、目的】

依照现行国家标准《建筑工程施工质量验收统一标准》GB 50300，建设单位组织设计、勘察、施工、监理责任主体进行竣工验收，并按此标准附录 H 的要求，由参加验收单位的项目负责人签字，对综合验收结论确认。

本标准表 K 工程竣工验收表是本项目质量竣工验收的核心文件，是最后一次项目质量把控，是全面考核工程建设成果、检验工程设计和施工质量的重要环节，各参与验收的项目负责人皆应以公正、客观、实事求是的工作作风对项目建设质量作出评定，签署综合验收结论。其余参照现行国家标准《建筑工程施工质量验收统一标准》GB 50300 附录 H 表执行。

【技术措施】

审核参与竣工验收的人员资格，若项目负责人因故不能参加，参加人员应有相应单位法人代表的授权委托。分组进行验收，即竣工归档资料验收、专业功能验收分组进行验收。对验收结论在竣工会议上按照分组汇报，并在验收结论上签字确认。工程竣工验收表见表 1-15-1。

表 1-15-1 工程竣工验收表

<table>
<tr><td>工程名称</td><td></td><td>投资额</td><td></td><td colspan="2">建筑面积</td><td></td></tr>
<tr><td>建设单位</td><td></td><td>开工日期</td><td></td><td colspan="2">竣工日期</td><td></td></tr>
<tr><td>施工单位</td><td></td><td>项目经理</td><td></td><td colspan="2">项目技术负责人</td><td></td></tr>
<tr><td>序号</td><td colspan="2">验收项目</td><td colspan="3">验收结论</td><td>备注</td></tr>
<tr><td>1</td><td colspan="2">竣工图</td><td colspan="3"></td><td></td></tr>
<tr><td>2</td><td colspan="2">设备和主要器材合格证、说明书</td><td colspan="3"></td><td></td></tr>
<tr><td>3</td><td colspan="2">室内装饰装修</td><td colspan="3"></td><td></td></tr>
<tr><td>4</td><td colspan="2">配电系统</td><td colspan="3"></td><td></td></tr>
<tr><td>5</td><td colspan="2">防雷与接地系统</td><td colspan="3"></td><td></td></tr>
<tr><td>6</td><td colspan="2">空调系统</td><td colspan="3"></td><td></td></tr>
<tr><td>7</td><td colspan="2">给水排水系统</td><td colspan="3"></td><td></td></tr>
<tr><td>8</td><td colspan="2">综合布线与网络系统</td><td colspan="3"></td><td></td></tr>
<tr><td>9</td><td colspan="2">监控与安全防范系统</td><td colspan="3"></td><td></td></tr>
<tr><td>10</td><td colspan="2">电磁屏蔽系统</td><td colspan="3"></td><td></td></tr>
<tr><td>11</td><td colspan="2">微模块</td><td colspan="3"></td><td></td></tr>
<tr><td>12</td><td colspan="2">集装箱数据中心</td><td colspan="3"></td><td></td></tr>
<tr><td>13</td><td colspan="2">综合测试</td><td colspan="3"></td><td></td></tr>
<tr><td>工程验收结论</td><td colspan="6"></td></tr>
<tr><td>参加验收
人员

（签字）</td><td>建设单位
（项目负责人）

年 月 日</td><td>施工单位
（项目负责人）

年 月 日</td><td colspan="2">设计单位
（项目负责人）

年 月 日</td><td colspan="2">监理单位
（项目负责人）

年 月 日</td></tr>
</table>

15.3.4 经验收合格的工程，施工单位与建设单位应及时办理交接手续。

【制定依据、目的】

项目竣工验收合格后，施工单位应按施工合同约定，履行其他合同义务，例如落实培训计划、签署工程保修书等；同时，向建设单位提交竣工资料，移交项目管理权，妥善处理项目遗留问题，提供项目保修期服务。

【技术措施】

督促施工单位按合同要求施工，并在竣工验收后履行相应义务。竣工验收前，建设单位应成立项目接收组。接收组需与施工单位按合同办理交接手续，记录移交具体情况、归档，双方签字、盖章。移交确认之日正式进入质量保修期。

第二篇　典型问题汇总

1　安装工艺检查阶段

1.1　设备标识问题

问题类型主要包含设备标识缺失、错误，电缆标识牌缺失、错误等，示例见图2-1-1。

· 柴油发电机组的油路系统管路流向标识缺失。

| 风险等级：★☆☆ | 整改难度：★☆☆ |

· 中压柜、低压配电柜（箱）、列头柜电缆路由标识错误。

| 风险等级：★☆☆ | 整改难度：★☆☆ |

· 中压柜、低压配电柜（箱）、列头柜线缆路由标识缺失。

| 风险等级：★☆☆ | 整改难度：★☆☆ |

· 配电柜（箱）、列头柜接线端子螺丝力矩标识缺失。

| 风险等级：★★☆ | 整改难度：★☆☆ |

· 列头柜、支路空开及线号、PDU 对应关系标识缺失。

| 风险等级：★☆☆ | 整改难度：★☆☆ |

· 强、弱电线槽及桥架区分标识缺失。

| 风险等级：★☆☆ | 整改难度：★☆☆ |

· 暖通系统管道未做流向标识。

| 风险等级：★☆☆ | 整改难度：★☆☆ |

· 暖通系统制冷单元、末端制冷设备未做标识。

| 风险等级：★☆☆ | 整改难度：★☆☆ |

· 温湿度传感器、管道压力传感器、管道温度传感器、管道流量计标识缺失。

| 风险等级：★☆☆ | 整改难度：★☆☆ |

· 消防水系统、气体灭火系统管路标识缺失。

| 风险等级：★☆☆ | 整改难度：★☆☆ |

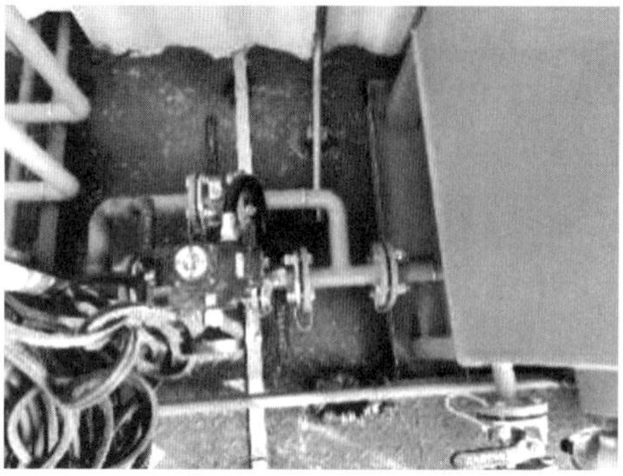

（a）柴油发电机的供油、泄油系统管路未做流向标识

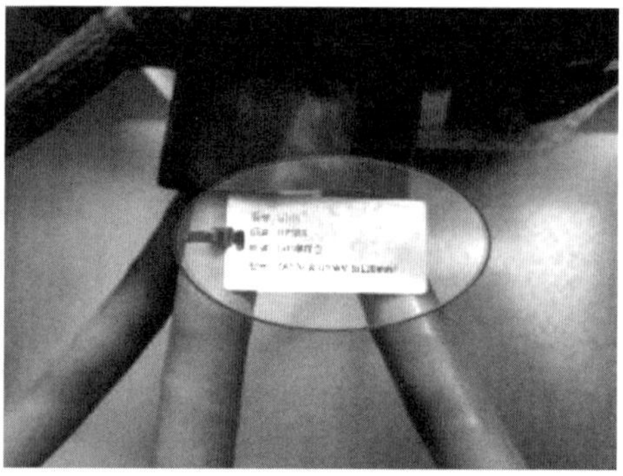

（b）中压柜内电缆路由标识方向标反

（c）列头柜进线线缆电缆路由标识牌缺失

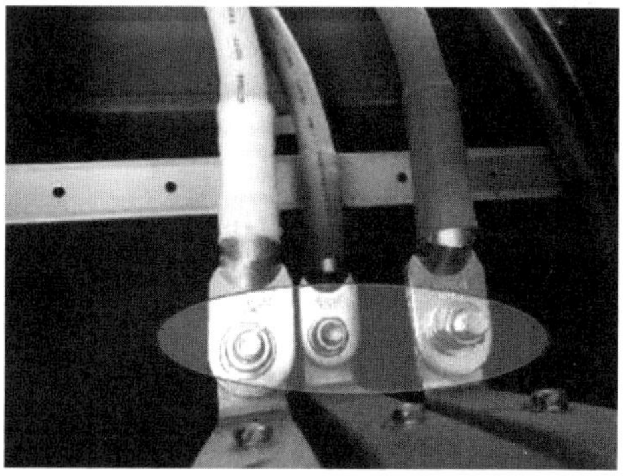

（d）列头柜进线螺丝力矩标识缺失

图 2–1–1　安装工艺检查阶段设备标识问题示例图

1.2　设备外观问题

问题类型主要包含设备、电缆等外观掉漆、设备变形、破损或存在打火、水浸痕迹等，示例见图 2–1–2。

· 电气设备外壳磕碰变形、划痕掉漆。

| 风险等级：★☆☆ | 整改难度：★☆☆ |

· 暖通设备外壳磕碰变形、划痕掉漆。

| 风险等级：★☆☆ | 整改难度：★☆☆ |

· 消防设备外壳磕碰变形、划痕掉漆。

| 风险等级：★☆☆ | 整改难度：★☆☆ |

· 弱电设备外壳磕碰变形、划痕掉漆。

| 风险等级：★☆☆ | 整改难度：★☆☆ |

· 机柜前后门磕碰变形、划痕掉漆。

| 风险等级：★☆☆ | 整改难度：★☆☆ |

· 风冷冷水机组表冷器翅片变形。

| 风险等级：★☆☆ | 整改难度：★☆☆ |

· 末端空调表冷器翅片变形。

| 风险等级：★☆☆ | 整改难度：★☆☆ |

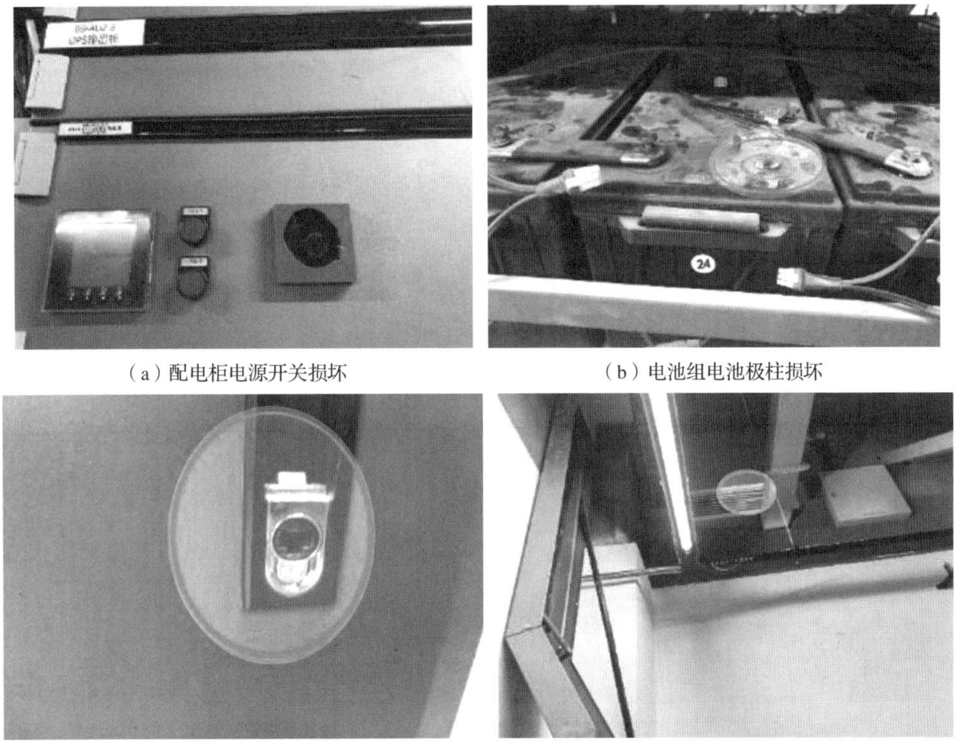

（a）配电柜电源开关损坏　（b）电池组电池极柱损坏

（c）配电箱门锁损坏　（d）泄压口格栅损坏

图 2–1–2　安装工艺检查阶段设备外观问题示例图

1.3　设备电缆压接问题

问题类型主要包含紧固件不完善、垫片顺序错误、安装不紧固、垫片变形、紧固件大小不匹配、力矩标识缺失、螺栓预留长度不足二至三丝扣、热缩套管缺失或安装不到位等，示例见图 2–1–3。

· 列头柜主进线 C 相弹簧垫片缺失。

| 风险等级：★★☆ | 整改难度：★☆☆ |

· 列头柜内零排及地排所有线缆接线工艺错误（导体接于垫片与螺栓之间）。

| 风险等级：★★★ | 整改难度：★☆☆ |

· 列头柜零线紧固件大小不匹配。

| 风险等级：★★☆ | 整改难度：★☆☆ |

· 钢瓶上方集流管连接处垫片损坏，且螺栓未紧固。

| 风险等级：★★☆ | 整改难度：★☆☆ |

（a）列头柜主进线 C 相弹簧垫片缺失

（b）列头柜内零排及地排所有线缆接线工艺错误

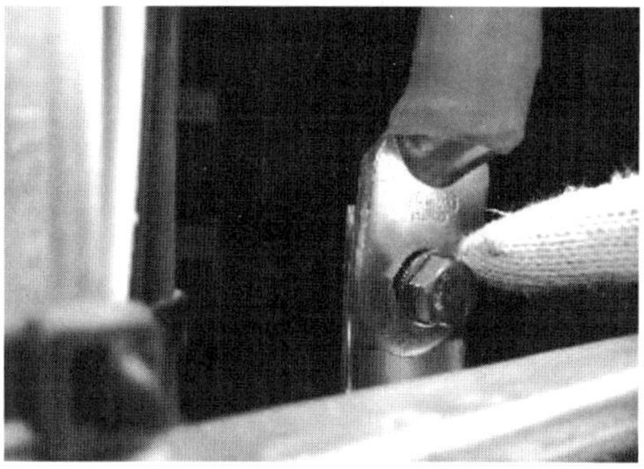

（c）列头柜零线紧固件大小不匹配

（d）钢瓶上方集流管连接处垫片损坏

图 2-1-3　安装工艺检查阶段设备电缆压接问题示例图

1.4　设备组件缺失问题

问题类型主要包含组件未安装完全、缺失等，示例见图 2-1-4。

· 间接蒸发冷却机组管道开度阀配件缺失。

| 风险等级：★☆☆ | 整改难度：★☆☆ |

· 断路器操作机构缺失。

| 风险等级：★★☆ | 整改难度：★☆☆ |

· AHU 进回风风阀未接线，阀体开度指示针缺失。

| 风险等级：★☆☆ | 整改难度：★☆☆ |

· AHU 新风机组滤网缺失。

| 风险等级：★☆☆ | 整改难度：★☆☆ |

· 配电柜（箱）门锁缺失损坏。

| 风险等级：★☆☆ | 整改难度：★☆☆ |

· 电气、暖通设备操控屏缺失。

| 风险等级：★★☆ | 整改难度：★☆☆ |

· 电气、暖通设备通信模块缺失。

| 风险等级：★☆☆ | 整改难度：★☆☆ |

· 消防切非模块缺失。

| 风险等级：★☆☆ | 整改难度：★☆☆ |

· 机柜门锁缺失损坏。

| 风险等级：★☆☆ | 整改难度：★☆☆ |

（a）间接蒸发冷却机组管道开度阀配件缺失

（b）断路器操作机构缺失

（c）AHU 进回风风阀未接线及阀体开度指示针缺失

（d）AHU 新风机组滤网缺失

图 2-1-4　安装工艺检查阶段设备组件缺失问题示例图

1.5 设备安装不紧固问题

问题类型主要包含紧固件缺失、虚接等不可靠现象等，示例见图 2-1-5。

· 防火门上方疏散指示灯未紧固。

| 风险等级：★☆☆ | 整改难度：★☆☆ |

· 接地环网固定件未紧固到位。

| 风险等级：★☆☆ | 整改难度：★☆☆ |

· 消防管道 / 暖通管道支吊架 U 型卡箍螺丝未紧固。

| 风险等级：★☆☆ | 整改难度：★☆☆ |

· 密集母线支吊架安装间距不符合规范要求。

| 风险等级：★☆☆ | 整改难度：★☆☆ |

· 暖通水管道（不同直径）支吊架安装间距不符合规范要求。

| 风险等级：★☆☆ | 整改难度：★☆☆ |

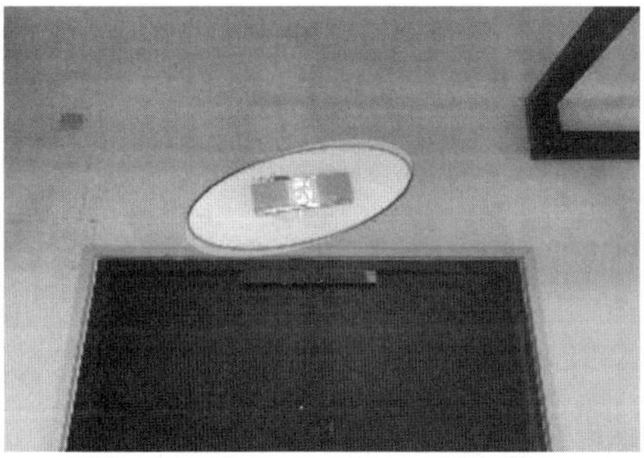

（a）防火门上方疏散指示灯未紧固

（b）接地环网固定件未紧固到位

图 2-1-5 安装工艺检查阶段设备安装不紧固问题示例图

1.6 设备安装检修空间问题

问题类型主要包含检修门无法开启、无检修空间等，示例见图 2-1-6。

· 间接蒸发冷却机组，检修门被梯子遮挡，导致检修门无法正常开启。

| 风险等级：★☆☆ | 整改难度：★★☆ |

· 急启动按钮被管道电磁阀遮挡，不便于操作。

| 风险等级：★☆☆ | 整改难度：★★☆ |

· 母线始端箱检修门被照明线槽阻挡无法开启。

| 风险等级：★☆☆ | 整改难度：★☆☆ |

· 电池架贴墙安装，部分电池无维护空间。

| 风险等级：★☆☆ | 整改难度：★☆☆ |

· 末端空调门被管道阻挡无法开启。

| 风险等级：★☆☆ | 整改难度：★☆☆ |

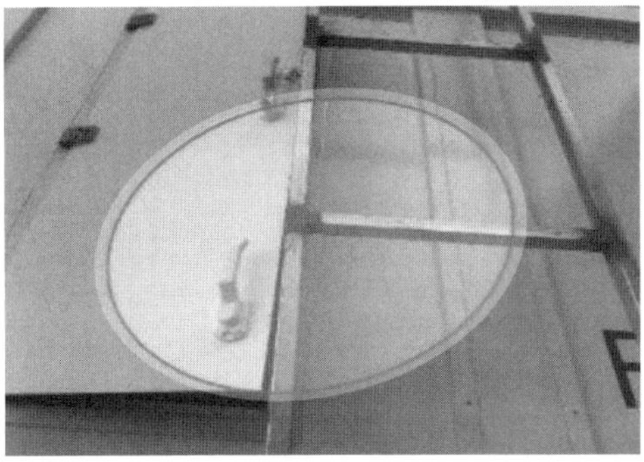

（a）间接蒸发冷却机组检修门被遮挡

（b）急启动按钮被遮挡

图 2-1-6　安装工艺检查阶段设备安装检修空间问题示例图

1.7　设备保温不到位问题

问题类型主要包含保温缺失、存在缝隙、脱胶、不紧密等，示例见图 2-1-7。

· 间接蒸发冷却机组的室外管道保温棉较多裸露处未做处理。

| 风险等级：★☆☆ | 整改难度：★☆☆ |

· 间接蒸发冷却机组，管道保温棉粘贴不到位。

| 风险等级：★☆☆ | 整改难度：★☆☆ |

· 保温棉存在破损情况。

| 风险等级：★☆☆ | 整改难度：★☆☆ |

1.8　孔洞封堵问题

问题类型主要包含设备孔洞、穿墙孔洞等封堵不到位问题等，示例见图 2-1-8。

· 墙体存在孔洞未修复。

| 风险等级：★☆☆ | 整改难度：★☆☆ |

· 配电柜（箱）进线孔洞未进行封堵处理。

| 风险等级：★★☆ | 整改难度：★☆☆ |

· 走道与机房之间的穿墙孔洞处均未做封堵处理。

| 风险等级：★★☆ | 整改难度：★☆☆ |

· 强、弱电线槽 / 桥架穿墙孔洞封堵不严。

| 风险等级：★☆☆ | 整改难度：★☆☆ |

· 暖通管道穿墙孔洞封堵不严。

| 风险等级：★☆☆ | 整改难度：★☆☆ |

· 灾后清空管道、防排烟管道穿墙孔洞封堵不严。

| 风险等级：★☆☆ | 整改难度：★☆☆ |

· 消防管道穿墙孔洞封堵不严。

| 风险等级：★☆☆ | 整改难度：★☆☆ |

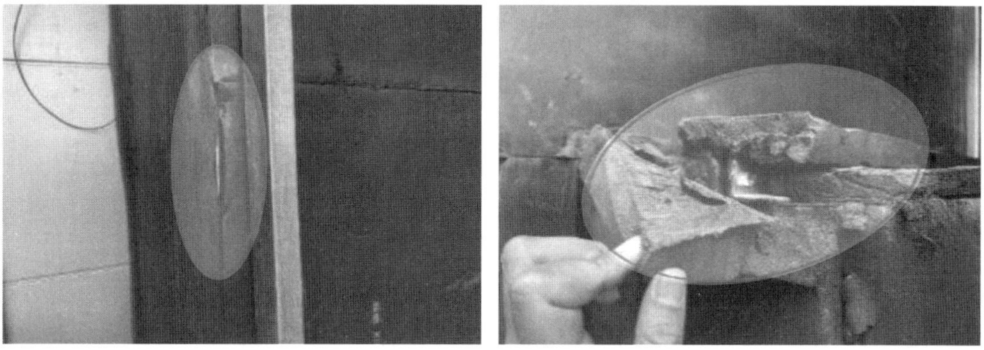

（a）保温棉较多裸露　　（b）管道保温棉粘贴不到位

图 2-1-7　安装工艺检查阶段设备保温不到位问题示例图

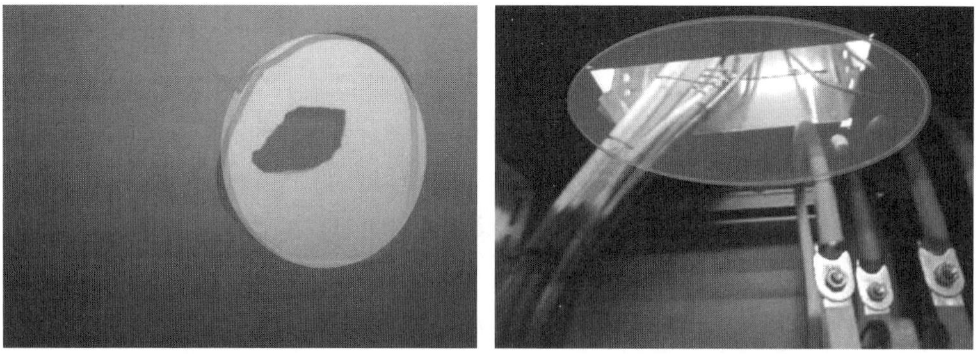

（a）墙体孔洞未修复　　（b）配电箱穿线孔洞未封堵

图 2-1-8　安装工艺检查阶段孔洞封堵问题示例图

1.9 带电导体间距问题

问题类型主要包含间距较小、绝缘隔板缺失等，示例见图 2-1-9。

· 电池接线汇流排安装倾斜，并且没有安装绝缘挡板。

| 风险等级★★☆ | 整改难度：★☆☆ |

· 变压器进线孔洞未做护口，且未进行封堵处理。

| 风险等级★★☆ | 整改难度：★☆☆ |

（a）接线汇流排安装倾斜且无绝缘挡板　　（b）进线孔洞未做护口且未封堵

图 2-1-9　安装工艺检查阶段带电导体间距问题示例图

1.10 保洁问题

问题类型主要包含设备内外及安装环境施工余量、粉尘等未清理，示例见图 2-1-10。

· 设备内部施工余料未清理。

| 风险等级：★★★ | 整改难度：★☆☆ |

· 桥架上方施工余料未清理。

| 风险等级：★☆☆ | 整改难度：★☆☆ |

1.11 设备安装位置、配电路由与设计不符问题

问题类型主要包含设备编号与图纸不一致，示例见图 2-1-11。

· 电气 / 暖通设备编号与图纸不一致。

| 风险等级：★★☆ | 整改难度：★★☆ |

· 配电柜各抽屉柜编号与图纸不一致。

| 风险等级：★☆☆ | 整改难度：★☆☆ |

· 余压探测器安装位置错误，与图纸不符。

| 风险等级：★☆☆ | 整改难度：★☆☆ |

（a）UPS 接线仓内存在施工余料未清理　　（b）精密空调后侧上方施工余料未清理

图 2-1-10　安装工艺检查阶段保洁问题示例图

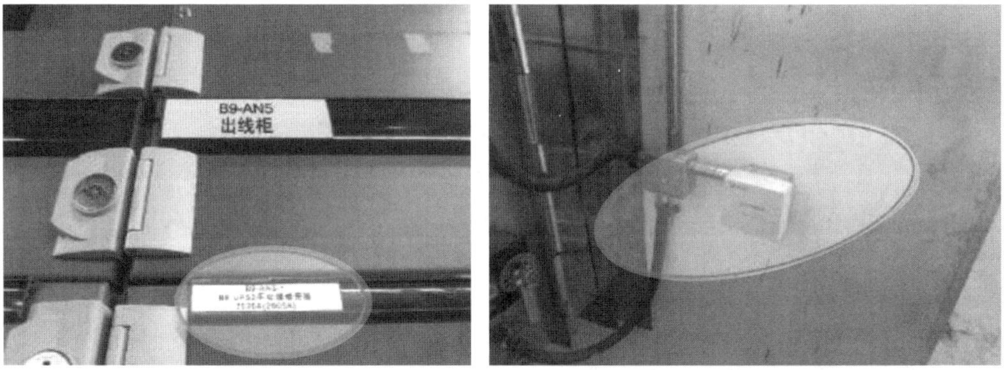

（a）配电柜路由错误与后端设备不对应　　（b）余压探测器安装位置与图纸不符

图 2-1-11　安装工艺检查阶段设备安装位置、配电路由与设计不符问题示例图

1.12　设备支撑问题

问题类型主要包含设备支撑架安装不到位、吊筋安装间距较大、支撑架和吊筋变形等，示例见图 2-1-12。

· 间接蒸发冷却机组，出风风管底部与支撑架悬空。

| 风险等级：★☆☆ | 整改难度：★☆☆ |

· 配电室灾后清空管道基础底座悬空未固定。

| 风险等级：★☆☆ | 整改难度：★☆☆ |

（a）间接蒸发冷却机组出风风管底部与支撑架悬空

（b）配电室灾后清空管道基础底座悬空未固定

图 2-1-12 安装工艺检查阶段设备支撑问题示例图

1.13 设备功能异常问题

问题类型主要包含门窗、手动阀门、百叶、开关、断路器等设备开闭卡顿、卡死、不到位等，示例见图 2-1-13。

· 热通道门无法正常开启。

| 风险等级：★☆☆ | 整改难度：★☆☆ |

· AHU 送风百叶无法保持常开状态。

| 风险等级：★☆☆ | 整改难度：★☆☆ |

（a）热通道门无法正常开启

（b）AHU 送风百叶无法保持常开状态

图 2-1-13 安装工艺检查阶段设备功能异常问题示例图

1.14 设备漏液问题

问题类型主要包含油管、水管、法兰、阀门漏液问题等，示例见图 2-1-14。

· 柴油发电机组水箱防冻液存在漏液情况。

| 风险等级★★☆ | 整改难度：★☆☆ |

图 2-1-14　安装工艺检查阶段设备漏液问题示例图

1.15 等电位接地问题

问题类型主要包含设备接地线缺失、接地线压接处未刮漆、机柜未做两根长短不一等电位接地等，示例见图 2-1-15。

· 照明线槽等电位连接线脱落。

| 风险等级：★☆☆ | 整改难度：★☆☆ |

· 配电柜柜门与柜体等电位连接线脱落。

| 风险等级：★☆☆ | 整改难度：★☆☆ |

· 机柜柜体与柜门等电位连接线脱落。

| 风险等级：★☆☆ | 整改难度：★☆☆ |

· 线槽连接处未做等电位连接线。

| 风险等级：★☆☆ | 整改难度：★☆☆ |

（a）照明线槽等电位连接线脱落

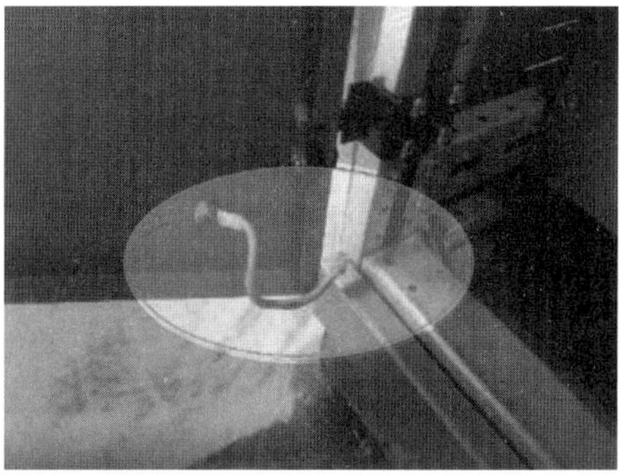

（b）配电柜柜门与柜体等电位连接线脱落

图 2-1-15　安装工艺检查阶段等电位接地问题示例图

1.16　线缆未走线槽或线管问题

· 电缆未入线槽敷设，示例见图 2-1-16。

| 风险等级：★☆☆ | 整改难度：★★☆ |

图 2-1-16　安装工艺检查阶段电缆未入线槽敷设示例图

1.17　线槽、管道、线缆等捆扎固定问题

· 冷媒管存在未固定情况，示例见图 2-1-17（a）。

| 风险等级：★☆☆ | 整改难度：★☆☆ |

· 弱电线槽未进行固定，示例见图 2-1-17（b）。

| 风险等级：★★☆ | 整改难度：★☆☆ |

· 接地环网未固定。

| 风险等级：★☆☆ | 整改难度：★☆☆ |

（a）冷媒管存在未固定情况　　（b）弱电线槽未进行固定

图 2-1-17　安装工艺检查阶段线槽、管道、线缆等捆扎固定问题示例图

1.18　管道、支撑架等设备防锈、防腐问题

· 接地环网焊点未做防锈防腐处理，示例见图 2-1-18（a）。

| 风险等级：★☆☆ | 整改难度：★☆☆ |

· 扶梯焊口未做防锈防腐处理，示例见图 2-1-18（b）。

| 风险等级：★☆☆ | 整改难度：★☆☆ |

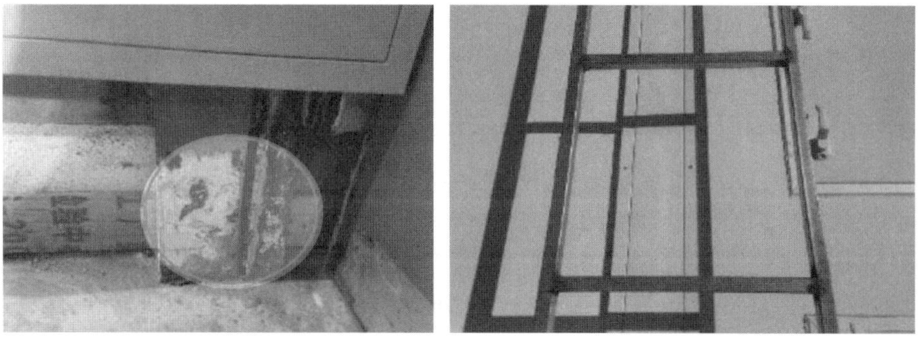

（a）接地环网焊点未做防锈防腐处理　　（b）扶梯焊口未做防锈防腐处理

图 2-1-18　安装工艺检查阶段管道、支撑架等设备防锈、防腐问题示例图

2　设备开机调试阶段

2.1　设备运行参数异常

· 电量仪数据采集错误，示例见图 2–2–1（a）。

| 风险等级：★☆☆ | 整改难度：★☆☆ |

· 动环监控平台数据显示错误，示例见图 2–2–1（b）。

| 风险等级：★★☆ | 整改难度：★★☆ |

· 中压柜综保电流显示错误。

| 风险等级：★★☆ | 整改难度：★☆☆ |

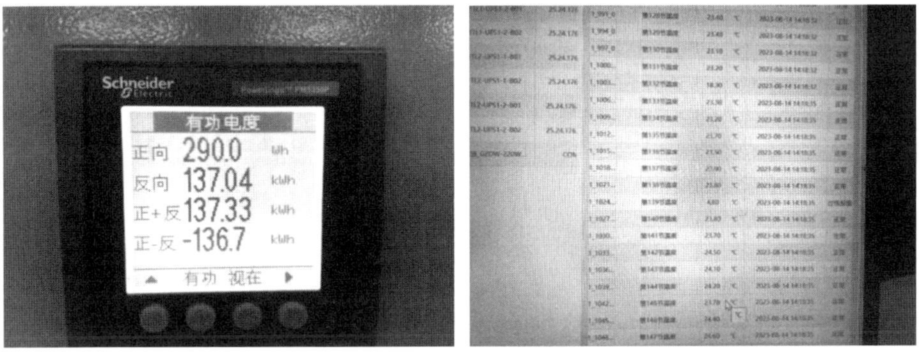

（a）电量仪数据采集错误　　（b）动环监控平台数据显示错误

图 2–2–1　设备开机调试阶段设备运行参数异常示例图

2.2　设备功能异常

· 配电箱内消防脱扣缺失组件，无法实现消防切非动作，示例见图 2–2–2（a）。

| 风险等级：★★☆ | 整改难度：★☆☆ |

· 精密空调电源模块损坏，导致空调无法送电，示例见图 2–2–2（b）。

| 风险等级：★☆☆ | 整改难度：★★☆ |

· 天窗无法自动开启。

| 风险等级：★☆☆ | 整改难度：★☆☆ |

· 柴油发电机组启动不能联动送排风百叶打开。

| 风险等级：★★☆ | 整改难度：★☆☆ |

（a）配电箱内消防脱扣缺失组件导致无法实现消防切非动作　　（b）精密空调电源模块损坏导致空调无法送电

图 2-2-2　设备开机调试阶段设备功能异常示例图

3　设备功能测试阶段

3.1　测试指标不达标

· 机房照度值测试结果不满足设计要求的 500 lx。

| 风险等级：★☆☆ | 整改难度：★★☆ |

· UPS 输入电流谐波大于 15%，示例见图 2-3-1（a）。

| 风险等级：★☆☆ | 整改难度：★★★ |

· 设备等电位接地阻值不合格，示例见图 2-3-1（b）。

| 风险等级：★☆☆ | 整改难度：★☆☆ |

· 铜缆、光纤性能测试不合格。

| 风险等级：★★☆ | 整改难度：★★☆ |

· 电力监控系统平台数据及分合闸状态与实际不符。

| 风险等级：★☆☆ | 整改难度：★☆☆ |

· 动环监控系统平台数据及分合闸状态与实际不符。

| 风险等级：★☆☆ | 整改难度：★☆☆ |

· 动环监控平台设备绑点错误。

| 风险等级：★☆☆ | 整改难度：★☆☆ |

· BA 系统平台数据及阀门开关状态与实际不符。

| 风险等级：★☆☆ | 整改难度：★☆☆ |

· BA 系统平台设备及传感器绑点错误。

| 风险等级：★☆☆ | 整改难度：★☆☆ |

· 火灾自动报警系统 CRT 平台点位及命名与实际点位不符。

| 风险等级：★☆☆ | 整改难度：★☆☆ |

3.2　设备功能异常

· 低压母联自投不自复功能未实现。

| 风险等级：★★★ | 整改难度：★★☆ |

· 动环监控平台，列头柜支路空开跳闸不告警。

| 风险等级：★☆☆ | 整改难度：★★☆ |

· UPS 放电测试时，电池组异常脱扣。

| 风险等级：★★★ | 整改难度：★★☆ |

· 空调配电箱 ATS（自动转换开关）自动切换功能未设置。

| 风险等级：★★☆ | 整改难度：★☆☆ |

· 电池放电过程中，出现落后电池，导致放电时间不满足设计要求。

| 风险等级：★★★ | 整改难度：★☆☆ |

· ATS 配电箱自动切换功能故障。

| 风险等级：★★★ | 整改难度：★☆☆ |

· 管道过滤器脏堵。

| 风险等级：★☆☆ | 整改难度：★☆☆ |

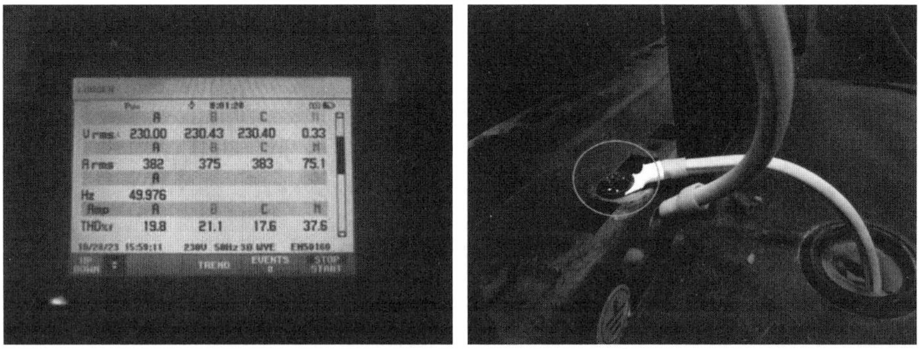

（a）UPS 输入电流谐波大于 15%　　（b）设备等电位接地阻值不合格

图 2–3–1　设备功能测试阶段测试指标不达标示例图

3.3　设备故障

· 恒湿机湿度传感器故障。

| 风险等级：★☆☆ | 整改难度：★☆☆ |

· 除湿机电源故障，无法合闸，示例见图 2–3–2（a）。

| 风险等级：★☆☆ | 整改难度：★☆☆ |

· BA 系统，预冷模式下模拟制冷单元故障，备用制冷单元启动时，备用制冷单元阀门在未打开情况下，水泵冷塔等先动作，示例见图 2–3–2（b）。

| 风险等级：★★☆ | 整改难度：★☆☆ |

· 精密空调回风温湿度传感器故障，示例见图 2-3-2（c）。

| 风险等级：★☆☆ | 整改难度：★☆☆ |

· 照明开关故障，无法打开照明灯具。

| 风险等级：★☆☆ | 整改难度：★☆☆ |

· 恒湿机进水电磁阀故障，导致一直进行加湿补水，示例见图 2-3-2（d）。

| 风险等级：★☆☆ | 整改难度：★☆☆ |

（a）除湿机电源故障

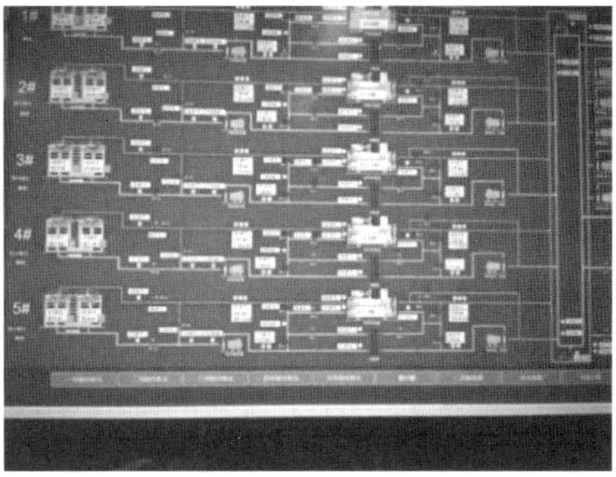

（b）BA 系统预冷模式下模拟制冷单元故障

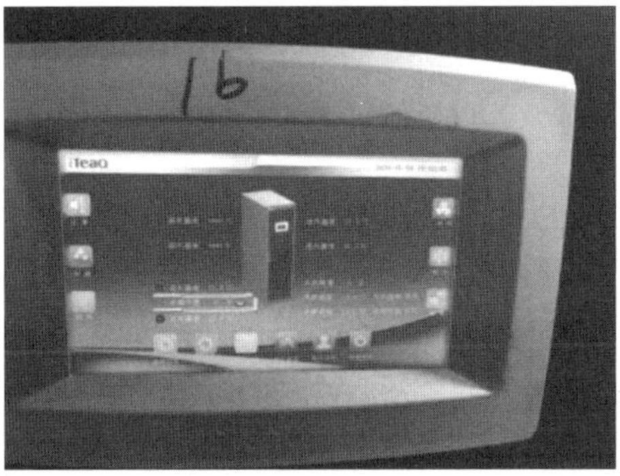

（c）精密空调回风温湿度传感器故障

（d）恒湿机进水电磁阀故障

图 2-3-2　设备功能测试阶段设备故障示例图

4 系统联调阶段

4.1 逻辑错误

- BA 系统，冷机加、减机设定判定时间为 10min，时间未到时，已开始执行加、减机动作。

  | 风险等级：★☆☆ | 整改难度：★☆☆ |

- BA 系统，制冷单元手动关闭两个冷塔后，冷机自动关闭与其余单元控制逻辑不一致。

  | 风险等级：★☆☆ | 整改难度：★☆☆ |

- 变压器超载 110% 测试，前置柜综保跳闸指示灯亮起，但不进行动作，示例见图 2-4-1。

  | 风险等级：★★☆ | 整改难度：★☆☆ |

- 市电同时失电时，柴发供油系统启动卸油逻辑，逻辑错误。

  | 风险等级：★★★ | 整改难度：★★☆ |

- 联调测试场景市电失电时，柴油发电机投入并机运行时，多次触发故障报警。

  | 风险等级：★★☆ | 整改难度：★★☆ |

图 2-4-1　系统联调阶段变压器超载 110% 测试逻辑错误示例图

4.2 动作或状态异常

· 联调测试过程中，电池开关柜开关异常跳闸现象。

| 风险等级：★★☆ | 整改难度：★★☆ |

· 联调过程中列头柜实际空开状态与面板显示情况不符。

| 风险等级：★☆☆ | 整改难度：★☆☆ |

· 联调期间，电容补偿柜持续触发紧急关机报警。

| 风险等级：★☆☆ | 整改难度：★★☆ |

· 中压馈线柜过流定值设定较小，导致投切过程中多次出现Ⅱ段过流动作，馈线柜合闸失败。

| 风险等级：★★☆ | 整改难度：★☆☆ |

· 中压逻辑投切过程中母联柜多次出现过压保护动作。

| 风险等级：★★★ | 整改难度：★★☆ |

第三篇　案例

1 安徽省合肥市某数据中心集群项目

1.1 项目概述

合肥市某数据中心集群（图 3-1-1）由国内某科技企业负责建设运营，坐落于合肥市某高新技术产业园，位于创新大道与明珠大道交会区域，周边无污染和危险源，配套完善，交通便利。该集群于 2020 年 12 月建成投产，依国家 A 级数据中心标准打造，由 5 栋独栋机房楼（图 3-1-2）和 1 栋运营研发楼组成，总建筑面积 33 000m^2，能提供 3 000 个 5kW 物理机架。机房楼 C1—C5 为框架结构，地上四层、地下一层，高 21.4m，抗震设防烈度 7 度，地上耐火二级、地下一级，设计使用年限 50 年。每栋设有 4 个机房包间，单栋可提供 600 个 5kW 物理机架。C6 建筑为办公及监控中心。

图 3-1-1　合肥市某数据中心集群

图 3–1–2　合肥市某数据中心单体机房楼

1.2　建筑、结构与工艺

数据中心建设遵循标准化、模块化理念，做到“安全可靠、先进实用、环保节能、灵活可扩展、可管理”。动力支持区在地下一层，含变配电室、电池室、柴油发电机房等；辅助区包括监控大厅、值班室、会议室等；机房模块区是核心区域，一至四层独立楼层建设且物理隔离。

工艺方面，走廊管线垂直多层布置，机房不吊顶，梁下联合吊挂面距地高度 3 900mm，静电地板架空 600mm，净高 3 300mm。C6 设置 ECC（总控中心），配置多套智能化子系统集中监控（图 3–1–3）。服务器机柜前后网孔门，采用面对面、背对背布置，机房模块采用 1 200mm 宽封闭冷通道，降低 PUE（电能利用效率）（图 3–1–4）。

图 3–1–3　ECC 监控大厅

图 3-1-4 机房模块设备布置

1.3 空气调节

（1）供热、加湿、供冷。

供热：项目位于夏热冬冷地区，对于有人值班的房间，冬季采用 VRV（变制冷剂流量多联式空调系统）供热。新风处理机组则借助内置风冷热泵实现供热。

加湿：机房配备湿膜式恒湿机，其有效加湿量大于或等于 20kg/h，有效除湿量大于或等于 10kg/h，使用 RO 水作为水源。

供冷：模块机房采用氟泵型风冷直膨列间变频空调机组，配电室及电池室采用风冷直膨房间级变频空调机组，冷媒为 R410a。

（2）通风、防排烟系统。

模块机房、各配电间、电池室等设有气体灭火的防护单元，设计气体灭火事后排风系统，换气次数为大于 5 次 /h。

电池室设置平时排风及事故排风，平时排风换气次数为 2 次 /h，事故排风换气次数为 12 次 /h 并与相应的气体浓度报警装置连锁。

柴发用日用油箱间设计油雾泄漏事故排风系统，换气次数为 12 次 /h，且系统风机与相应的气体浓度报警装置联锁。

（3）精密空调系统。

模块机房的每个封闭通道均采用 N+1（或 N+2）套氟泵型风冷直膨列间变频空调系统。

C6 楼 ECC 和办公、会议等辅助区域采用冷暖型的 VRV 空调系统。集中式空调室外机见图 3-1-5。

图 3-1-5　集中式空调室外机

1.4　供电专业

（1）10kV 变电站。

项目在 C4 建筑一层设置有数据中心园区 10kV 开闭所两座，每座开闭所引入两路 10kV 市电电源，分别采用不同路径的专线引自两座 110kV 变电站。开闭所总容量为 50 000kV · A，同时在线，互为备份。

（2）变配电室。

每栋机房楼在下一层设置变配电室两座 A/B，设置 SCB18-2500kV · A 干式变压器及其低压配电装置 4 套，为每栋数据中心楼提供低压电源。按 2N 模式设置多套高频模块化 UPS 电源系统为 IT 提供不间断电源。按 N 模式设置多套高频模块化 UPS 电源系统为动力设备提供不间断电源，保证模块机房内的连续制冷。变配电室见图 3-1-6。

（3）电池室。

在变配电室 A/B 旁设置电池室 A/B（图 3-1-7），每台 UPS 单独设置可持续、满载供电时间不小于 15min 的蓄电池组并设置蓄电池逐只监控系统，实时监视运行状态。

图 3-1-6　变配电室

图 3-1-7　蓄电池室

（4）柴油发电机房。

在柴油发电机房内（图 3-1-8）设置有 10.5kV 1 800kW（主用功率）柴油发电机组 12 台，按 *N*+1 模式为数据中心集群提供备用电源。数据中心园区室外埋地油罐设置 2 台 30m^3 油罐，供油泵（2+2）由埋地储油罐配带，柴油发电机房燃油储量为 12h。

（5）电力监控系统。

项目设置有集中电力监控系统，以满足供配电系统遥控、遥测、遥信的要求，在安全生产的前提下实现对电气设备和系统的实时监视和有效管理。电力监控主机可将监测数据上传至 C6 楼 ECC 运维管理系统，进行统一的管理和监视。

图 3-1-8　柴油发电机房

1.5　智能化系统

数据中心的环境与基础设施保证 7×24h 为机房内各类信息系统计算机设备及网络设备提供良好、稳定地运行环境。为确保机房环境和基础设施运行的安全性和稳定性，提高故障处理效率，在项目中设有该公司自研开发的机房动力环境集中监控系统 CCDCSM，实现机房内环境及基础设施的统一监控和集中管理。

1.6　通信专业

每栋机房楼设置火灾自动报警及消防联动控制系统、空气采样极早期报警系统、可燃气体探测报警系统、应急广播系统、安防系统（包括出入口控制系统、视频安防监控系统、入侵报警系统及电子巡查系统）、办公网综合布线系统。

1.7　给水排水与消防

（1）给水排水专业。

水源工程：数据中心园区以市政自来水为水源，从园区外市政自来水管网接入 2 条 *DN*200 管路园区成环，水压不低于 0.28MPa。

排水：排水系统按雨、污水系统分流制建设，分别排入市政雨、污水管网。

（2）消防专业。

消防水源及供水设施：本建筑所在园区设有消防水池、消防水泵房及高位消防水箱。

室内消火栓系统（FH）：室内消火栓系统用水量20L/s，火灾延续时间3h。室外消火栓系统（FF）：室外消火栓系统用水量25L/s，火灾延续时间3h。

灭火器配置：按规范要求在设备站房及公共区域配备手提式磷酸铵盐干粉灭火器。机房模块区域设置推车式二氧化碳灭火器。柴油发电机房内配置手提磷酸铵盐干粉灭火器并配置推车式干粉灭火器。

消防排水：消防给水系统试验装置处均设有专用排水设施。排水立管管径：自喷系统末端试水不小于*DN*75；其余排水不小于*DN*100。

自动喷水灭火系统：数据中心楼除采用气体消防保护的区域外，在地下一层的其余区域（主要包括走廊、办公区等）、柴油发电机房设置预作用自动喷水灭火系统。

IG-541气体灭火系统：变配电室、电池室、机房模块等区域均采用IG-541全淹没气体灭火系统进行保护。设计灭火浓度37.5%，喷放时间60s。气体灭火储瓶容积均采用80L型。所需钢瓶均设置于专用的钢瓶间内（图3-1-9）。灭火剂储存钢瓶的储存压力为20.7MPa。

图3-1-9 钢瓶间

1.8 工程质量管理

在数据中心施工过程中，施工质量管理是至关重要的。通过对施工过程中的各个环节进行有效管理和控制，可以确保施工质量达到预定的标准和要求。

施工质量管理的基本原则包括施工前的质量策划、施工过程中的质量控制及施工完成后的验收和评估。通过这三个方面的有效管理，可以确保数据中心的施工质量得到有效地保障。

对于数据中心的施工质量控制与管理，施工前的质量策划至关重要。施工前的质量策划需要对施工方案、施工方法和施工组织设计等方面进行全面细致地考虑，以确保施工过程中的各个步骤能够按照预定的目标和计划顺利进行。同时，施工前的质量策划还需要考虑到各种可能出现的风险因素，并制订相应的预防措施，以避免这些风险因素影响施工质量。

在施工过程中，实施质量控制也是非常关键的一环。为了保证施工质量，需要对施工过程中的各项参数进行实时监测和控制，包括材料质量、施工工艺、设备性能等。通过科学合理的质量控制手段，可以在施工过程中及时发现并纠正质量问题，从而提高施工质量和效率。

在施工完成后，需要对施工质量进行验收和评估。验收和评估是检验施工质量是否符合预定标准的重要环节，也是确保数据中心施工质量的关键一步。在验收和评估过程中，需要严格按照相关标准和规定进行，以确保数据准确可靠。

2　北京市某 A 级数据中心项目

2.1　项目概况

项目位于北京市，总建筑面积约 80 000m²，可容纳 15 000 个机柜。按照国家标准 A 级机房要求设计，达到国际标准《数据中心电信基础设施标准》TIA/EIA−942 的 T3 等级，为第三方租赁数据中心，实际运行年均 PUE 为 1.32。

2.2　供配电系统

（1）市电 10kV 电源。

本工程含三种电源：市电电源、应急电源、不间断电源。市电电源由当地供电部门接入，每栋建筑 2 路 10kV 市电电源接自供电部门不同的上级变电站或同一变电站的不同母线段，采用分段单母线的接线方式，当一路市电电源故障或检修时，母线分段断路器投入运行，由另一路市电电源向两段 10kV 母线供电。两路进线断路器、母线分段断路器间设电气联锁，保证只能有两个断路器同时闭合。

（2）应急 10kV 电源系统。

根据数据中心用电需求，采用 N+1 冗余配置柴油发电机组作为应急电源，建筑南侧设置 8 台 10.5kV 1 800kW 室外柴油发电机组。一层设置 UPS，为精密空调、冷冻水泵、安防和控制、备用照明等设备提供不间断电源；三至五层设置 HVDC（高压直流），为 IT 设备提供不间断电源。

在室外设置储油量 50m³ 埋地柴油储罐 4 台，供油泵（4+4）由埋地柴油储罐配带。耗油量 7.5m³/h，储油时间为 13h。柴发机组采用室外集装箱形式，柴发机组自带日用油箱。油箱进油管接自室外供油母管，供油母管按照双路设计。为保证供油的可靠性，须与当地供油部门签署协议，确保储油时间以内能够及时送到并持续供应。

（3）低压配电系统。

同楼层、同用途、同容量的变压器每两台为一组，低压母线采用单母线分段接线方式，同组两台变压器间设置低压母联开关。正常运行时同组两台变压器同时工作、互为备用，变压器负荷率控制在 50% 以下，当一台变压器故障或检修时，断开故障或检修侧低压进线开关，闭合母联开关，该台变压器负载由另一台变压器供电。同组两个进线开关和母联开关间设电气联锁，任何时候只能有两个开关处于合闸状态。母联开关可设置在自动、手动运行模式。自动状态下，当一路电源失电，延时 3s 后，自动断开失电侧进线开关，母联开关可自动投入；当失电电源恢复供电后，手动恢复正常状态（即自投不自复）。5s 后仍没有自投，自动投入的功能解除。低压配电柜见图 3-2-1。

图 3-2-1　低压配电柜

（4）不间断电源系统。

三层、五层 IT 设备均由一路 HVDC、一路市电供电，HVDC 按 *N* 配置。四层机房 IT 设备配电一部分 IT 设备由一路 HVDC、一路市电供电，HVDC 按 *N* 配置。另一部分 IT 设备由双路 HVDC 供电，HVDC 按 2*N* 配置。为冷冻水泵、精密空调风机、备用照明、安防和控制系统等提供不间断电源的 UPS 按 *N* 配置。

机房模块内服务器机柜设备每台机柜由两台配电列头柜（图 3–2–2）供电，一路电源本层配电室内的 HVDC 高压直流电源装置引至机房模块内列头柜，另一路电源同一配电室内另一套低压系统引至机房模块内列头柜。网络机柜设备每台机柜由两台配电列头柜供电，两路电源由本层配电室的 HVDC 高压直流电源装置引至机房模块内列头柜，两台列头柜电源分别引自不同的 HVDC 系统和不同的高、低压配电系统。

图 3–2–2　HVDC 高压直流供电双路分组配电柜

（5）精密空调配电。

每个机房设备间设置两台动力配电箱，其中一路电源引自变压器，另一路电源引自 UPS 电源装置，在每台精密空调处设置双路电源互投装置，由双路电源末端互投向精密空调配电。

（6）冷冻系统配电。

冷水机组由启动柜供电，电源直接引自辅助设备配电变压器。冷水机组配套冷却水泵、冷却塔分别分组设置互投配电箱，两路电源分别引自楼内辅助设备配电变压器内不同变压器。冷冻水泵分别设置互投配电箱，两路电源分别引自变电所，其中一路电源引自辅助设备变压器，另一路电源引自该变电所内 UPS 电源装置。

（7）接地系统。

变电所内高压系统的保护和工作接地、低压系统的保护与工作接地、设备防静电接地、信息系统接地、防雷接地等共用接地装置，要求其接地电阻不大于 1.0Ω。沿建筑周边敷设扁钢和接地极，作为辅助接地装置。

低压配电的接地型式采用 TN-S 系统。用电、配电、控制设备的金属外壳、金属电缆桥架、金属构架、金属灯具的外壳必须与保护线可靠连接，以保障操作安全。在钢管与钢管连接处和钢管与接线盒连接处，均需要可靠电气线连接。

模块机房内所有直流机柜 PDU 保护接地铜排需要通过 16mm² 铜导线与架空地板下等电位联结网格的 25mm² 编织铜带连接。

（8）节能措施。

低压配电母线设低压静电电容无功补偿装置，补偿后 10kV 侧功率因数达到 0.95 以上。变电所尽量靠近负荷中心设置，减少低压线路损耗。选用 SCB 型低损耗变压器等供配电设备，尽量降低设备损耗。运行后变压器宜采用经济运行方式，在安全、经济、合理的条件下，调整负载，提高负荷率，使变压器在经济运行区的优选运行段内工作。变电所的所有进出线回路安装电能仪表，用于检测电能用量，以便调整负荷，减少系统能源损耗，加强电能管理。控制机房变电所的环境温度，提高供配电设备的供电能力，机房变电所温度不高于 29℃。

2.3 暖通空调系统

（1）冷源系统。

采用离心式水冷冷水机组作为冷源，在地下一层设置冷冻站，冷冻站设置 5 套 3 341kW 制冷单元（每套制冷单元含 1 台水冷冷水机组、1 台板式换热器、1 台冷却水泵、1 台冷冻水泵、1 套开式冷却塔），其中 1 套为备用；空调冷冻水系统采用环路设计，并用分段阀隔离各个故障点，保证单点故障时系统的正常运行。

冷冻水系统采用一次泵系统，冷冻水泵及冷却水泵与冷水机组一一对应布置，冷冻水泵及冷却水泵采用变频泵。数据中心冷负荷为常年冷负荷，一年四季均需供冷。保证冷冻水系统供冷可靠性，防止突然停电或机器故障引起制冷中断事故。

设置蓄冷水罐（位于冷冻站内），可提供空调系统 15min 的冷水供应。当出现停电事故时，由于冷冻水泵配有 UPS 电源，可继续正常工作。蓄冷罐冷冻水供给机房空调，机房所需冷量由蓄冷罐和系统管网内所存冷冻水提供。

冷冻水供回水温度 15℃ /21℃，冷却水供回水温度：34℃ /39℃（夏季）、13.5℃ /17.8℃（冬季）。冷冻水系统定压采用自动定压补水排气装置。

制冷系统的运行模式分为三种：机械制冷模式、部分自然冷却模式、完全自然冷却模式。根据室外湿球温度及冷却塔出水温度等条件，判断系统应运行的模式。室顶冷却塔见图 3–2–3。

图 3–2–3　屋顶冷却塔

（2）末端空调系统。

末端采用水冷精密空调。该项目精密空调风机下沉设计，空调设备基座的制作与安装按照空调厂家要求执行，且为满足风机下沉及下送风气流组织的空间要求，架空地板净高为 400mm，并增设导流板优化机房气流组织。精密空调将 EC 风机安装到架空地板下，送风的过程中可以避免竖直向下送风后再转为水平方向的能量损失，减小风机因克服机组内部阻力而增加的耗能，减少余压损失，且能适应 20m 的送风距离要求；同时，风机的余压可根据现场实际运行情况进行调节，保证机房内空气充分循环。相比将 EC 风机设计在机组内部，进一步节能 20%。另外，由于风机不再占用机组内部空间，使整机的可用空间更大，机组内可放置更大的换热盘管，比普通风机内置设计时的制冷量增大 30%。

2.4 数据诊断及专家系统

在数据中心动力与环境监测系统的基础上，增设了数据诊断及专家系统，为海量运行数据缺乏有效的分析手段、数据价值难以充分挖掘、人员流动带来经验传承等问题提供了强大的解决方案。

“数据诊断”模块为运维人员提供了跨系统、多设备、多维度数据分析功能。运维人员可轻松地运用专业知识，识别通过关联来自多个传感器和设备的数据才能看到的新问题；该模块无需代码自动生成个性化、多维度、时序数据分析界面，极大地提升了运行维护人员找到提高系统性能、提升运营效率的机会。

“专家系统”模块基于元数据、数据建模、智能算法等技术，将运维管理及行业专家的经验形成专家诊断规则，实现系统、能源及设备运行数据在线分析，自动识别异常、故障、低效、偏差等问题，并对问题可能的原因、改进措施给出建议。该模块解决了依靠人工无法完成的海量数据分析诊断和价值挖掘难题，通过不断丰富专家诊断规则，实现了经验和知识的积累及传递。

3　宁夏回族自治区银川市某数据中心项目

3.1　项目概况

宁夏回族自治区银川市某数据中心项目，一期总建筑面积 1.14 万 m^2，一期一阶段设置 6 个机房模块，1 044 台 6kW 机柜；一期二阶段预留 2 个机房模块 516 台机柜。设计等级 A 级，设计 PUE 全年目标值平均不高于 1.2，WUE（水资源利用效率）不高于 0.8L/kW·h。

3.2　供配电系统

本项目供配电系统含三种电源：市电电源、应急电源、不间断电源。本工程市电电源为三相、50Hz，10kV，一期一阶段共接入 2 路市电电源，两路电源为一组，要求同组的两路电源引自两个不同的上级变电站或同一变电站两段不同的 10 kV 母线段，同组的两路电源同时工作、互为备用。采用双路高压 10kV 市电 +10kV 自备柴油发电供电的方式，柴油发电机采用 N+1 配置；IT 供电采用双路 UPS 模式（空调配电采用末端切换的方式，每台空调设置一个 ATS），一路由 UPS 电源提供，一路由市电提供，设置两个配电总箱。项目一层为冷冻机房、电力室、空调配电室及监控室，二至四层为数据机房及电力室。

为满足数据中心快速部署，以及扩容、新增容量时的零宕机要求，IT 机柜采用数据中心末端馈电母线系统。每组机柜上方布置独立的 AB 两路供电，通过封闭式母线将 UPS 输出电源通过插接箱引入末端母线插接箱。末端馈电母线采用机柜上支架安装方式，将 AB 路插接箱错位安装，便于运行维护及巡检及未来扩容时操作，插接箱错位安装示意图见图 3-3-1，末端馈电母线机柜支架式安装见图 3-3-2。对始端箱及插接箱内配置监控模块，采集电力参数、断路器状态以及插接件温度等，通过通信方式将采集数据上传至动环监控系统，实现配电智能化。

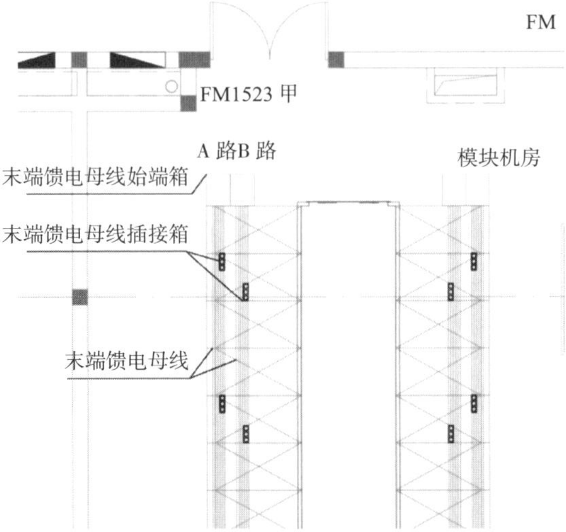

图 3-3-1　数据中心末端馈电母线插接箱错位安装示意图

图 3-3-2　末端馈电母线机柜支架安装方式实例

3.3　暖通空调系统

机房采用间接蒸发冷却系统（如图 3-3-3），*N*+1 冗余配置，室内采用侧送上回的形式对机柜进行冷却，机房内共用有 8 列机柜，机柜设计功率密度为 6kW/Rack，服务器布局为均匀布置的形式，机柜内服务器间隙中设有盲板。共有四台间接蒸发冷却空调为机房供冷，其单台额定制冷量为 340kW，风量为 87 500m³/h，控制方式为回风控制，机房侧面墙体上设置 5 个送风百叶，回风口设置在机房顶部，机房的热通道被完全封闭。

项目间接蒸发冷却空调机与风管的连接处均采用柔性连接。风管穿越变形缝时，在变形缝处采用不燃的软性短管连接风管。变形缝有一道隔墙时，墙上设钢板厚度大于 2mm 的防护套管，在隔墙的变形缝侧设不燃的软性短管连接风管；防火阀与不燃柔性短管间采用 2mm 厚钢板制作的风管连接；用不燃无毒柔性材料堵塞风管与套管间的空隙，加封堵板。变形缝有二道隔墙时，在二道隔墙上各设钢板厚度 2mm 防护套管，在二道隔墙外侧 200mm 处各安装一个防火阀，并用 2mm 厚钢板制作的短管穿过二道隔断墙将二个防火阀连接。在变形缝的二内墙面处，风管外周各电焊一个钢板厚度 2mm、高度 46mm 的挡板；用不燃无毒柔性材料塞风管与套管间的空隙厚，在一道隔墙外侧墙面上加封堵板固定，在封堵板内孔边尺寸比风管尺寸每边大 2mm，封堵板外边尺寸比风管尺寸大 170mm。在另一道隔墙外防火阀处设不燃得软性短管连接防火阀与风阀。图 3-3-4 为风管穿越变形缝的安装详图。

图 3-3-3　间接蒸发冷却空调机组及模块机房热通道

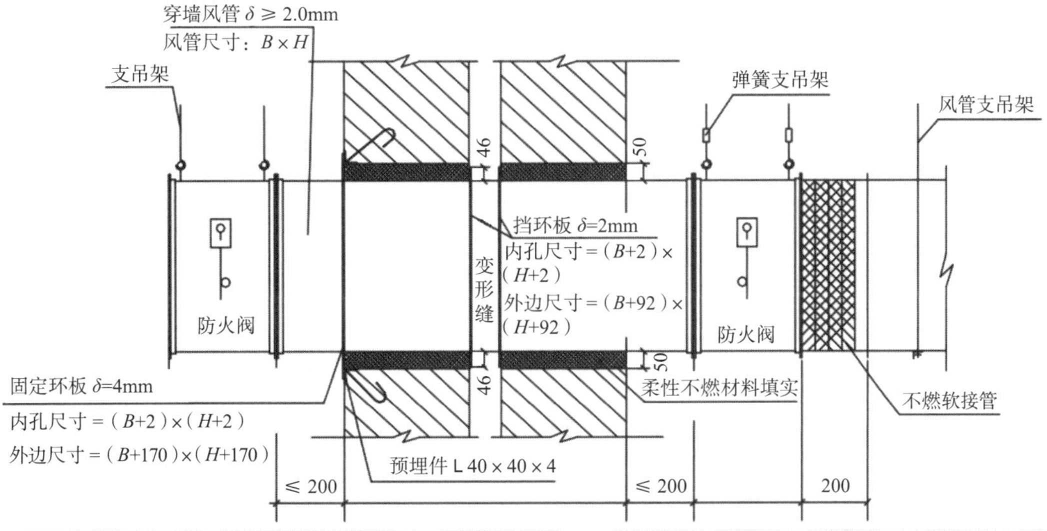

图 3-3-4　风管穿越变形缝安装详图

4 国内某电磁屏蔽数据机房项目

国内某电磁屏蔽数据机房，该机房面积 105m^2，尺寸为 16.7m × 6.3m × 4.8m。

在安装电磁屏蔽室前，其建筑墙体、地面应坚硬、平整，并保持干燥，确保达到电磁屏蔽室的安装条件（图 3-4-1）。这是因为电磁屏蔽室安装完成后，建筑围护结构内的预埋件、管道施工及预留孔洞可能无法再进行。

图 3-4-1 安装电磁屏蔽室前的预处理

对于电磁屏蔽室的施工，结构件的焊缝质量至关重要。为确保结构件的长期稳定性和耐久性，需要进行除锈和防腐处理（图 3–4–2）；同时，需对结构件进行质量检查，确保符合设计要求和焊接质量标准。对于不合格的结构件，应及时进行更换或修复。

图 3–4–2 对结构件进行除锈和防腐处理

应为各类滤波器做标识（图 3–4–3、图 3–4–4）。明确的标识可以帮助工程师和技术人员快速识别和区分不同的线路和接口，从而避免混淆和错误，减少查找和确认的时间，提高维护效率。长期的运行和维护需要明确的标识作为支撑。

图 3-4-3　为各类滤波器做标识

图 3-4-4　为各类滤波器做标识

屏蔽结构体往往是为保护内部设备或维护电磁环境而特别设计的，直接在其上穿孔会破坏其完整性，可能导致结构强度降低或电磁防护效果下降。通过过渡方式连接可以确保结构的安全性，见图 3-4-5、图 3-4-6。室内装饰装修固定点采用过渡方式连接后，在连接固定点安装完毕后，可以进行屏蔽效能测试，后续施工只要不在屏蔽结构体上再次开孔，就能保证电磁屏蔽室的屏蔽效能。

使用过渡连接方式可以预先设计和制作连接件，使得施工界面清楚，同时减少了现场加工和安装的难度。

图 3-4-5 装修固定点采用过渡方式连接

图 3-4-6 装修固定点采用过渡方式连接

电磁屏蔽验收应由建设单位组织监理单位、设计单位、测试单位、施工单位共同进行。各个专业完成后等待验收前的状态见图 3-4-7。

图 3-4-7 各个专业完成后等待验收前的状态

5 某国有银行总行数据中心项目

某国有银行总行数据中心，总计建设用地面积约为 13 万 m^2，总建筑面积约为 24.827 万 m^2，其中地上面积约为 13.45 万 m^2。A–1 楼地下二层主要由空调冷水机房及泵房、为空调冷水机房及泵房服务的变电站、水泵房等组成；A–1 楼地下一层主要由 8 个机房模块、为本层 8 个机房模块服务的变电站及 UPS 机房、精密空调机房及相关的设备间组成；A–2、A–3 楼地下一层主要由高压分界室、高压配电室及弱电进线间等组成；A–1 楼一层、二层、三层分别由 8 个机房模块、为相应层 8 个机房模块服务的变电站及 UPS 机房、精密空调机房及相关的设备间等组成，A–2、A–3 楼一层、二层、三层分别由柴油机发电机组成。

本项目外电源共提供 12 路（6 对 A/B 双路）10kV 市电电源，配套安装 32 台柴油发电机，发电机储备油量 72h；配置风冷冷水、水冷冷水制冷系统两套，两套系统独立运行，单套系统可负担数据中心全部冷负荷。

该数据中心机房投产后将承担重要业务系统的运行，作为基础设施的综合布线系统的高可靠性就尤为重要。项目引入综合布线第三方测试，保障了该数据中心综合布线工程质量，为投产后的系统上线运行提供可靠、高性能的基础平台。

为确保该数据中心工程的顺利验收，建设方聘请专业第三方综合测试机构对数据中心工程进行全面检测，包含施工质量检查、功能及性能测试、设计负荷测试。本项目综合测试的范围主要包括：

（1）现场与设计方案一致性核对：根据施工图纸，对平面布局、电气设备参数与系统架构、暖通电气参数与系统架构、弱电系统配置、设备品牌型号等信息进行核对，要求现场与施工图一致。

（2）安装工艺检查：对电气、暖通、弱电、供油等系统与设备安装工艺质量进行检查。

（3）功能测试：对设备单机或单系统的功能进行测试验证。

（4）综合联调测试：对 BA 系统逻辑、柴发并机逻辑、市电切换逻辑、系统失效模式、全系统承载能力、冗余和容错能力、系统各种工作模式及切换、能效等进行系统联调测试。

在测试过程中共发现不符合项 1 230 条，具体见图 3-5-1。

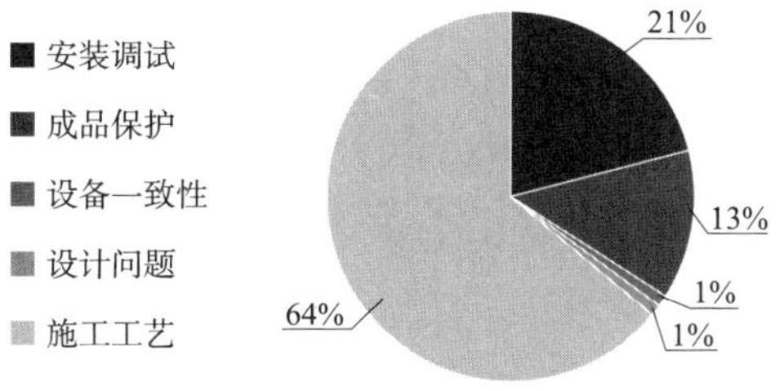

（a）施工过程质量监督阶段问题类型占比

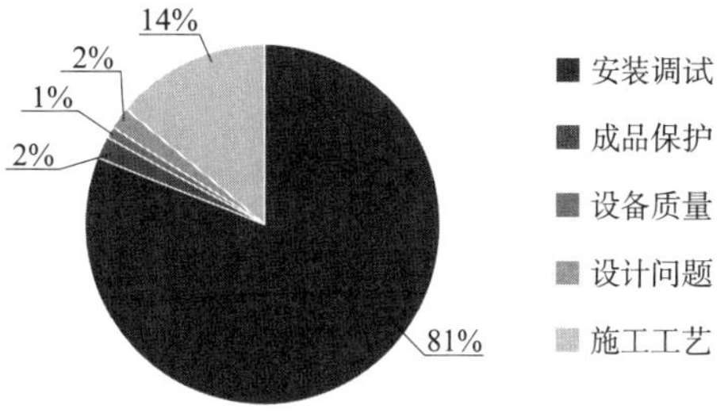

（b）综合验证测试阶段问题类型占比

图 3-5-1　施工验收问题汇总分析

通过此次综合测试，施工单位将过程中发现的问题进行了整改。建设单位顺利完成了该数据中心的竣工验收工作，确保了数据中心基础设施后续安全稳定运行。

6 某数据中心一期工程项目

工程建设规划：为4栋机房楼，2栋动力楼，1栋综合楼，总建筑面积90 453.29m^2，一期安装938台机柜及配套机电设备；现已通过竣工验收满足，满足现行国家标准《数据中心设计规范》GB 50174 A级要求。该数据中心一期工程全景图见图3–6–1。

图3–6–1 某数据中心一期工程全景图

本项目在交底时明确了项目施工过程中进场材料、设备进场报验收、使用程序，各专业工序报验的检验批、分项、分部、单位工程质量验收程序、要求；并与建设单位、施工单位共同确认每栋楼的检验批、分项、分部、单位工程划分；同时要求工程资料应按照建设地要求——《房屋建筑工程技术资料管理规程》DBJ 03–73—2016执行；从而达到项目在全过程施工中施工质量监督管理科学、公正、严格、规范；资料归档真实、有效齐全；满足设计及相应规范要求；满足现行国家标准《建筑工程施工质量验收统一标准》GB 50300规定。图3–6–2为过程资料示例。

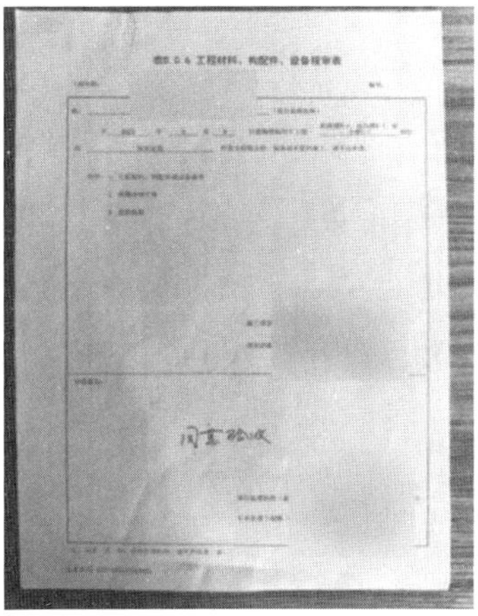

（a）材料报验收

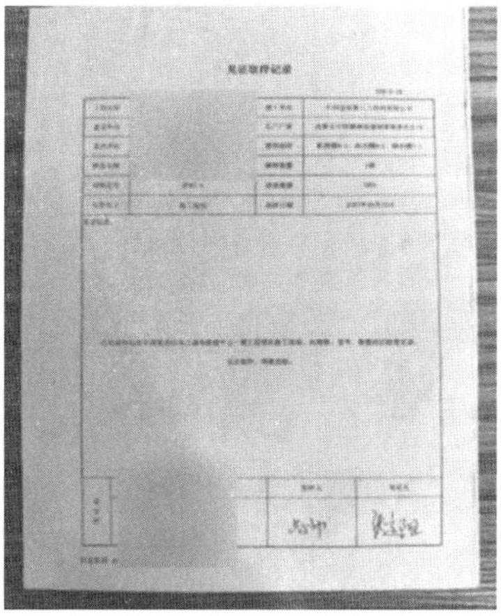

（b）见证取样

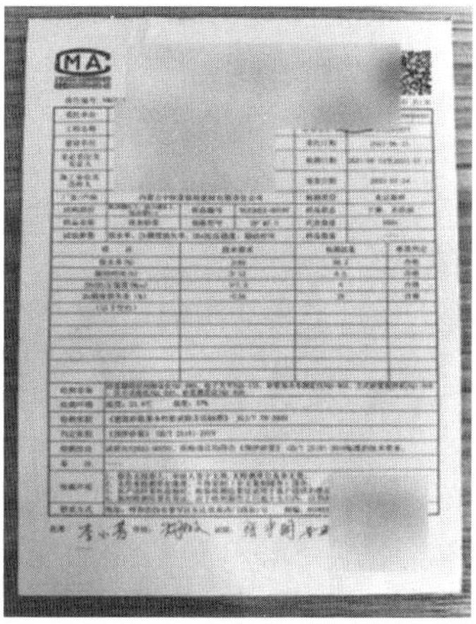

（c）复试报告

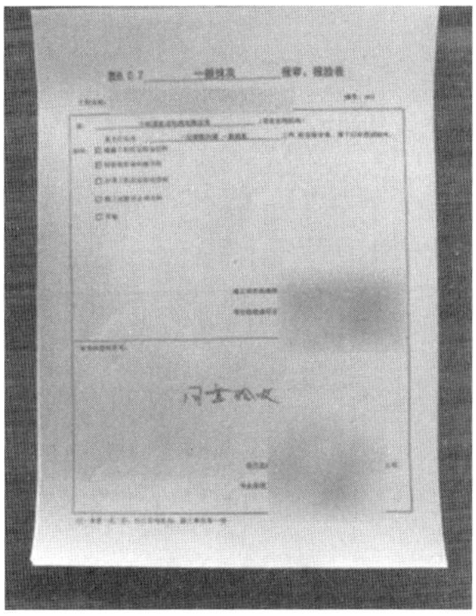

（d）检验批报验

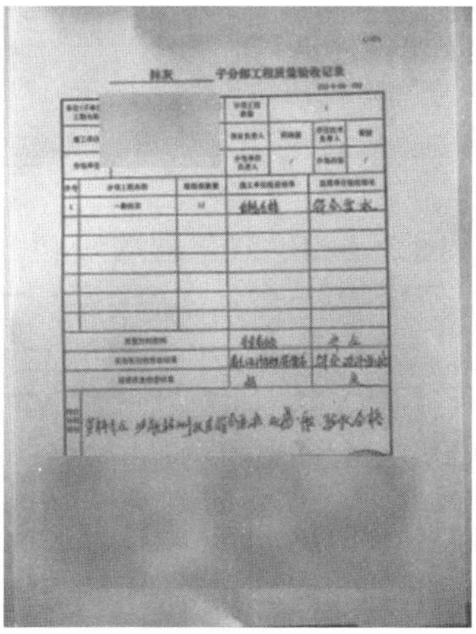

（e）子分部报验

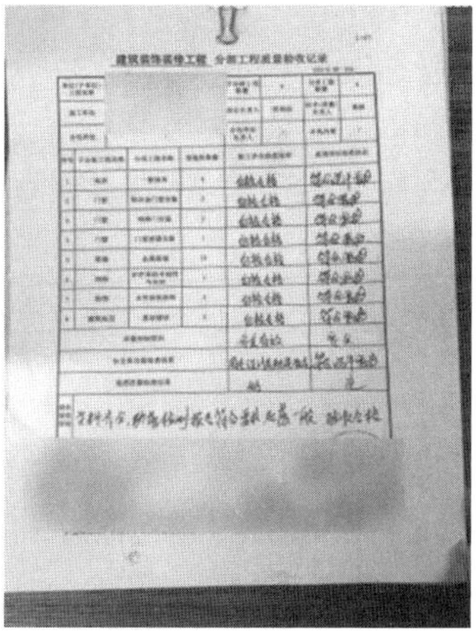

（f）分部报验

图 3–6–2　过程资料

各专业测试：逻辑测试、通风系统测试、列头柜振动测试等示例，委托了有资质的、能满足设计文件要求的检测机构；检测时对检测人员、设施进行了检查，检测机构对参与检测人员进行了再次技术交底，建设、施工、监理等单位相关人员进行了检测全过程跟踪，并对测试结果进行了监督，并要求出具检测报告。

在工程项目具备竣工条件后，施工单位提交竣工验收报告，由建设单位组织建设单位、设计单位、监理单位、施工单位、地勘单位等项目负责人参加竣工验收，并提前通知主管部门现场监督竣工验收；竣工验收时，对建设工程实体、工程设计功能及竣工资料分组进行验收，分别提出验收意见，并签字确认；主管部门对竣工验收的合规性提出意见。图 3–6–3 为竣工验收资料示例。

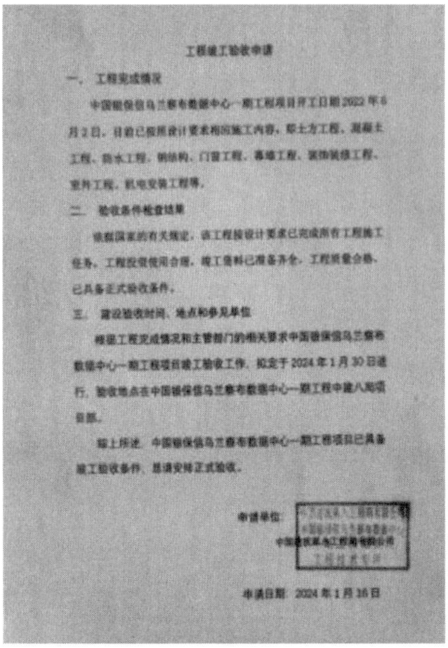

工程竣工验收申请

一、工程完成情况

中国银保信乌兰察布数据中心一期工程项目开工日期 2022 年 6 月 2 日，目前已按照设计要求相应施工内容，即土方工程、混凝土工程、防水工程、钢结构、门窗工程、幕墙工程、装饰装修工程、室外工程、机电安装工程等。

二、验收条件检查结果

依据国家的有关规定，该工程按设计要求已完成所有工程施工任务，工程投资使用合理，竣工资料已准备齐全，工程质量合格，已具备正式验收条件。

三、建设验收时间、地点和参见单位

根据工程完成情况和主管部门的相关要求中国银保信乌兰察布数据中心一期工程项目竣工验收工作，拟定于 2024 年 1 月 30 日进行，验收地点在中国银保信乌兰察布数据中心一期工程中建八局项目部。

综上所述，中国银保信乌兰察布数据中心一期工程项目已具备竣工验收条件，恳请安排正式验收。

申请单位：

申请日期：2024 年 1 月 16 日

（a）竣工申请

建设工程竣工报告

工程名称

施工单位

报告日期____年____月____日

内蒙古自治区住房和城乡建设厅印制

（b）竣工报告

图 3-6-3　竣工验收资料

7　湖南省某产业园区大数据中心机柜隔震项目

7.1　项目概况

项目位于某经济技术开发区，是对外提供智慧城市建设、云服务计算、存储资源等服务的硬件平台，也是“智慧常德”建设的关键支撑部分。该数据中心建成后，将整合该市各类信息资源，为当地信息化及产业化发展提供硬件设施、基础数据库、应用支撑平台和通用软件共享服务。本项目实施的隔震措施，能确保数据中心在地震发生时及震后正常运行，提供安全保障与防灾减震服务。

数据中心级别：A 级；

抗震烈度：7 度（0.15g）；

场地类别：Ⅱ类；

建筑层数：地上 5 层，数据机柜位于 2 层；

机柜区域楼板荷载为 600kg/m^2，机柜布置见图 3–7–1。

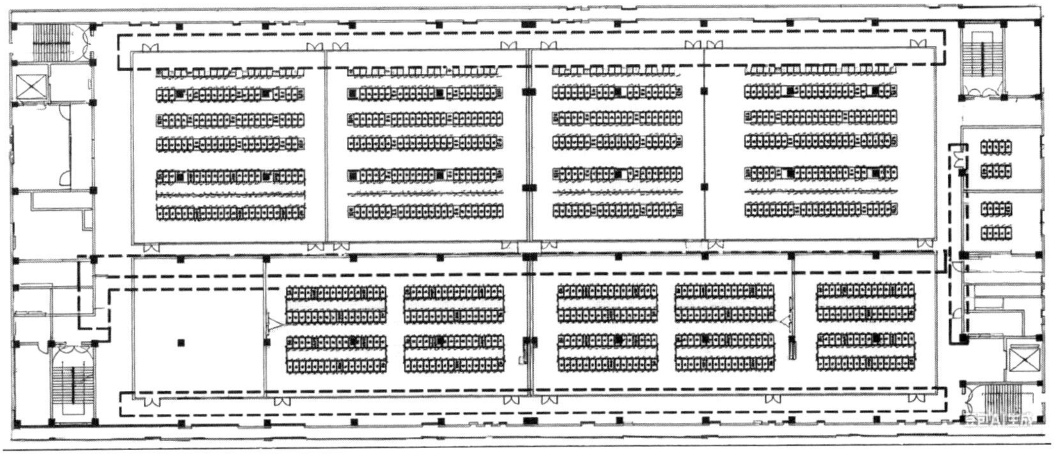

图 3–7–1　数据中心机柜布置

7.2 设计依据

（1）项目施工图；

（2）《建设工程抗震管理条例》；

（3）《建筑抗震设计标准》GB/T 50011；

（4）《数据中心基础设施施工及验收规范》GB 50462；

（5）《建筑机电工程抗震设计规范》GB 50981；

（6）《电力设施抗震设计规范》GB 50260；

（7）《电信设备安装抗震设计规范》YD 5059；

（8）《通信建筑抗震设防分类标准》YD/T 5054；

（9）《数据中心设计规范》GB 50174—2017；

（10）《数据中心地震保护白皮书》。

7.3 隔震方案

项目微模块较多且隔震型式基本相同，现以二层某机房微模块（含 36 个机柜、6 个列间空调柜、2 个精密列头柜、4 个包柱机柜）为例说明（图 3-7-2）。原微模块机柜采用设有支撑底座的固接“硬抗式”抗震方式，鉴于本项目数据中心为 A 级、建筑属乙类，抗震措施需提高一度。结合现场有两个包柱机柜的场地特点及使用要求，制定了相应隔震设计与安装方案。

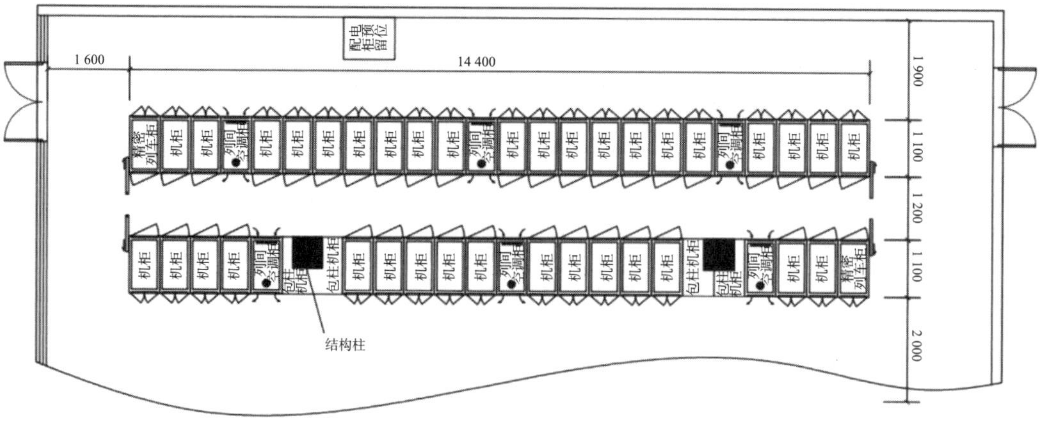

图 3-7-2　数据中心微模块布置图

机柜隔震措施是在机柜与地面间增设隔震系统。其中，包柱机柜为装饰机柜，内部无设备，不采取隔震措施，允许在地震时适度变形，其支撑底座采用特殊散力架。机柜隔震系统由隔震装置、钢架、连接件和支撑结构构成：两排隔震装置通过钢架在架空地板下连成整体，实现微模块整体同步运动。为满足机柜整体不抬升、美观实用且不占用净高空间的要求，钢架定制高度并采用巧妙缩进方式；为保证最外侧机柜受力，钢架两边焊接定制角钢。本项目选用 NPY-AK1 隔震装置，可确保数据机柜及内部设备在设防地震中不受损、数据不丢失且能正常使用。相关图示见图 3–7–3、图 3–7–4。

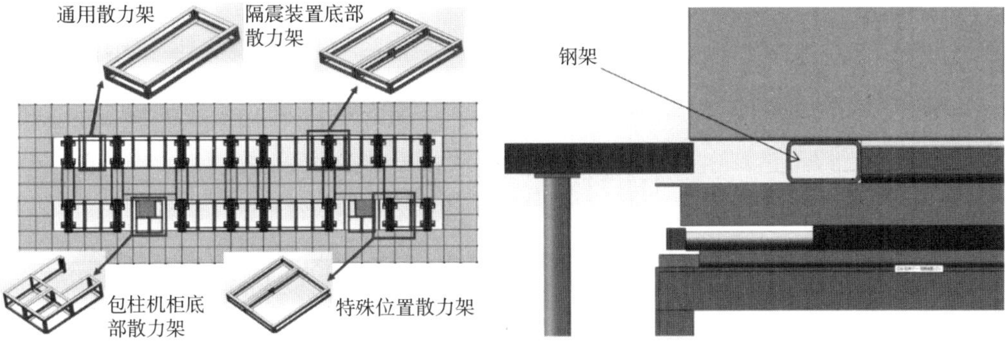

图 3–7–3　特殊支座安装

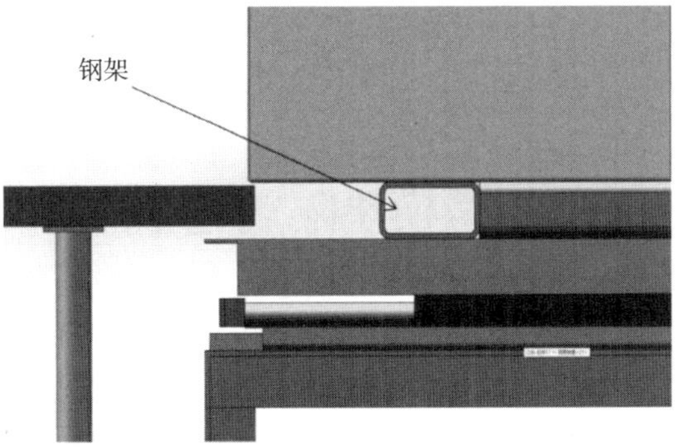

图 3–7–4　隔震装置及钢架安装

7.4　地震时程分析

考虑位于二层，输入加速度乘以 1.2 的放大系数，输入峰值取 0.24g。输出加速度时程曲线中，a_{max}=26.7cm/s^2=0.027g；输出的位移时程曲线中，最大位移为 94.1mm，隔震效果达 89%。时程曲线见图 3–7–5，隔震前后对比见图 3–7–6。

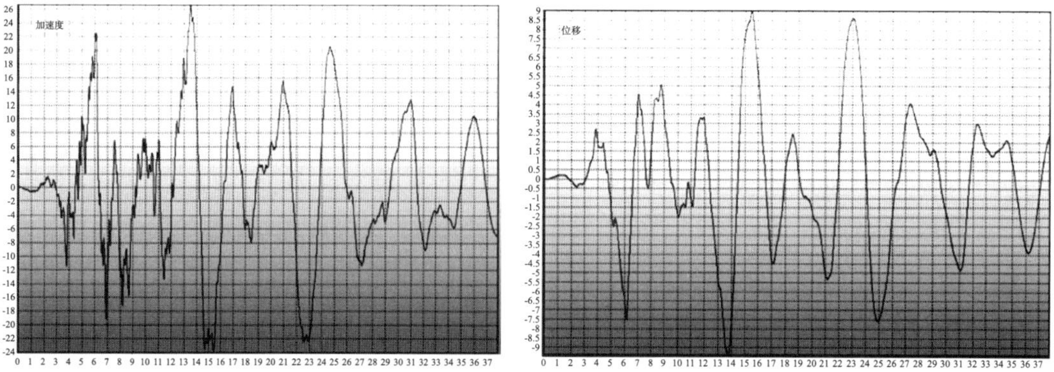

图 3-7-5　时程曲线

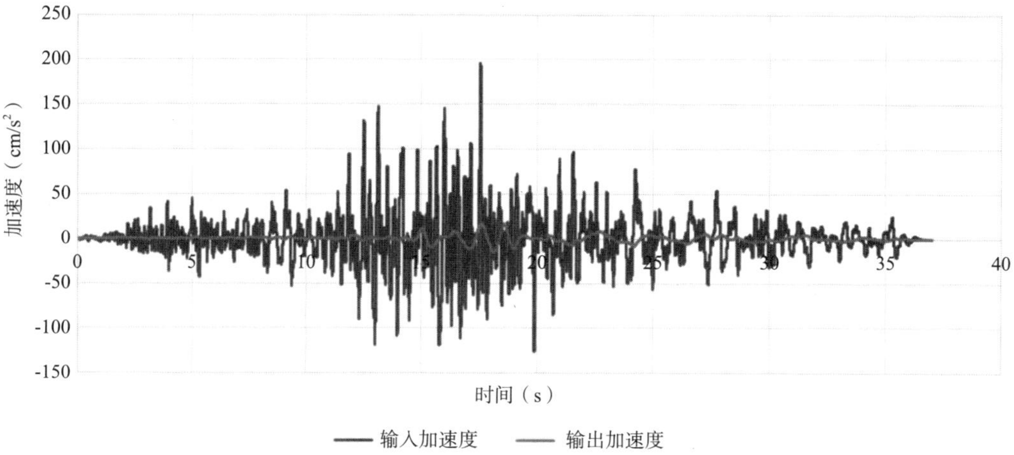

图 3-7-6　隔震前后对比

7.5　微模块隔震施工图

方案获批后，设计人员绘制隔震装置平面图、施工图及部件零件图，经 2 轮校对、审核后完成出图。

7.6　重难点攻克

本项目二层机柜的排列型式主要包括单排放置、多排放置型机房、微模块等。微模块隔震设计的重难点如下：

（1）结构柱阻碍问题：机房内两个 800mm × 800mm 结构柱将一列机柜分为三段，微模块需整体隔震，但柱子阻碍隔震装置运动空间，使其无法均匀布置。经两次方案讨论，决定在柱子附近用两个空机柜包柱，空机柜取消底板及盖板，底板采用特殊支撑底座并与底座固接；地震时允许空机柜破坏，周围隔震装置根据柱子位置调整。

（2）布置不均匀问题：三段式机柜布置导致微模块布置和质量不均匀。为使微模块形成整体，三段式机柜与另一排机柜采用连接杆连接。考虑到扭转或运动不协调产生的连接杆拉力，研发人员对隔震装置及连接杆件整体建模，分析各种工况，考虑最不利极端情况取包络值，经计算复核选取符合条件的连接杆件。

7.7 微模块隔震安装步骤示意

（1）NPY-AK1 隔震装置介绍（图 3-7-7）。

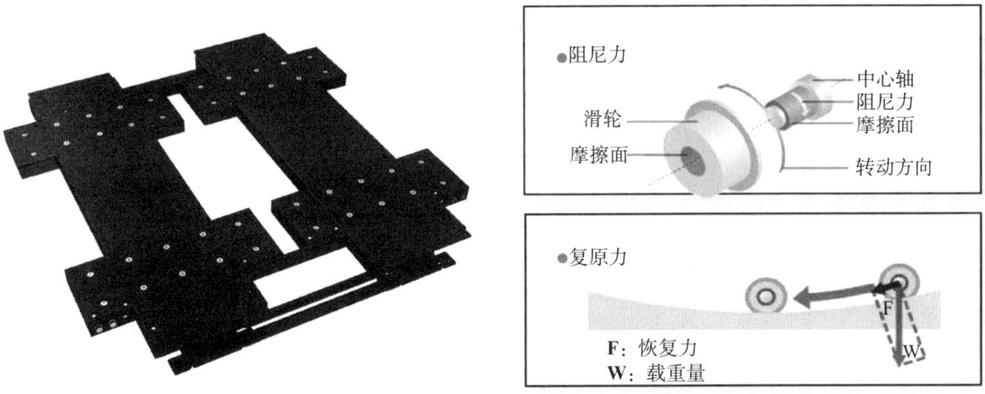

（a）隔震装置　　（b）隔震原理

图 3-7-7　NPY-AK1 隔震装置及原理示意图

原理：通过特殊阻尼和位移的消能耗能结构，实现降低地震作用，达到以柔克刚的目的。

特点：可承受水平任意方向的地震作用，具有防偏心、防倾覆、自复原及免维护的特点。

安装：结构轻便，以并联或串联的方式实现任意布排。

（2）机柜隔震安装流程。

安装过程共四步，依次为安装隔震散力架（抗震底座）、安装隔震装置及连接件、安装隔震装置上部钢架、安装机柜（图 3-7-8、图 3-7-9）。

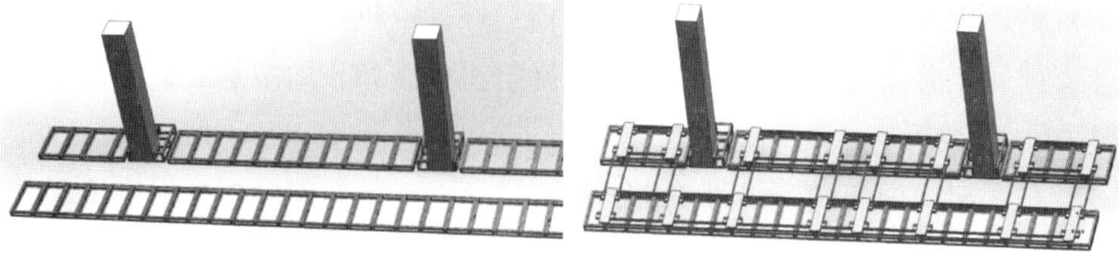

（a）安装抗震底座　　（b）安装隔震装置

图 3-7-8　抗震、隔震装置安装

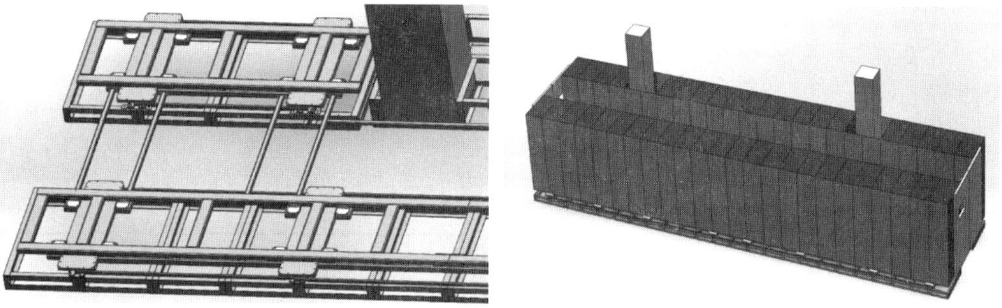

（a）安装钢架　　（b）安装机柜

图 3-7-9　钢架和机柜安装

7.8　安装特殊说明

（1）与机柜的接口：线缆冗余长度需保证机柜水平各向位移 100mm；

（2）包柱机柜：仅作装饰，不采取隔震措施，地震较大时允许变形；

（3）与防静电地板的接口：静电地板保持原方案，隔震装置周围支撑腿根据安装位置局部调整；

（4）散力架：尺寸调整为 1 200mm 长、600mm 宽、155mm 高，隔震装置位置处局部加强；包柱机柜处散力架调整为 1 100mm 长、500mm 宽、300mm 高。

图 3-7-10 为现场安装及验收图片。

（a）现场（一）

（b）现场（二）

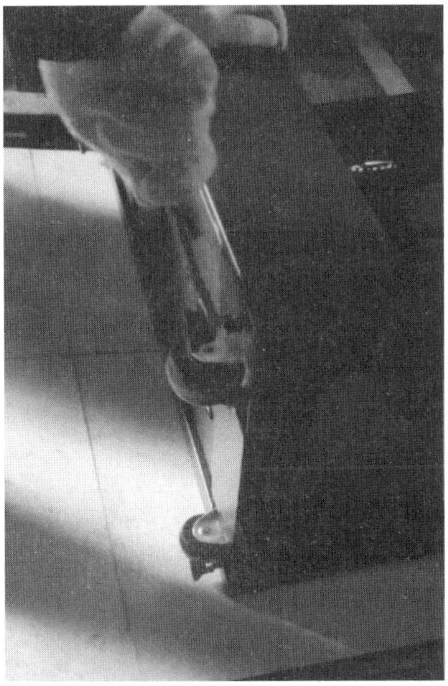

（c）现场（三）

（d）现场（四）

（e）现场（五）

（f）现场（六）

（g）现场（七）

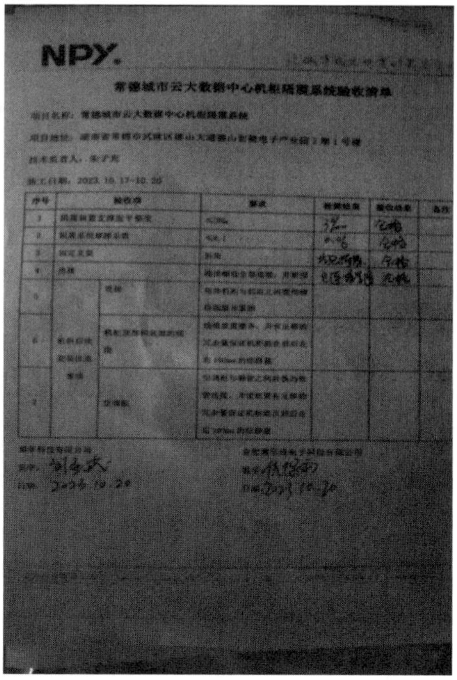

（h）验收清单

图 3-7-10　现场安装及验收图片